省部级重点图书
普通高等学校高等职业教育环境保护类专业系列教材

大气监测

主编　陈玉玲　王国庆
主审　李海华

黄河水利出版社
·郑州·

内 容 提 要

本书主要讲述了室内外空气污染监测及污染源监测的基础理论和监测手段，并选用国家标准监测分析方法，对主要监测项目按实训的方式进行了详细的介绍，努力突出实践性、应用性。

全书共五篇十一章，主要内容有大气监测基础知识、环境空气和废气监测、室内环境空气监测、污染源监测、自动监测技术等内容。

本书主要作为高职高专环境类相关专业教材，也可作为从事环境监测、分析检验等相关工作人员的作业指导和参考用书。

图书在版编目(CIP)数据

大气监测/陈玉玲，王国庆主编. —郑州：黄河水利出版社，2020.6

省部级重点图书　普通高等学校高等职业教育环境保护类专业系列教材

ISBN 978－7－5509－2639－4

Ⅰ.①大…　Ⅱ.①陈…②王…　Ⅲ.①大气监测－高等职业教育－教材　Ⅳ.①X831

中国版本图书馆 CIP 数据核字(2020)第 064452 号

出 版 社：黄河水利出版社　　网址：www.yrcp.com

地址：河南省郑州市顺河路黄委会综合楼 14 层　　邮政编码：450003

发行单位：黄河水利出版社

发行部电话：0371－66026940、66020550、66028024、66022620(传真)

E-mail：hhslcbs@126.com

承印单位：河南承创印务有限公司

开本：787 mm×1 092 mm　1/16

印张：16.75

字数：387 千字　　印数：1—3 100

版次：2020 年 6 月第 1 版　　印次：2020 年 6 月第 1 次印刷

定价：38.00 元

前　言

近年来，在国家的高度重视下，生态文明建设取得了积极进展，有关大气环境监测的一系列标准、规范等陆续发布，大气环境监测在理论上、方法上和技术上发生了巨大变化，这种变化不仅波及生产实践和科学研究，同时不可避免地影响到课程的教学改革。在高等职业教育蓬勃发展的今天，以“校企合作”人才培养模式为主成为主流，开发与其相适应的课程也迫在眉睫，为了配合高职高专教育教学改革，多所高职高专院校的骨干教师共同参与编写了本教材。

大气监测是一门环境监测与治理技术专业的必修专业课程，具有很强的实践性。教材针对高职高专教育的特点和培养目标，广泛征求了一些环境监测单位专家的意见，注重理论与实践相结合，突出大气监测专业人员素质和技能的培养；根据最新大气环境监测技术规范要求及监测工作者职业技能要求，重点介绍了常规及主要污染项目的监测分析方法。

本教材具有如下特点：①系统性强，对大气环境监测理论、技术和方法从章节上进行了调整，使层次关系更加清晰，逻辑上更加合理；②技能性强，选取了当前主要环境空气、室内环境空气及污染源废气的 27 个监测项目进行实验室技能训练，方法步骤条理清晰、通俗易懂，强调操作的关键点和技巧；③实用性强，按照高职高专教育的培养标准，结合现代生产实际和大气环境监测技术规范，达到所学知识技术能够立即在生产实际中应用；④先进性强，依据当前生态环境部颁发的最新标准，体现了现代环境监测新技术，并突出其实际应用方法。教材适合高职高专环境类相关专业教学使用，也可作为从事环境监测、分析检验等相关工作人员的作业指导和参考用书。

全书共分五篇十一章，编写人员及编写分工如下：第一、二、七章由陈玉玲（甘肃林业职业技术学院）编写，第三、四章由盛晶梦（安徽水利水电职业技术学院）编写，第五章由陈洋（山西水利职业技术学院）编写，第六章由王国庆（濮阳职业技术学院）编写，第八、九章由常越凡（山西工程职业学院）编写，第十章由康学辉（甘肃林业职业技术学院）编写，第十一章由祁佳（甘肃林业职业技术学院）编写。全书由陈玉玲、王国庆担任主编，并由陈玉玲负责统稿，由李海华（华北水利水电大学）担任主审。

本书在编写过程中，参考了大量文献（包括电子版）和同类书刊中的一些资料；引用了相关规范、技术标准、仪器产品使用手册和说明书的部分内容。在此，谨向有关作者和单位表示感谢，同时对黄河水利出版社为本书出版所做的辛勤工作表示感谢！

由于作者的水平所限，书中难免存在错误和不妥之处，敬请各位读者批评指正。

编　者

2019 年 12 月

目　录

第四篇 污染源监测

第五篇 自动监测技术

第一篇　大气监测基础知识

第一章　大气监测概述

清洁的空气对生命来说比任何东西都要重要，每个人每时每刻都离不开周围的空气，每时每刻都在吸入和呼出空气（吸入 O_2、呼出 CO_2）。一个成年人每天通过鼻子呼吸空气2万多次，吸入的空气量达15～20 m^3，其重量约为每天所需食物和饮水的10倍。如果人们每天吸入这么大量的被污染空气，那将会对人体健康造成极大的危害，所以控制空气污染，对空气污染进行分析与监测是很重要的。

第一节　大气与大气污染

一、大气及其组成

（一）空气

地球表面上有一层厚厚的大气，通常称为大气层，它是地球上一切生命赖以生存的重要物质。与人类活动关系最密切的是靠近地球表面上空约12 km范围内的对流层（地球大气层由下而上分为对流层、平流层、中间层、暖层、散逸层），这一层大气占整个大气质量的95%左右，特别是贴近地面1～2 km范围内的大气，受人类活动及地形影响最大，对人类和生物生存起着极其重要的作用。因此，这层大气是我们研究大气污染、进行大气监测的主要对象。

对于贴近地面的这一层大气，有时称之为"大气"，有时又称之为"空气"。实际上，在自然科学中"空气"和"大气"是同义词，二者并无实质性差别。在习惯上，人们通常称室外空气为"大气"，室内空气为"空气"；或者，将大区域、全球性范围内的空气称之为"大气"，车间、厂区等局部地区的空气称之为"空气"。在国家环境标准中，多用"环境空气"的名称。本书沿用习惯称呼，不做具体区别。

（二）大气的组成

大气的组成很复杂，它是由氮、氧等多种气体组成的混合物，其中还悬浮水滴（云滴、雾滴）、冰晶和固体微粒。干燥清洁大气的化学元素及其化合物的组成见表1-1。这是未受到人类活动影响，在自然条件下空气中各组分充分混合均匀后的自然组成即背景值。就其组分来说可以分为恒定的、可变的和不定的三种。

表 1-1　干燥清洁的大气组成

组分	化学式	体积浓度	组分	化学式	体积浓度
氮	N_2	78.08% ±0.004%	氢	H_2	0.05 ppm
氧	O_2	20.948% ±0.002%	氧化亚氮	N_2O	0.3 ppm
氩	Ar	0.094 3% ±0.001%	一氧化碳	CO	0.05 ~0.2 ppm
二氧化碳	CO_2	325 ppm	臭氧	O_3	0.02 ~10 ppm
氖	Ne	18 ppm	氨	NH_3	4 ppb
氦	He	5 ppm	二氧化氮	NO_2	1 ppb
氪	Kr	1 ppm	二氧化硫	SO_2	1 ppb
氙	Xe	0.08 ppm	硫化氢	H_2S	0.05 ppb
甲烷	CH_4	2 ppm			

注:ppm 为百万分之一体积浓度,ppb 为十亿分之一体积浓度,即 1 ppm = $1/10^6$,1 ppm = 1 000 ppb。

(1)恒定组分:主要由 N_2(78.08%)、O_2(20.948%)、Ar(0.943%)、He、Ne、Kr、Xe 等稀有气体组成,它们占大气总体积的 99.96% 以上,这一组分的比例在地球上任何地方都可以看作是恒定的。

(2)可变组分:指可以变化的 CO_2 和 H_2O,一般情况下的 CO_2 含量为 0.02% ~0.04%,H_2O 的含量为 0 ~4%,这些组分在大气中的含量是随季节、气象条件的变化而变化的,也受人们的生产和生活活动的影响而变化。

含有上述恒定组分和可变组分的大气,我们认为是洁净的空气。干燥大气不包括水蒸气,但在低层空气中水蒸气是一个重要的组分,它的浓度在较大范围内变化,可以用湿度表示。水蒸气在大气中的含量取决于地理位置、空气温度和风向等。

(3)不定组分:这些组分在大气中的含量是不确定的,如尘埃、煤烟、粉尘、SO_x、NO_x、CO 及恶臭气体等,其来源有两个方面:

一是自然因素所引起的,如由火山爆发、森林火灾、海啸、地震等自然因素导致的空气中尘埃及恶臭气体含量增加。一般来说,这些组分进入大气可造成局部暂时性污染。

二是人为因素所造成的,如生产发展、人口增长、城市扩大、工业布局不合理及战争等导致环境大气中产生大量烟尘、SO_x、NO_x 等。这是大气中不定组分最重要的来源,也是造成大气污染的主要根源。

二、大气污染

当上述不定组分进入大气,其含量超过环境所能容许的极限或超过环境空气质量标准的限值并持续一段时间后,就会直接或间接影响人体健康和动植物的生长、发育,损坏自然资源、工农业生产物品及材料等,如大气中 NO_2 的浓度达到 0.12 ppm 时,人能闻到臭味,呼吸系统就会受到影响,严重的则会引起肺气肿、支气管病等;SO_2 的年平均浓度超过 0.05 ppm 时,支气管的发病率比未受污染的地区会高出 2 倍,像这类现象就是大气被污染了。简言之,大气污染是指由于人类活动或自然过程引起某些物质介入大气中,呈现出足够的浓度,达到足够的时间,并因此危害了人体的健康、舒适和福利或危害了环境的现象。

三、大气污染物与大气污染源

(一)大气污染物及其分类

引起大气污染的有害物质称为大气污染物。大气污染物有多种类型,已发现其危害作用并被人们注意的污染物有100多种,其中大部分是有机物,通常按污染物的形成过程和存在状态及污染物性质进行分类。

1. 按形成过程分类

根据形成过程污染物可分为一次污染物和二次污染物。

一次污染物是指由各种污染源直接排放到环境大气中,且未发生化学变化的有害污染物质。例如,燃煤燃油及化工生产过程中排放出的SO_2、NO_x、CO、碳氢化合物、颗粒物及颗粒物中含有的有毒重金属Pb、As、Mn、Zn、Sb、Cd,强致癌物苯并芘(Bap)及其多种有机物和无机物等。

二次污染物是指大气中的部分一次污染物相互作用或与大气中的正常组分发生一系列物理化学反应所产生的新的污染物。例如SO_2进入大气中,被氧化生成SO_3,SO_3与H_2O反应生成H_2SO_4,H_2SO_4再与大气中的NH_3反应生成粒子$(NH_4)_2SO_4$等。常见的二次污染物有硫酸与硫酸盐气溶胶、硝酸与硝酸盐气溶胶、臭氧、醛类、过氧乙酰硝酸酯(PAN)及一些活性中间产物,如过氧化氢基($HO_2\cdot$)、氢氧基($\cdot OH$)、过氧化氮基($NO_3\cdot$)和氧原子等。

二次污染物比一次污染物的毒性更强,危害更严重,特别是呈胶体状态的二次污染物,含有各种复杂的金属、重金属等有害物质,是雾霾污染的主要危害成分。

2. 按存在状态及污染物的性质分类

由于大气污染物的物理、化学性质不同,产生的工艺过程与环境各异,因此污染物在大气中的存在状态和性质也不相同,大致可以分为两类:分子状态污染物和气溶胶状态污染物。详见本书第六章、第七章。

(二)大气污染源及其分类

大气污染源指造成大气环境污染的发生源,包括向环境大气中排放有害物质或能量的场所、设备和装置。

大气污染源有自然污染源和人为污染源两种,后者是造成大气污染的主要来源。为了便于根据污染源的特点对污染物的排放进行监测控制或进行环境空气质量监测,人们对大气污染源做了多种形式的分类。

1. 按人类活动功能划分

按人类活动功能,大气污染源主要有工业污染源、生活污染源、交通污染源和能源污染源。工业污染源是指人类的各种生产活动如钢铁、火力发电及各种工矿企业(特别是冶金企业)等污染源,在当前环境大气污染中,工业污染源是最主要的污染源(见表1-2);生活污染源是指人们的各种生活活动如燃煤供暖的排放,烟囱、做饭、农村烧炕等的排放源,尤其是在我国北方冬季,燃煤排放污染源对大气污染起很大的贡献;交通污染源是指机动船、机动车和飞机等，特别是随着我国汽车保有量的逐年增长，交通污染在城市污染中的比例也在逐年上升；能源污染源则指煤炭、石油、天然气的生产加工和使用过程中的排放源，长期以来，我国能源污染主要是燃煤，近年来则逐渐转向为燃煤和燃油并重的混合型污染。

表 1-2 各类工业企业向大气中排放的主要污染物

部门	企业类别	排出主要污染物
电力	火力发电厂	烟尘、SO_2、NO_x、CO、苯并[a]芘(B[a]P)等
冶金	钢铁厂	烟尘、SO_2、CO、氧化铁尘、氧化锰尘、锰尘等
	有色金属冶炼厂	烟尘(Cu、Cd、Pb、Zn 等重金属)、SO_2等
	焦化厂	烟尘、SO_2、CO、H_2S、酚、苯、萘、烃类等
化工	石油化工厂	SO_2、H_2S、NO_x、氰化物、氯化物、烃类等
	氮肥厂	烟尘、NO_x、CO、NH_3、硫酸气溶胶等
	磷肥厂	烟尘、氟化氢、硫酸气溶胶等
	氯碱厂	氯气、氯化氢、汞蒸气等
	化学纤维厂	烟尘、H_2S、NH_3、CS_2、甲醇、丙酮等
	硫酸厂	SO_2、NO_x、砷化物等
	合成橡胶厂	烯烃类、丙烯腈、二氯乙烷、二氯乙醚、乙硫醇、氯化甲烷等
	农药厂	砷化物、汞蒸气、氯气、农药等
	冰晶石厂	氟化氢等
机械	机械加工厂	烟尘等
	仪表厂	汞蒸气、氰化物等
轻工	灯泡厂	烟尘、汞蒸气等
	造纸厂	烟尘、硫醇、硫化氢等
建材	水泥厂	水泥尘、烟尘等

2. 按污染源存在的形式划分

按存在形式，污染源可分为固定污染源和流动污染源。固定污染源是指位置或地点不变的污染源，主要是工业、家庭炉灶与取暖设备的烟囱；流动污染源是指地点和位置变动的污染源，主要是行驶的交通工具等。

3. 按污染源的空间分布划分

按污染源的空间分布可划分为点源、线源和面源。点源指独立的排放源，如燃煤发电厂的烟囱和城市的供暖锅炉烟囱；线源指行驶的汽车、火车和飞机；面源则指大范围的工业生产区，如石油化工区和城市周边有众多小炉灶的居民区或广大农村地区。

4. 按污染源的排放规律划分

按污染源的排放规律可分为连续源、间断源和瞬时源。连续源指连续排烟和排气，如工业生产过程的排放源；间断源指时断时续的排放源，如锅炉排烟；瞬时源的排放时间短，一般是指事故产生的排放源。

四、大气中污染物浓度表示方法

在大气监测技术中，大气中污染物浓度是很重要且常用的量值，通常大气中污染物浓度表示方法有两种，即单位体积质量浓度和体积比浓度，前者是对所有状态的污染物的浓度都可以表示的方法，而后者则主要是对气体状态的污染物的浓度表示方法。

（一）单位体积质量浓度

单位体积质量浓度指单位体积空气中所含污染物的质量，常用 mg/m^3 或 $\mu g/m^3$ 表示。这种表示方法适用于各种状态污染物。我国《环境空气质量标准》（GB 3095—2012）中采用质量浓度，除 CO（mg/m^3）外，其他指标均采用 $\mu g/m^3$，这是指在标准状态（0 ℃，101.325 kPa）下单位大气体积中污染物的质量。

$$\rho = \frac{m}{V_0} \tag{1-1}$$

式中　ρ——单位体积质量浓度，mg/m^3 或 $\mu g/m^3$；

m——污染物的质量，mg 或 μg；

V_0——标准状态下的大气体积，m^3。

（二）体积比浓度

体积比浓度指以污染物体积与气样总体积的比值为单位，用 mL/m^3 和 μL/L 表示。这种表示方法只适用于气态污染物，常用 100 万体积大气中含污染物的体积数（ppm）表示。

$$C_V = \frac{V_1}{V_0} \tag{1-2}$$

式中　C_V——体积比浓度，ppm；

V_1——标准状态下的被测污染物体积，mL 或 μL；

V_0——标准状态下的采样总体积，m^3 或 L。

（三）两者的互算

对于气体状态的污染物来说，上述两种表示方法可以相互转换，其换算公式如下：

$$C_V = \frac{22.4}{M}\rho \tag{1-3}$$

式中　C_V—— 标准状态下以 ppm 表示的分子状态污染物浓度；

ρ—— 以 mg/m^3 表示的分子状态污染物浓度；

M —— 气态物质的摩尔质量，g/mol；

22.4 ——标准状态下气体的摩尔体积，L/mol。

五、大气污染物时空分布特征

在环境大气中，污染物的时空分布及其浓度与污染物排放源的分布、排放量，以及地形、地貌、气象等条件密切相关，因而大气污染物含量及分布随着时间、空间的变化而明显改变。了解大气中污染物的时空分布特征，对于获得正确反映大气污染实况的监测结果有重要意义。

(一)时间分布特征

由于污染源排放情况和气象条件随作业过程的特点及季节与昼夜的不同而不同,因此在同一地点、不同时间大气污染物浓度会有很大的变化。一般来说,污染源排放量与排放规律随季节变化或一天 24 h 周期变化;气象条件如风向、风速、大气湍流、大气稳定度等总在不停地改变,这会显著影响大气中污染物的稀释与扩散情况。因此,同一污染源对同一地点在不同时间所造成的地面大气污染浓度往往相差数倍至数十倍。

如二氧化硫等一次污染物因受逆温层及气温、气压等限制,清晨和黄昏浓度较高,中午较低;光化学烟雾等二次污染物,因在阳光照射下才能形成,故中午浓度较高,清晨和夜晚浓度低。再如风速大,大气不稳定,污染物稀释扩散速度快,则浓度就变小;反之,风速小,大气稳定或逆温,污染物稀释扩散速度慢,浓度变化也慢,在局部地区造成浓度较高的情况出现。

图 1-1 是我国北方某城市一年和一天内 SO_2 的浓度变化曲线,从年变化曲线中看出,1 月、2 月、11 月、12 月 SO_2 浓度高,因为这期间属于采暖期;从日变化曲线中看出,早上 6 ~ 10 时和下午 5 ~ 10 时都是供热高峰期,因此这段时间内 SO_2 的浓度就较高。

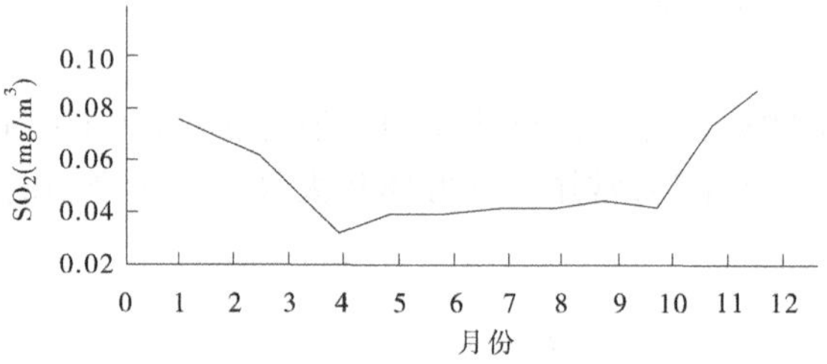

(a)我国北方某城市 SO_2 浓度的年变化曲线

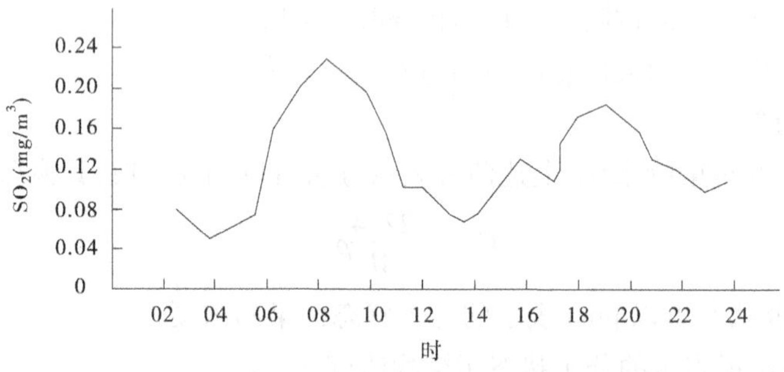

(b)我国北方某城市 SO_2 浓度的日变化曲线

图 1-1　我国北方某城市 SO_2 浓度变化曲线

为了反映污染物随时间的变化提出了时间分辨率的概念,即根据不同的监测目的,要求在规定的时间内反映出污染物的浓度变化情况。例如:光化学烟雾对人体呼吸道的刺激反应,时间分辨率为 10 min;大气污染物对人体的急性危害,时间分辨率为 3 min。从污染源排出的某些恶臭气体,因随风传播,在环境中变化很大,其阈值又低,监测这些气体时,要求分辨率和测定方法的灵敏度都要高。此外,为掌握污染物的短期浓度变化和长期效应,在大气监测中还要测定一次最大浓度和日平均、月平均、年平均浓度值,因为污染物浓度随时间变化而变化，所以测定任何一次平均浓度时，都要把该时段内发生的高、中、低几种浓度包括在内，否则就会得出不正确的结果。因此，采用连续自动监测系统，就能够不受时间限制而全天候进行采样监测。目前，我国市级以上城市基本都建立了空气自动监测系统，对监测结果向民众发布。当然，由于各种需要，人工采样的手动监测仍然占据很重要的部分，其样品一般都要进行实验室分析，所以根据污染物时间分布规律，合理安排采样时间和采样频率是采样中必须注意的重要问题之一，否则数据就失去了代表性和可比性。

（二）空间分布特征

污染物总是随空气运动而迁移、扩散和稀释。各种污染物迁移扩散速度又与污染物性质、气象条件和地理位置有关，同时在整个过程中，又会由于物理化学的变化而使污染物浓度发生变化，因此在相同时间、不同地理位置上污染物的浓度分布也不同。

例如，一个独立的点源（如烟囱）排放出的污染物形成一个较小气团，气团的流动又使地面污染物的浓度分布产生较大变化，即不同距离上的各点浓度差值较大，这种情况常发生在离污染源较近的地面，称为小尺度空间污染，其直线范围从 1 km 到数千米。而面污染源如小工业炉窑、分散供热锅炉和千家万户的生活炉灶等，所造成的地面污染物浓度就一个地区或一个城市来说是比较均匀的，这种由大量小污染源所引起的污染空间称为中尺度污染，其污染空间的直线范围为 10 km 到 $n \times 10$ km。

另外，分子状态污染物和质量轻的细颗粒物可以高度分散在大气中，易被扩散和稀释，影响范围大；质量较重的颗粒物、汞蒸气等扩散能力差，影响范围较小。例如，烟尘的排放也有一定的空间分布规律，市区比郊区多，郊区比农村多。

总的来讲，由于环境污染物有时空分布特性，因此在大气监测中除注意选择适当时间外，还应选择合适的采样点，使结果更具代表性。这两方面的因素是决定采样时间、采样频率和选择采样点的主要依据，也是获得代表性监测数据的基础。关于采样时间、采样频率和采样点的选择将在本书第五章介绍。

第二节　大气环境监测

大气监测指对存在于大气中的污染物质进行定点、连续或定时的采样和测量。

一般来说，若为了研究一个地区或全国环境空气质量的长期变化趋势，则应在相应地区设立常规监测网，开展空气质量监测；如果是为了在城市开展空气质量日报和预报，保证监测数据的代表性和时效性，就必须通过空气质量自动监测系统对主要项目及参数进行监测；而要进行污染源调查研究及污染源排放浓度的达标情况，则需要进行污染源的监测。

一、大气监测的目的

由于各地情况和要求不同，大气污染监测的具体目的也不完全一样。大体包括以下几个方面：

(1)判断大气质量是否符合国家颁布的环境空气质量标准。

(2)判断污染源造成的污染影响,为控制和防治对策提供依据。

(3)为进行环境影响分析,对现有大气环境质量状况评价提供数据。

(4)为评价治理设施效果提供依据。

(5)为确定大气污染扩散模式和预测、预报空气质量提供数据。

(6)收集和积累大气污染监测数据,结合流行性疾病的调查等,为制定和修改大气质量标准提供资料。

二、大气监测的分类

大气监测依据不同标准可以划分成多种类型,按其目的和性质,大气监测可分为常规监测、特例监测、研究监测三类。

(一)常规监测

常规监测是大气监测工作的主体,主要包括污染源监测和环境空气质量监测两个方面。

(1)污染源例行监测和常规监测:主要是掌握大气污染排放浓度、排放强度、负荷总量、时空变化等,为强化环境管理,贯彻落实有关标准、法规、制度等做好技术监督和提供技术支持。

(2)环境空气质量监测:主要是指定期定点对指定范围内的大气环境状况进行监测分析,为环境管理和决策提供依据。

(二)特例监测

特例监测的内容、形式很多,但工作频率相对较低,主要包括污染事故监测、仲裁监测、考核验证监测和咨询服务监测四个方面。

(1)污染事故监测:主要是确定各种紧急情况下发生的各类污染事故的污染程度、范围和影响等。

(2)仲裁监测:主要是为解决环保执法过程中发生的矛盾和纠纷,为有关部门处理污染问题提供公正的监测数据。

(3)考核验证监测:主要是指设施验收、环境评价、机构认证和应急性监督监测能力考核等监测工作。

(4)咨询服务监测:主要是指为科研、生产部门提供有关监测数据,承担社会科研咨询工作等。

(三)研究监测

研究监测一般需要多学科协作,是属于较复杂的高水平监测,主要是指污染普查、环境本底调查及直接为建立标准、制定方法等服务的科研监测等。

另外,在实际工作中,还可将其分为室外空气监测、室内空气监测和污染源监测。室内、外空气监测是对其环境空气中影响环境质量的各项污染参数的测定;污染源监测则是对排放源各参数的测定及排放污染物浓度的测定。

三、大气监测的特点

(一)生产性

大气监测具备生产过程的基本环节,有一个类似生产的工艺定型化、方法标准化和技术规范化的管理模式,数据就是大气监测的基本产品。

(二)综合性

大气监测对象涉及大气环境中各类污染物;监测手段包括化学的、物理的、生物的及互相结合的等多种方法;监测数据解析评价涉及自然科学、社会科学等许多领域。所以,大气监测具有很强的综合性,只有综合应用各种手段、综合分析各种客体、综合评价各种信息,才能较为准确地揭示大气监测信息的内涵,说明环境空气质量状况。

(三)追踪性

要保证监测数据的准确性和可比性,就必须依靠可靠的量值传递体系进行数据的追踪溯源。

(四)持续性

监测数据如同天文气象数据一样,只有在有代表性的监测点位上持续监测,才有可能客观、准确地揭示环境空气质量发展变化的趋势。

(五)执法性

大气环境监测不同于一般检验测试,它除需要及时、准确地提供监测数据外,还要根据监测结果和综合分析结论,为主管部门提供决策建议,并授权对监测对象执行法规情况进行执法性监督控制。

四、大气监测的基本程序

大气监测就是大气环境信息的捕获—传递—解析—综合—控制的过程,在对大气监测信息进行解析综合的基础上,揭示监测数据的内涵,进而提出控制对策建议,并依法实施监督,从而达到直接有效地为大气环境管理和大气环境监督服务的目的。其一般工作程序主要包括以下内容。

(一)受领任务

大气监测的任务主要来自环境保护主管部门的指令,单位、组织或个人的委托和申请,监测机构的安排等三个方面。大气环境监测是一项政府行为或具有法律效力的技术性、执法性活动,所以必须要有确切的任务来源依据。

(二)明确目的

根据任务下达者的要求和需求,确定针对性的监测工作具体目的。

(三)现场调查

根据监测目的,进行现场调查研究,摸清主要大气污染源的来源、性质及排放规律,污染受体的性质及污染源的相对位置以及地形、气象等环境条件和历史情况等。

(四)方案设计

根据现场调查情况和有关技术规范要求,认真做好监测方案设计。具体内容包括根据监测目的,在现场调查、收集相关资料的基础上,经过综合分析确定监测项目,明确布点、采样和分析方法，确立采样时间和采样频率，建立质量保证程序和措施，提出监测报告要求及监测进度计划、经费等。

（五）采集样品

按照设计方案和规定的操作程序，实施样品采集，对某些需现场处置的样品，应按规定进行处置包装，并如实记录采样实况和现场实况。

（六）运送保存

按照规范方法需求，将采集的样品和记录及时安全地送往实验室，办好交接手续。

（七）分析测试

按照规定的程序和规定的分析方法，对样品进行分析，如实记录检测信息。

（八）数据处理

对测定数据进行处理和统计检验，并整理入库（数据库）。

（九）综合评价

依据有关规定和标准进行综合分析，并结合现场调查资料对监测结果做出合理解释，编写监测报告，并按规定程序报出。

五、大气监测的基本原则和要求

（一）大气监测的基本原则

大气监测的基本原则包括优先监测原则、可靠性原则和实用性原则。

（1）大气监测应遵循优先监测原则。有毒化学物质的监测和控制无疑是大气监测的重点。存在于大气环境中的污染物质多种多样，目前已知的有100多种，但因人力、物力等限制，人们不可能对每一种污染物质都进行监测，实行控制，而只能有重点、针对性地对部分污染物进行监测和控制。这就需要对众多有毒污染物进行分级排队，从中筛选出潜在危害性大，在大气中出现频率高的污染物作为监测和控制对象。经过优先选择的大气污染物称为大气环境优先污染物，简称优先大气污染物。对优先大气污染物进行的监测称为优先监测。

优先大气污染物是指难以降解、在大气环境中有一定残留水平、出现频率较高、具有生物积累性、毒性较大的化学物质。我国大气环境优先监测的污染物主要是《环境空气质量标准》（GB 3095—2012）中的污染物，包括4种气体物质和2项颗粒物。

另外，确定优先监测的污染因子视监测对象和目的不同而异，如交通干线应优先监测汽车排出的主要有毒气体等。

（2）可靠性原则，即对选择的大气污染物必须有可靠的测试手段和有效的分析方法，保证获得准确、可靠、有代表性的数据。优先监测的污染物一般具有相对可靠的测试手段和分析方法，并能获得正确的测试数据，已经定有环境标准或评价标准，能对测试数据做出正确的解释和判断。而有些污染物如酰胺类化合物、颗粒物中水溶性阴离子等的测定，其可靠的监测方法是最近几年才有的。

（3）实用性原则，即要能对监测数据做出正确的评价，若无标准可循，又不了解对人类健康或对生态系统的影响，将使监测陷入盲目性。

(二)大气监测的要求

大气监测是环境监测的一部分,是环境保护技术的主要组成部分,它既为了解环境空气质量状况、评价环境空气质量提供信息,也为制订大气环境管理措施,建立各项大气环境保护法令、法规、条例提供决策依据。因此,大气监测工作一定要保证监测结果的准确可靠,能科学地反映实际。具体地说,大气监测的要求就是监测结果要具有"五性"。

1.代表性

代表性指在有代表性的时间、地点并按有关要求采集有效样品,使采集的样品能够反映总体的真实状况。

2.完整性

完整性强调工作总体规划切实完成,即保证按预期计划取得有系统性和连续性的有效样品,而且无缺漏地获得这些样品的监测结果及有关信息。

3.可比性

可比性不仅要求各实验室之间对同一样品的监测结果相互可比,也要求每个实验室为同一个样品的监测结果应该达到相关项目之间的数据可比,相同项目没有特殊情况时,历年同期的数据也是可比的。

4.准确性

准确性指测定值与真值的符合程度。

5.精密性

精密性表现为测定值有良好的重复性和再现性。

六、大气监测分析方法体系

正确选择监测分析方法,是获得准确结果的关键因素之一。选择分析方法应遵循的原则是灵敏度能满足定量要求;方法成熟、准确;操作简便,易于普及;抗干扰能力强。根据上述原则,为使大气监测数据具有可比性,在大量实践的基础上,我国对大气中的不同污染物质编制了相应的分析方法。这些方法有以下三个层次,它们相互补充,构成完整的空气监测分析方法体系。

(一)国家标准分析方法

我国已编制60多项包括采样在内的标准分析方法,这是一些比较经典、准确度较高的方法,是环境污染纠纷法定的仲裁方法,也是用于评价其他分析方法的基准方法。

(二)统一分析方法

有些项目的监测方法尚不够成熟,但这些项目又急需测定,因此经过研究作为统一分析方法予以推广,在使用中积累经验,不断完善,为上升为国家标准方法创造条件。

(三)等效方法

与一、二类方法的灵敏度、准确度具有可比性的分析方法称为等效方法。这类方法可能采用新的技术,应鼓励有条件的单位先用起来,以推动监测技术的进步。但是,新方法必须经过方法验证和对比实验,证明其与标准方法或统一方法是等效的才能使用。

七、大气监测项目

大气监测项目要根据监测目的来确定。依据优先监测原则,通常选择危害大、出现频度高、涉及范围广、已有成熟监测方法，而且有标准可以比照的污染物进行监测。我国《环境空气质量监测规范（试行）》中规定的监测项目如表1-3所示，而在《环境空气质量监测点位布设技术规范（试行）》（HJ 664—2013）中，大气监测的项目如表1-4所示。

表1-3　国家环境空气质量监测网监测项目

必测项目	选测项目
二氧化硫（SO_2）	总悬浮颗粒物（TSP）
二氧化氮（NO_2）	铅（Pb）
可吸入颗粒物（PM_{10}）	氟化物（F）
一氧化碳（CO）	苯并[a]芘（B[a]P）
臭氧（O_3）	有毒有害有机物

表1-4　环境空气质量评价区域点、背景点监测项目

监测类型	监测项目
基本项目	二氧化硫（SO_2）、二氧化氮（NO_2）、一氧化碳（CO）、臭氧（O_3）、可吸入颗粒物（PM_{10}）、细颗粒物（$PM_{2.5}$）
湿沉降	降雨量、pH、电导率、氯离子、硝酸根离子、硫酸根离子、钙离子、镁离子、钾离子、钠离子、铵离子等
有机物	挥发性有机物VOCs、持久性有机物POPs等
温室气体	二氧化碳（CO_2）、甲烷（CH_4）、氧化亚氮（N_2O）、六氟化硫（SF_6）、氢氟碳化物（HFCs）、全氟化碳（PFCs）
颗粒物主要物理化学特性	颗粒物数浓度谱分布、$PM_{2.5}$或PM_{10}中的有机碳、元素碳、硫酸盐、硝酸盐、氯盐、钾盐、钙盐、钠盐、镁盐、铵盐等

习题与练习题

1. 什么叫大气污染？常见的大气污染物有哪些？

2. 按污染物存在的状态，大气污染物可分为哪些类型？举例说明。

3. 什么是一次污染物和二次污染物？举例说明。

4. 国家环境空气质量监测网必测项目各有哪些？

5. 某监测站对SO_2、NO_2等项目进行定期的连续监测，其监测结果为0.25 mg/m^3、0.05 mg/m^3，计算它们用ppm表示的浓度。

6. 测定采样点大气中的NO_2时，用装有5 mL吸收液的筛板式吸收管采样，采样流量为0.30 L/min，采样时间为1 h，采样后用分光光度法测定并计算得知全部吸收液中含2.0 μg NO_2，已知采样点的温度为5 ℃，大气压力为100 kPa，求气样中NO_2的含量。

7. 判断题

(1)硫酸盐类气溶胶是大气中存在最普遍的一次污染物。（　）

(2)大气中污染物浓度表示方法有单位体积质量浓度和质量比浓度两种。（　）

(3)气溶胶状态污染物是分散在大气中的微小固体颗粒，粒径多为0.01～100 μm，是一个复杂的非均匀体系。（　）

8. 选择或填空题

(1)下列______不是二次污染物。

A. 硫酸盐　B. 硝酸盐　C. 过氧乙酰硝酸酯　D. 一氧化氮

(2)下列______是二次污染物。

A. 过氧乙酰硝酸酯　B. 二氧化硫　C. 一氧化碳　D. 一氧化氮

(3)气溶胶状态污染物是分散在空气中的微小颗粒和固体颗粒。通常根据颗粒物的空气动力学当量粒径将其分为________、________和________。粒径大于______ μm 的颗粒物能较快沉降到地面上的称为________，粒径小于________ μm 的颗粒物可长期飘浮在大气中的称为__________或__________。

(4)测得大气中的 SO_2 浓度为 3.4 ppm，其质量浓度为______ mg/m^3。

第二章　大气环境标准

大气环境标准是指为保护人群健康和社会财产安全，促进生态良性循环，对大气环境中有害成分水平及其排放源规定的限量阈值和技术规范。

大气环境标准是进行大气环境监测的基本依据，可根据其性质和功能分为大气环境质量标准、污染物排放标准、方法标准、基础标准、标准物质标准及仪器设备标准六大类。

第一节　大气环境质量标准

大气环境质量标准是指在一定的时间和空间范围内，对大气环境质量的要求所做的规定。我国已颁布实施的大气环境质量标准有《环境空气质量标准》（GB 3095—2012）、《室内空气质量标准》（GB/T 18883—2002）、《民用建筑工程室内环境污染控制规范》（GB 50325—2010）、《公共场所卫生指标及限值要求》（GB 37488—2019）和卫生部文件《室内空气质量卫生规范》等。

一、《环境空气质量标准》（GB 3095—2012）

2012 年 2 月 29 日环境保护部、国家质量监督检验检疫总局联合发布了第三次修订的《环境空气质量标准》（GB 3095—2012）（2018 年修改单），标准规定了环境空气功能区分类、标准分级、污染物项目、平均时间及浓度限值、监测方法、数据统计的有效性规定及实施与监督等内容，2016 年 1 月 1 日起在全国范围内实施（修改单自 2018 年 9 月 1 日起实施）。

标准中规定污染物浓度限值（见表 2-1、表 2-2）的一级、二级分别适用于环境空气质量功能区的一类区、二类区。一类区为自然保护区、风景名胜区和其他需要特殊保护的区域，执行一级标准；二类区为居住区、商业交通居民混合区、文化区、工业区和农村地区，执行二级标准。各污染物分析方法见表 2-3。

表 2-1　环境空气污染物基本项目浓度限值

序号	污染物项目	平均时间	浓度限值		单位
			一级	二级	
1	二氧化硫（SO_2）	年平均	20	60	μg/m³
		24 h 平均	50	150	
		1 h 平均	150	500	
2	二氧化氮（NO_2）	年平均	40	40	
		24 h 平均	80	80	
		1 h 平均	200	200	

续表 2-1

序号	污染物项目	平均时间	浓度限值		单位
			一级	二级	
3	一氧化碳(CO)	24 h 平均	4	4	mg/m^3
		1 h 平均	10	10	
4	臭氧(O_3)	日最大 8 h 平均	100	160	μg/m^3
		1 h 平均	160	200	
5	颗粒物(粒径小于或等于 10 μm)	年平均	40	70	
		24 h 平均	50	150	
6	颗粒物(粒径小于或等于 2.5 μm)	年平均	15	35	
		24 h 平均	35	75	

表 2-2　环境空气污染物其他项目浓度限值

序号	污染物项目	平均时间	浓度限值		单位
			一级	二级	
1	总悬浮颗粒物(TSP)	年平均	80	200	μg/m^3
		24 h 平均	120	300	
2	氮氧化物(NO_x)	年平均	50	50	
		24 h 平均	100	100	
		1 h 平均	250	250	
3	铅(Pb)	年平均	0.5	0.5	
		季平均	1	1	
4	苯并[a]芘(B[a]P)	年平均	0.001	0.001	
		24 h 平均	0.002 5	0.002 5	

表 2-3　各项污染物分析方法

序号	污染物项目	手工分析方法		自动分析方法
		分析方法	标准编号	
1	二氧化硫(SO_2)	环境空气 二氧化硫的测定 甲醛溶液吸收－盐酸副玫瑰苯胺分光光度法	HJ 482	紫外荧光法、差分吸收光谱分析法
		环境空气 二氧化硫的测定 四氯汞盐溶液吸收－盐酸副玫瑰苯胺分光光度法	HJ 483	

续表 2-3

序号	污染物项目	手工分析方法		自动分析方法
		分析方法	标准编号	
2	二氧化氮(NO_2)	环境空气 氮氧化物(一氧化氮和二氧化氮)的测定 盐酸萘乙二胺分光光度法	HJ 479	化学发光法、差分吸收光谱分析法
3	一氧化碳(CO)	空气质量 一氧化碳的测定 非分散红外法	GB 9801	气体滤波相关红外吸收法、非分散红外吸收法
4	臭氧(O_3)	环境空气 臭氧的测定 靛蓝二磺酸钠分光光度法	HJ 504	紫外荧光法、差分吸收光谱分析法
		环境空气 臭氧的测定 紫外光度法	HJ 590	
5	颗粒物(粒径小于或等于10 μm)	环境空气 PM_{10}和$PM_{2.5}$的测定 重量法	HJ 618	微量振荡天平法、β射线法
6	颗粒物(粒径小于或等于2.5 μm)	环境空气 PM_{10}和$PM_{2.5}$的测定 重量法	HJ 618	微量振荡天平法、β射线法
7	总悬浮颗粒物(TSP)	环境空气 总悬浮颗粒物的测定 重量法	GB/T 15432	—
8	氮氧化物(NO_x)	环境空气 氮氧化物(一氧化氮和二氧化氮)的测定 盐酸萘乙二胺分光光度法	HJ 479	化学发光法、差分吸收光谱分析法
9	铅(Pb)	环境空气 铅的测定 石墨炉原子吸收分光光度法(暂行)	HJ 539	—
		环境空气 铅的测定 火焰原子吸收分光光度法	GB/T 15264	—
10	苯并[a]芘(B[a]P)	空气质量 飘尘中苯并[a]芘的测定 乙酰化滤纸层析荧光分光光度法	GB 8971	—
		环境空气 苯并[a]芘的测定 高效液相色谱法	GB/T 15439	

二、《室内空气质量标准》(GB/T 18883—2002)

为了保障人体健康和改善居住环境,2002 年 11 月 19 日国家质量监督检验检疫总局、卫生部和国家环境保护总局联合发布了《室内空气质量标准》(GB/T 18883—2002),于 2003 年 3 月 1 日正式实施。标准中提出了“室内空气应无毒、无害、无异常嗅味”的要求,规定了 19 项监测项目和限值,其中 13 项是化学性污染物质,标准中各种参数的标准见表 2-4,参数的检验方法见表 2-5。

表 2-4　室内空气质量标准

序号	参数类别	参数	单位	标准值	备注
1	物理性	温度	℃	22 ~ 28	夏季空调
				16 ~ 24	冬季采暖
2		相对湿度	%	40 ~ 80	夏季空调
				30 ~ 60	冬季采暖
3		空气流速	m/s	0.3	夏季空调
				0.2	冬季采暖
4		新风量	m^3/(h · 人)	30①	
5	化学性	二氧化硫 SO_2	mg/m^3	0.50	1 h 均值
6		二氧化氮 NO_2	mg/m^3	0.24	1 h 均值
7		一氧化碳 CO	mg/m^3	10	1 h 均值
8		二氧化碳 CO_2	%	0.10	日平均值
9		氨 NH_3	mg/m^3	0.20	1 h 均值
10		臭氧 O_3	mg/m^3	0.16	1 h 均值
11		甲醛 HCHO	mg/m^3	0.10	1 h 均值
12		苯 C_6H_6	mg/m^3	0.11	1 h 均值
13		甲苯 C_7H_8	mg/m^3	0.20	1 h 均值
14		二甲苯 C_8H_{10}	mg/m^3	0.20	1 h 均值
15		苯并[a]芘(B[a]P)	ng/m^3	1.0	日平均值
16		可吸入颗粒 PM_{10}	mg/m^3	0.15	日平均值
17		总挥发性有机物 TVOC	mg/m^3	0.60	8 h 均值
18	生物性	菌落总数	cfu/m^3	2 500	依据仪器定
19	放射性	氡 ^{222}Rn	Bq/m^3	400	年平均值(行动水平②)

注:①新风量要求不小于标准值,除温度、相对湿度外的其他参数要求不大于标准值。

②行动水平即达到此水平时建议采取干预行动以降低室内氡浓度。

表 2-5　室内空气中各种参数的检验方法

序号	参数	检验方法	来源
1	二氧化硫(SO_2)	甲醛溶液吸收—盐酸副玫瑰苯胺分光光度法	GB/T 16128 GB/T 15262
2	二氧化氮(NO_2)	改进的 Saltzaman 法	GB 12372 GB/T 15435
3	一氧化碳(CO)	(1)非分散红外法 (2)不分光红外线气体分析法 气相色谱法 汞置换法	(1)GB/T 9801 (2)GB/T 18204.23

续表 2-5

序号	参数	检验方法	来源
4	二氧化碳(CO_2)	(1)不分光红外线气体分析法 (2)气相色谱法 (3)容量滴定法	GB/T 18204.24
5	氨(NH_3)	(1)靛酚蓝分光光度法 纳氏试剂分光光度法 (2)离子选择电极法 (3)次氯酸钠—水杨酸分光光度法	(1)GB/T 18204.25 GB/T 14668 (2)GB/T 14669 (3)GB/T 14679
6	臭氧(O_3)	(1)紫外光度法 (2)靛蓝二磺酸钠分光光度法	(1)GB/T 15438 (2)GB/T 18204.27 GB/T 15437
7	甲醛(HCHO)	(1)AHMT 分光光度法 (2)酚试剂分光光度法 气相色谱法 (3)乙酰丙酮分光光度法	(1)GB/T 16129 (2)GB/T 18204.26 (3)GB/T 15516
8	苯(C_6H_6)	气相色谱法	(1)GB/T 18883 附录 B (2)GB 11737
9	甲苯(C_7H_8)、二甲苯(C_8H_{10})	气相色谱法	(1)GB 11737 (2)GB 14677
10	可吸入颗粒物(PM_{10})	撞击式-称重法	GB/T 17095
11	总挥发性有机化合物(TVOC)	气相色谱法	GB/T 18883 附录 C
12	苯并[a]芘(B[a]P)	高效液相色谱法	GB/T 15439
13	菌落总数	撞击法	GB/T 18883 附录 D
14	温度	(1)玻璃液体温度计法 (2)数显式温度计法	GB/T 18204.13
15	相对湿度	(1)通风干湿表法 (2)氯化锂湿度计法 (3)电容式数字湿度计法	GB/T 18204.14
16	空气流速	(1)热球式电风速计法 (2)数字式风速表法	GB/T 18204.15
17	新风量	示踪气体法	GB/T 18204.18
18	氡^{222}(Rn)	(1)空气中氡浓度的闪烁瓶测量方法 (2)径迹蚀刻法 (3)双滤膜法 (4)活性炭盒法	(1)GB/T 14582 (2)GB/T 16147 (3)GB/T 14582 (4)GB/T 14582

三、《民用建筑工程室内环境污染控制规范》(GB 50325—2010)

为了预防和控制民用建筑工程中建筑材料和装饰装修材料产生的室内环境污染，保障公众健康，维护公共利益，做到技术先进、经济合理，2020 年 1 月 16 日中华人民共和国住房和城乡建设部发布了《民用建筑工程室内环境污染控制标准》(GB 50325—2020)。该标准是在《民用建筑工程室内环境污染控制规范》(GB 50325—2010)(2013 年版)的基础上修订的。

标准中将民用建筑工程分为两类：Ⅰ类民用建筑工程包括住宅、医院、老年建筑、幼儿园、学校教室等民用建筑工程；Ⅱ类民用建筑工程包括办公楼、商店、旅馆、文化娱乐场所、书店、图书馆、展览馆、体育馆、公共交通等候室、餐厅、理发店等民用建筑工程。强制规定，民用建筑初步装修和全装修工程竣工验收均应委托有相应检测资质的检测机构进行室内环境污染物浓度检测，其限量应符合表 2-6 的规定。

表 2-6　民用建筑工程室内环境污染物浓度限量

污染物	Ⅰ类民用建筑工程	Ⅱ类民用建筑工程
氡(Bq/m³)	≤100	≤100
甲醛(mg/m³)	≤0.07	≤0.08
氨(mg/m³)	≤0.15	≤0.2
苯(mg/m³)	≤0.07	≤0.09
甲苯(mg/m³)	≤0.15	≤0.2
二甲苯(mg/m³)	≤0.15	≤0.2
TVOC(mg/m³)	≤0.45	≤0.5

注：1. 表中污染物浓度测量值，除氡外均指室内测量值扣除同步测定的室外上风向空气测量值(本底值)后的测量值。检测时室外风力不大于 5 级；检测现场及其周围应无影响室内空气质量检测的因素，雾霾重度污染以上情况，不宜进行现场检测。

2. 表中污染物浓度测量值的极限值判定，采用全数值比较法。

上述民用建筑的分类指单体建筑，对于一个建筑物中出现不同功能分区的情况，如许多住宅楼(Ⅰ类)的下层作为商店设计使用(Ⅱ类)的情况，或者办公楼(Ⅱ类)的上层作为住宅设计使用(Ⅰ类)的情况等，其室内环境污染控制应有所区别，即按照实际使用功能提出不同要求，因此其执行的标准也应相应变化。表 2-7 是对不同场合甲醛指标的限量规定。

表 2-7　根据甲醛指标形成的自然分类

标准名称	标准号	甲醛指标(mg/m³)	适用的民用建筑	类别
《旅店业卫生标准》	GB 9663	≤0.12	各类旅店客房	Ⅱ
《文化娱乐场所卫生标准》	GB 9664	≤0.12	影剧院(俱乐部)、音乐厅、录像厅、游艺厅、舞厅(包括卡拉 OK 歌厅)、酒吧、茶座、咖啡厅及多功能文化娱乐场所等	Ⅱ
《理发店、美容店卫生标准》	GB 9666	≤0.12	理发店、美容店	Ⅱ

续表 2-7

标准名称	标准号	甲醛指标（mg/m^3）	适用的民用建筑	类别
《体育馆卫生标准》	GB 9668	≤0.12	观众座位在 1 000 个以上的体育馆	Ⅱ
《图书馆、博物馆、美术馆和展览馆卫生标准》	GB 9669	≤0.12	图书馆、博物馆、美术馆和展览馆	Ⅱ
《商场、书店卫生标准》	GB 9670	≤0.12	城市营业面积在 300 m^2 以上和县、乡、镇营业面积在 200 m^2 以上的室内场所、书店	Ⅱ
《医院候诊室卫生标准》	GB 9671	≤0.12	区、县级以上的候诊室（包括挂号、取药等候室）	Ⅱ
《公共交通等候室卫生标准》	GB 9672	≤0.12	特等和一、二等站的火车候车室，二等以上的候船室，机场候机室和二等以上的长途汽车站候车室	Ⅱ
《饭馆（餐厅）卫生标准》	GB 16153	≤0.12	有空调装置的饭馆（餐厅）	Ⅱ
《居室空气中甲醛的卫生标准》	GB/T 1627	≤0.08	各类城乡住宅	Ⅰ

第二节　大气污染物排放标准

大气污染物排放标准是为了实现大气环境质量标准目标，结合技术经济条件和环境特点，对排入环境的污染物或有害因素的控制所做的规定。它是实现大气环境质量标准的主要保证，也是对污染进行强制性控制的主要手段。我国已颁布实施的大气污染物排放标准有《大气污染物综合排放标准》（GB 16297—1996）、《锅炉大气污染物排放标准》（GB 13271—2014）、《水泥工业大气污染物排放标准》（GB 4915—2013）、《火电厂大气污染物排放标准》（GB 13223—2011）等。

一、《大气污染物综合排放标准》（GB 16297—1996）

《大气污染物综合排放标准》（GB 16297—1996）自 1997 年 7 月 1 日起实施。标准规定了 33 种大气污染物的排放限值，同时规定了标准执行的各种要求。

这 33 种大气污染物是：二氧化硫、氮氧化物、颗粒物、氯化氢、铬酸雾、硫酸雾、氟化物、氯气、铅及其化合物、汞及其化合物、镉及其化合物、铍及其化合物、镍及其化合物、锡及其化合物、苯、甲苯、二甲苯、酚类、甲醛、乙醛、丙烯腈、丙烯醛、氰化氢、甲醇、苯胺类、氯苯类、硝基苯类、氯乙烯、苯并[a]芘、光气、沥青烟、石棉尘、非甲烷总烃。

另外，在我国现有的国家大气污染物排放标准体系中，按照综合性排放标准与行业性排放标准不交叉执行的原则，优先执行行业标准；若地方经济条件较好，可以制定更为严格的地方标准。例如，锅炉执行《锅炉大气污染物排放标准》（GB 13271—2014）、火电厂执行《火电厂大气污染物排放标准》(GB 13223—2011)、水泥厂执行《水泥工业大气污染物排放标准》(GB 4915—2013)等,无相应行业标准的大气污染物排放均执行《大气污染物综合排放标准》(GB 16297—1996)。

二、《锅炉大气污染物排放标准》(GB 13271—2014)

2014 年 5 月 16 日环境保护部、国家质量监督检验检疫总局联合发布了第三次修订的《锅炉大气污染物排放标准》(GB 13271—2014),标准规定了锅炉大气污染物浓度排放限值、监测和监控要求。

10 t/h 以上在用蒸汽锅炉和 7 MW 以上在用热水锅炉自 2015 年 10 月 1 日起、10 t/h 及以下在用蒸汽锅炉和 7 MW 及以下在用热水锅炉自 2016 年 7 月 1 日起执行表 2-8 规定的排放限值;自 2014 年 7 月 1 日起,新建锅炉执行表 2-9 规定的排放限值;重点地区锅炉执行表 2-10 规定的大气污染物特别排放限值。不同时段建设的锅炉,若采用混合式排放烟气,且选择的监控位置只能监测混合烟气中的大气污染物浓度,应执行各个时段限值中最严格的排放限值。

表 2-8　在用锅炉大气污染物排放限值　(单位:mg/m^3)

污染物项目	限值			污染物排放监控位置
	燃煤锅炉	燃油锅炉	燃气锅炉	
颗粒物	80	60	30	烟囱或烟道
二氧化硫	400 550(1)	300	100	
氮氧化物	400	400	400	
汞及其化合物	0.05	—	—	
烟气黑度(林格曼黑度,级)	≤1			烟囱排放口

注:(1)位于广西壮族自治区、重庆市、四川省和贵州省的在用燃煤锅炉执行该限值。

表 2-9　新建锅炉大气污染物排放限值　(单位:mg/m^3)

污染物项目	限值			污染物排放监控位置
	燃煤锅炉	燃油锅炉	燃气锅炉	
颗粒物	50	30	20	烟囱或烟道
二氧化硫	300	200	50	
氮氧化物	300	250	200	
汞及其化合物	0.05	—	—	
烟气黑度(林格曼黑度,级)	≤1			烟囱排放口

表 2-10　大气污染物特别排放限值　　（单位：mg/m^3）

污染物项目	限值			污染物排放监控位置
	燃煤锅炉	燃油锅炉	燃气锅炉	
颗粒物	30	30	20	烟囱或烟道
二氧化硫	200	100	50	
氮氧化物	200	200	150	
汞及其化合物	0.05	—	—	
烟气黑度（林格曼黑度，级）	≤1			烟囱排放口

习题与练习题

1.《环境空气质量标准》（GB 3095—2012）中规定的基本项目有哪些？

2. 某地（非重点区）拟建一容量为 0.35～116 MW 的燃气热水锅炉，试问应按什么标准执行，分别述之。

3. 简述空气环境质量标准与空气污染物排放标准的区别与联系。

4. 区别《室内空气质量标准》（GB 18883—2002）与《民用建筑工程室内环境污染控制规范》（GB 50325—2010）。

5. 根据《环境空气质量标准》（GB 3095—2012）的二级标准，求出 SO_2、NO_2、CO 三种污染物的 24 h 平均浓度限值的体积分数。

第三章　实验室质量控制

大气监测的质量保证,从大的方面可分为采样系统和测定系统两部分。实验室质量控制是测定系统中的重要部分,目的在于把监测分析的误差控制在允许的限度内,使分析数据合理、可靠,保证测量结果有一定的精密度和准确度。实验室质量控制方法很多,通常分为实验室内质量控制和实验室间质量控制。实验室质量控制必须建立在完善的实验室基础工作之上,以下讨论的前提是假定实验室的各种条件和分析人员是符合一定要求的。

第一节　相关名词

一、基本概念

(一)准确度

准确度是用一个特定的分析程序所获得的分析结果(单次测定值和重复测定值的均值)与假定的或公认的真值之间符合程度的度量。它是反映分析方法或测量系统存在的系统误差和随机误差两者的综合指标,并决定其分析结果的可靠性。准确度用绝对误差和相对误差表示。

评价准确度的方法有两种:第一种是用某一方法分析标准物质,据其结果确定准确度;第二种是加标回收法,即在样品中加入标准物质,测定其回收率,以确定准确度,多次回收实验还可发现方法的系统误差,这是目前常用且方便的方法。

(二)精密度

精密度是指用同一方法重复分析一个样品所得测定值之间的接近程度,它反映分析方法或测量系统所存在随机误差的大小。极差、平均偏差、相对平均偏差、标准偏差和相对标准偏差都可用来表示精密度大小,较常用的是标准偏差。

在讨论精密度时,常要遇到如下一些术语。

1. 平行性

平行性指在同一实验室中,当分析人员、分析设备和分析时间都相同时,用同一分析方法对同一样品进行双份或多份平行样测定时结果之间的符合程度。

2. 重复性

重复性指在同一实验室内,当分析人员、分析设备和分析时间三因素中至少有一项不同时,用同一分析方法对同一样品测定两次或两次以上时结果之间的符合程度。

3. 再现性

再现性是指在不同实验室(分析人员、分析设备,甚至分析时间都不相同),用同一分析方法对同一样品进行多次测定结果之间的符合程度。

在大气监测中，作为一个推荐方法或制定统一的分析方法，除进行重复性测定所表示的精密度外，还应考虑再现性测定所表示的精密度。通常室内精密度是指平行性和重复性的总和；而室间精密度（再现性）通常用分析标准溶液的方法来确定。

（三）灵敏度

分析方法的灵敏度是指该方法对单位浓度或单位量的待测物质的变化所起的响应量变化的程度，它可以用仪器的响应量或其他指示量与对应的待测物质的浓度或量之比来描述，因此常用标准曲线的斜率来度量灵敏度。灵敏度因实验条件而变。标准曲线的直线部分以式（3-1）表示：

$$A = kc + a \tag{3-1}$$

式中 A——仪器的响应量；

c——待测物质的浓度；

a——校准曲线的截距；

k——方法的灵敏度，k 值大，说明方法灵敏度高。

在原子吸收分光光度法中，国际理论与应用化学联合会（IUPAC）建议将以浓度表示的1%吸收灵敏度叫作特征浓度，而将以绝对量表示的1%吸收灵敏度称为特征量。特征浓度或特征量越小，方法的灵敏度越高。

（四）检测限

某一分析方法在给定的可靠程度内可以从样品中检测待测物质的最小浓度或最小量。所谓检测是指定性检测，即断定样品中确定存在有浓度高于空白的待测物质。检测上限是指校准曲线直线部分的最高限点（弯曲点）相应的浓度值。由于大气污染监测涉及的组分绝大多数是痕量和超痕量，故人们对方法的检出下限尤为重视。

检测限有几种规定，简述如下：

（1）分光光度法中规定以扣除空白值后，吸光度为0.01相对应的浓度值为检测限。

（2）气相色谱法中规定检测器产生的响应信号为噪声值两倍时的量为检测限。最小检测浓度是指最小检测量与进样量（体积）之比。

（3）离子选择性电极法规定，某一方法的标准曲线的直线部分外延的延长线与通过空白电位且平行于浓度轴的直线相交时，其交点所对应的浓度值即为检测限。

（五）测定限

测定限分测定下限和测定上限。测定下限是指在测定误差能满足预定要求的前提下，用特定方法能够准确地定量测定待测物质的最小浓度或量；测定上限是指在限定误差能满足预定要求的前提下，用特定方法能够准确地定量测定待测物质的最大浓度或量。

最佳测定范围也称有效测定范围，指在限定误差能满足预定要求的前提下，特定方法的测定下限至测定上限之间的浓度范围。

方法运用范围是指某一特定方法检测下限至检测上限之间的浓度范围。显然，最佳测定范围应小于方法适用范围。

二、实验室内质量控制

实验室内部质量控制是实验室自我控制质量的常规程序，它能反映分析质量稳定性状况,能及时发现分析中的随即误差和新出现的系统误差,随时采取相应的校正措施,执行者为实验室自身的工作人员,不涉及实验室外的其他人。

(一)空白实验

空白实验又叫空白测定,是指用蒸馏水代替试样的测定,其所加试剂和操作步骤与实验测定完全相同。试样分析时仪器的响应值(如吸光度、峰高等)不仅是试样中待测物质的分析响应值,还包括所有其他因素,如试剂中杂质、环境及操作进程的沾污等的响应值,这些因素是经常变化的,为了了解它们对试样测定的综合影响,在每次测定时,均做空白实验。空白实验应与试样测定同时进行,空白实验所得的响应值称为空白实验值。

(二)平行双样

根据试样单次分析结果,无法判断其离散程度,进行平行双样测定有助于减小随机误差。精密度是准确度的前提,对试样作平行双样测定,是对测定进行最低限度的精密度检查。一批试样中部分平行双样的测定结果有助于估计同批测定的精密度。

原则上,试样都应该做平行双样测定。当一批试样数量较多时,可随机抽取 10% ~ 20% 的试样进行平行双样测定;当同批试样数较少时,应适当增大平行双样测定率,每批(5 个以上)中平行双样以不少于 5 个为宜。

分析人员在分取样品平行测定时,对同一样品同时分取两份,也可由质控员将所有待测试样(包括平行双样)重新排列编号形成密码样,交分析人员测定,最后报出测定结果,由质控员将密码对号按下列要求检查是否合格:

(1)平行双样测定结果的相对偏差不应大于标准方法或统一方法所列相对标准偏差的 2.83 倍。

(2)对未列相对标准偏差的方法,当样品的均匀性和稳定性较好时,也可参阅表 3-1 的规定。

表 3-1　平行双样相对偏差

分析结果所在数量级(g/mL)	10^{-4}	10^{-5}	10^{-6}	10^{-7}	10^{-8}	10^{-9}	10^{-10}
相对偏差最大容许值(%)	1	2.5	5	10	20	30	50

(三)加标回收

加标回收法,即在样品中加入标准物质,通过测定其回收率以确定测定方法准确度的方法,多次回收实验还可以发现方法的系统误差。

用加标回收率在一定程度上能反映测定结果的准确度,但有局限性。这是因为样品中某些干扰因素对测定结果具有恒定的正偏差或负偏差,并均已在样品测定中得到反映,而对加标结果就不再显示其偏差,就是说,加标回收可能是良好的。此外,加入的标准与样品中待测物在价态或形态上的差异、加标量的多少和样品中原有浓度的大小等,均影响加标回收结果。因此,当加标回收率令人满意时,不能肯定测定准确度无问题;但当其超出所要求的范围时,则可肯定测定准确度有问题。

在一批试样中,随机抽取 10% ~20% 的试样进行加标回收测定;当同批试样较少时,应适当加大测定率。每批同类型试样中,加标试样不应少于 2 个。分析人员在分取样品的同时,另分取一份,并加入适量的标样;也可以由质控员对抽取的试样加入自备的质控标样,形成密码加标样(包括编号和加标量),交分析人员测定,最后报出测定结果,由质控员对号计算后,按相关要求检查是否合格(对每一个测得的回收率分别进行检查,对均匀性较好的样品,不应超出标准方法或统一方法所列的回收率范围)。

采用加标回收法时,应注意加标量不能过大,一般为试样含量的50%至2倍,且加标后的总含量不应超过测定上限;加标物的浓度宜较高,体积应很小,一般以不超过原始试样体积的1%为好,用以简化计算方法。若测平行加标样,则加标样与原始样应预先随机配对编号。

(四)标准参考物的使用

由于存在于实验室内的系统误差常难以被自身所发现,故需借助标准参考物,通过下列使用方式,以发现和尽量减小可能存在的系统误差。

1.量值传递

各实验室配制的统一样品或控制样品等,可在分析质量处于受控状态下,通过与标准参考物的比对,检查它们的浓度值是否可靠。必要时根据比对的结果加以修正,然后投入本实验室的质控中使用,以及向下一级实验室传递。

2.仪器标定

对于采用直接定量法的仪器,为控制其测量具有一定的准确度,常需采用标准参考物对仪器进行标定。对大多数仪器采用间接定量法的,则可使用标准参考物核对用于该仪器的标准储备溶液,甚至直接使用标准参考物或其稀释液做基准来绘制校准曲线,并定量分析试样中相同物质的浓度。

3.对照分析

在进行试样分析的同时,用相近浓度的标准参考物或其稀释液进行分析,在确知二者的基体效应没有或很少有差异时,根据标准参考物的实测值与保证值的符合程度,能够确定试样分析结果的准确度是否可以接受。

4.质量考核

以标准参考物作为未知样,考核实验室内分析人员的技术水平或实验室间分析结果的相符程度,从而帮助分析人员发现问题和保证实验室间数据的可比性。

(五)方法对照

方法对照是指采用不同的分析方法对同一试样进行分析对照的质量保证措施。在分析质量控制中,由于加标回收实验中的系统误差可能在计算时正好互相抵消,而标准参考物的基质又常与试样基质相差很大,因此在一些重要的分析中,方法对照常被采用。由于是用不同方法对同一试样进行分析,如有系统误差就无从抵消,同一基质也必然不存在差异,以致用方法对照来核查分析结果的准确度,就远比使用加标回收实验或应用标准参考物进行对照分析更为优越。此外,方法对照也可用于检验新建方法的准确度。

应用方法对照来核查分析结果的准确度虽然很优越,但由于要提供较多的仪器设备,消耗更多的人力、物力,难以在常规的分析质量控制中普遍推广采用。目前,它主要应用于对实验室内可疑结果的复查判断、实验室不同分析结果的仲裁、多家参与协作的标样定值,以及分析方法的改进和新分析方法的确立等项工作中。

(六)质量控制图的应用

内部质量控制是实验室分析人员对分析质量进行自我控制的过程。对经常性的分析项目常用控制图来控制质量。

质量控制图的基本原理:每一个方法都存在着变异,都受到时间和空间的影响,即使在理想的条件下获得的一组分析结果,也会存在一定的随机误差。但当某一个结果超出了随机误差的允许范围时,运用数理统计的方法,可以判断这个结果是异常的、不可信的。质量控制图可以起到这种监测的仲裁作用。因此,实验室内质量控制图是监测常规分析过程中可能出现误差,控制分析数据在一定的精密度范围内,保证常规分析数据质量的有效方法。

质量控制图一般采用直角坐标系,横坐标代表抽样次数或样品序号、纵坐标代表作为质量控制指标的统计值。质量控制图的基本组成如图 3-1 所示。

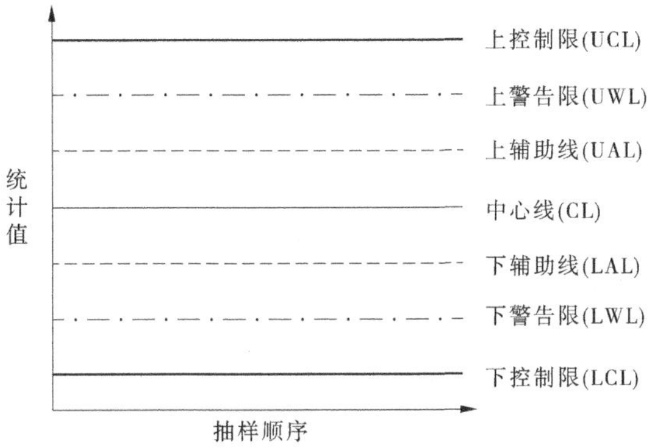

图 3-1　质量控制图的基本组成

预期值——图中的中心线;

目标值——图中上、下警告限之间区域;

实测值的可接受范围——图中上、下控制限之间区域;

辅助线——在中心线两侧与上、下警告限之间各一半处。

质量控制图的类型有很多种,如均值控制图($\bar{x}$ 图)、均值—极差控制图($\bar{x}$—R 图)、移动均值—差值控制图、多样控制图、累积和控制图等。但目前最常用的是均值控制图和均值—极差值控制图。下面主要就均值控制图和均值—极差控制图的绘制及使用进行介绍。

1. 均值控制图($\bar{x}$ 图)

为编制质量控制图,需要准备一份质量控制样品。控制样品的浓度和组成尽量与环境样品相近,并且性质稳定而均匀。编制时,要求在一定期间内,分批地用与分析环境样品相同的分析方法分析此控制样品 20 次以上(不可将 20 个重复实验同时进行,或一天分析二次或二次以上),其分析数据符合正常的统计分布,然后按下式计算总体均值$\bar{\bar{x}}$、标准偏差等统计值,以此绘制质量控制图(见图 3-2)。

$$\bar{x} = \frac{x_i + x_i'}{2}$$

$$\bar{\bar{x}} = \frac{\sum \bar{x}_i}{n}$$

$$s = \sqrt{\frac{\sum \bar{x}_i^2 - \frac{(\sum \bar{x}_i)^2}{n}}{n-1}}$$

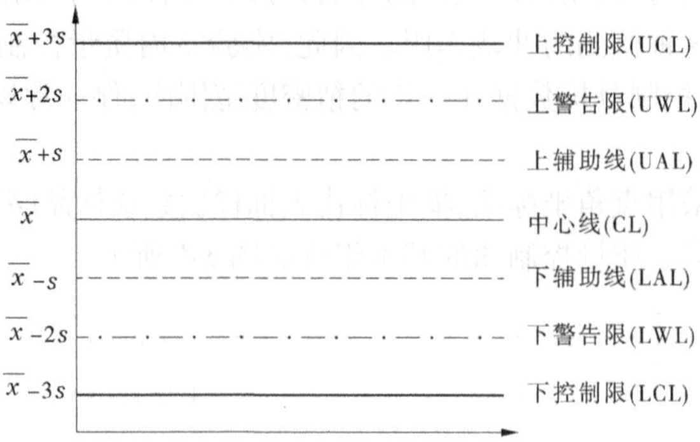

图 3-2　均值控制图

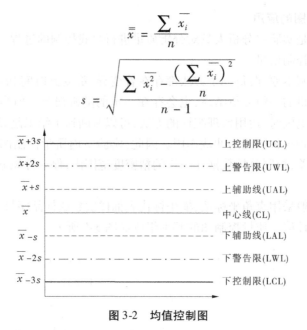

以测定顺序为横坐标、相应的测定值为纵坐标作图，同时作有关控制线。

其中：中心线——以总体均数$\bar{\bar{x}}$估计真值μ；

上、下警告限——按$\bar{\bar{x}} \pm 2s$ 值绘制；

上、下控制限——按$\bar{\bar{x}} \pm 3s$ 值绘制；

上、下辅助线——按$\bar{\bar{x}} \pm s$ 值绘制。

在绘制控制图时，落在$\bar{\bar{x}} \pm s$ 范围内的点数应约占总点数的68%。若小于50%，则分布不合适，此图不可靠。若连续7点位于中心线同一侧，表示数据失控，此图不适用。

质量控制图绘好后，应标明绘制控制图的有关内容和条件，如测定项目、分析方法、溶液控制、温度、操作人员和绘制日期等。

均值控制图的使用方法：质量控制图主要用来检验常规监测分析数据是否处于控制状态。在常规监测分析中，根据日常工作中该项目的分析频率和分析人员的技术水平，每间隔适当时间，取两份平行的控制样品与环境样品同时测定。对操作技术较低和测定频率低的项目，每次都应同时测定控制样品，将控制样品的测定结果依次点在控制图上，然后根据下列规则，检验分析测定过程是否处于控制状态。

(1)若此点在上、下警告限之间区域，则测定过程处于控制状态，环境样品分析结果有效。

(2)如果此点超出上述区域，但仍处于上、下控制限之间的区域内，则表明分析质量开始变差，可能存在“失控”倾向，应进行初步检查，并采取相应的校正措施，此时环境样品的结果仍然有效。

(3)若此点落在上、下控制限以外，则表示测定过程已经失控，应立即查明原因并予以纠正，该批环境样品的分析结果无效，必须待方法校正后重新测定。

(4)若遇有7个点连续下降或上升，则表示测定过程有失控倾向，应立即查明原因，予以纠正。

(5)即使测定过程处于控制状态，尚可根据相邻几点的分布趋势来推测分析质量可能发生的问题。

在控制样品测定次数累积更多之后，应利用这些结果和原始结果一起重新计算总体均值、标准偏差，再校正原来的控制图。

2. 均值—极差控制图($\bar{x}$—R 图)

有时，分析平行样的平均值 $\bar{x}$ 与总均值很接近，但极差较大，属于质量较差的控制图。而采用均值—极差控制图就能同时考察均数和极差的变化情况。在使用均值—极差控制图时，只要两者中有一个超出控制限(不包括 R 图部分的下控制限)，即认为是“失控”，故其灵敏度较单纯的均数图或极差图高。

均值—极差控制图的绘制包括以下内容：

(1)均值控制部分。

中心线——$\bar{\bar{x}}$；

上、下控制限——$\bar{\bar{x}} \pm A_2\bar{R}$；

上、下警告限——$\bar{\bar{x}} \pm \frac{2}{3}A_2\bar{R}$；

上、下辅助线——$\bar{\bar{x}} \pm \frac{1}{3}A_2\bar{R}$。

(2)极差控制图部分。

上控制限——$D_4\bar{R}$；

上警告限——$\bar{R} + \frac{2}{3}(D_4\bar{R} - \bar{R})$；

上辅助线——$R + \frac{1}{3}(D_4\bar{R} - \bar{R})$；

下控制限——$D_3\bar{R}$。

系数 A_2、D_3、D_4 可从表 3-2 中查出，均值—极差控制图的绘制与均值控制图绘制方法相似。

表 3-2　均值—极差控制图系数(每次测 n 个平行样)

系数	2	3	4	5	6	7	8
A_2	1.88	1.02	0.73	0.58	0.48	0.42	0.37
D_3	0	0	0	0	0	0.076	0.136
D_4	3.27	2.58	2.28	2.12	2.00	1.92	1.86

因为极差愈小愈好，故极差控制图部分没有下警告限，但仍有下控制限。在使用过程中，若 R 值稳定下降，甚至 $R \approx D_3\bar{R}$(接近下控制线)，则表明测定精密度已有提高，原质量控制图失效，应根据新的测定值重新计算 $\bar{x}$、$\bar{R}$ 和各相应统计量，改绘新的 $\bar{x}$—R 图。

三、实验室间质量控制

实验室间质量控制的目的是检查各实验室是否存在系统误差，找出误差来源，提高监测水平，这一工作通常由某一系统的中心实验室、上级机关或权威单位负责。

（一）实验室质量考核

实验室质量考核由负责单位根据所要考核项目的具体情况，制订具体实施方案。

1. 考核方案的内容

质量考核测定项目；质量考核分析方法；质量考核参加单位；质量考核统一程序；质量考核结果评定。

2. 考核内容

分析标准样品或统一样品、测定加标样品、测定空白平行、核查检测下限、测定标准系列、检查相关系数和计算回归方程、进行截距检验等。通过质量考核，最后由负责单位综合实验室的数据进行统计处理后做出评价予以公布。各实验室可以从中发现所有存在的问题并及时纠正。

工作中标准样品或统一样品应逐级向下分发，一级标准由国家环境监测总站将国家计量总局确认的标准物质分发给各省、自治区、直辖市的环境监测中心，作为环境监测质量保证的基准使用。

二级标准由各省、自治区、直辖市的环境监测中心按规定配制并检验证明其浓度参考值、均匀度和稳定性，并经国家环境监测总站确认后，方可分发给各实验室作为质量考核的基准使用。

当标准样品系列不够完备而有特定用途时，各省、自治区、直辖市在具备合格实验室和合格分析人员条件下，可自行配备所需的统一样品，分发给所属网、站，供质量保证活动使用。各级标准样品或统一样品均应在规定要求的条件下保存，若有下列情况之一即应报废：超过稳定期，失去保存条件，开封使用后无法或没有及时恢复原封装而不能继续保存者。

为了减小系统误差，使数据具有可比性，在进行质量控制时，应使用统一的分析方法，首先应从国家或部门规定的标准方法之中选定。当根据具体情况需选用标准方法以外的其他分析方法时，必须有该法与相应标准方法对几份样品进行比较实验，按规定判定无显著性差异后，方可选用。

（二）实验室误差

在实验室间起支配作用的误差常为系统误差，为检查实验室间是否存在系统误差，它的大小和方向及对分析结果的可比性是否有显著影响，可不定期地对有关实验室进行误差测验，以发现问题及时纠正。

测验的方法是将两个浓度不同（分别为 x_i、y_i 两者相差约 ±5%），但很类似的样品同时分发给各实验室，分别对其做单次测定，并在规定日期内上报测定结果 x_i、y_i。计算每一浓度的均值 $\bar{x}$ 和 $\bar{y}$，在方格坐标纸上画出 x_i、$\bar{x}$ 的垂直线和 y_i、$\bar{y}$ 值的水平线。将各实验室测定结果（x、y）点在图中。通过零点和 $\bar{x}$、$\bar{y}$ 值交点画一直线，结果如图 3-3 所示，此图叫双样图，可以根据图形判断实验室存在的误差。

根据随机误差的特点，各点应分别高于或低于平均值，且随机出现。因此，如各实验室间不存在系统误差，则各点应随机分布在四个象限，即大致成一个代表两均值的直线交点为中心的圆形，如图 3-3（a）所示。如各实验室间存在系统误差，则实验室测定值双双

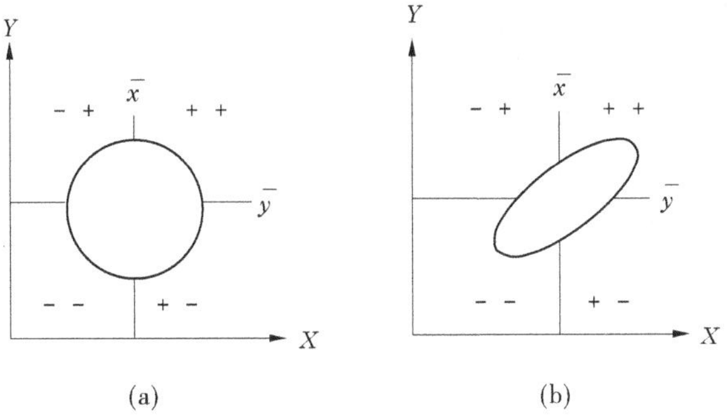

图 3-3 双样图

偏高或双双偏低，即测定点分布在 + + 或 − − 象限内，形成一个与纵轴方向约成 45°倾斜的椭圆形，如图 3-3(b)所示。根据此椭圆形的长轴与短轴之差及其位置，可估计实验室间系统误差的大小和方向；根据各点的分散程度来估计各实验室间的精密度和准确度。

如将数据进一步做误差分析，可更具体地了解各实验室间的误差性质。处理的方法有标准差分析、方差分析。

(三)标准分析方法和分析方法标准化

1. 标准分析方法

一个项目的测定往往有多种可供选择的分析方法，这些方法的灵敏度不同，对仪器和操作的要求不同；而且由于方法的原理不同，干扰因素也不同，甚至其结果的表示涵义也不尽相同。当采用不同方法测定同一项目时就会产生结果不可比的问题，因此有必要进行分析方法标准化活动。

标准分析方法又称分析方法标准，是技术标准中的一种，是权威机构对某项分析所做的统一规定的技术准则和各方面共同遵守的技术依据，它必须满足以下条件：

(1)按照规定的程序编制；

(2)按照规定的格式编写；

(3)方法的成熟性得到公认，通过协作实验，确定了方法的误差范围；

(4)由权威机构审批和发布。

编制和推行标准分析方法的目的是保证分析结果的重复性、再现性和准确性，不但要求同一实验室的分析人员分析同一样品的结果要一致，而且要求不同实验室的分析人员分析同一样品的结果也要一致。

2. 分析方法标准化

标准是标准化活动的结果。标准化工作是一项具有高度政策性、经济性、技术性、严密性和连续性的工作，开展这项工作必须建立严密的组织机构。由于这些机构所从事工作的特殊性，要求他们的职能和权限必须受到标准化条例的约束。

国外标准化工作一般程序是：

(1)由一个专家委员会根据需要选择方法，确定准确度、精密度和检测限指标。

(2)专家委员会指定一个任务组(通常是有关的中央实验室负责)。任务组负责设计实验方案，编写详细的实验程序，制备和分发实验样品和标准物质。

(3)任务组负责抽选 6 ~ 10 人参加实验室,其任务是熟悉任务组提供的实验步骤和样品,并按任务要求进行测定,将测定结果写出报告,交给任务组。

(4)任务组整理各实验室报告,如果各项指标均达到设计要求,则上报权威机构出版公布;如达不到预定指标,需修正实验方案,重做实验,直到达到预定指标为止。

(四)监测实验室间的协作实验

协作实验是指为了一个特定的目的和按照预定的程序所进行的合作研究活动。协作实验可用于分析方法标准化、标准物质浓度定值、实验室间分析结果争议的仲裁和分析人员技术评定等项工作。

分析方法标准化协作实验的目的,是确定拟作为标准的分析方法在实际应用的条件下可以达到的精密度和准确度,制定实际应用中分析误差的允许界限,以作为方法选择、质量控制和分析结果仲裁的依据。

进行协作实验预先要制订一个合理的实验方案,并应注意下列因素。

1. 实验室的选择

参加协作实验的实验室要选择在地区和技术上有代表性,并具备参加协作实验的基本条件(如分析人员、分析设备等),避免选择技术太高和太低的实验室,实验室数目以多为好,一般要求 5 个以上。

2. 分析方法

选择成熟和比较成熟的方法,方法应能满足确定的分析目的,并已写成了较严谨的文件。

3. 分析人员

参加协作实验的实验室应指定具有中等技术水平的分析人员参加工作,分析人员应对被评价的方法具有实际经验。

4. 实验设备

参加的实验室要尽可能用已有的可互换的设备。各种量器、仪器等按规定校准,如同一实验有两人以上参加,除专用设备外,其他常用设备(如天平、玻璃器皿和分光光度计等)不得共用。

5. 样品的类型和含量

样品基体应有代表性,在整个实验期间必须均匀稳定。由于精密度往往与样品中被测物质浓度水平有关,一般至少要包括高、中、低三种浓度。如要确定精密度随浓度变化的回归方程,且至少要使用 5 种不同浓度的样品。

只向参加实验室分送必需的样品量,不得多余,样品中待测物质含量不应恰为整数或一系列有规则的数,作为商品或浓度值已为人们知道的标准物质不宜作为方法标准化协作实验或考核人员的样品,使用密码样品可避免"习惯性"偏差。

6. 分析时间和测定次数

同一名分析人员至少要在两个不同的时间进行同一样品的重复分析。一次平行测定的平行样数目不得少于两个。每个实验室对每种含量的样品的总测定次数不应少于 6 次。

7. 协作实验中的质量控制

在正式分析以前要分发类型相似的已知样，让分析人员进行操作练习，取得必要的经验，以检查和消除实验室的系统误差。

协作实验设计不同，数据处理的方法也不尽相同，其步骤是：

(1)整理原始数据，汇总成便于计算的表格；

(2)核查数据并进行离群值检验；

(3)计算精密度，并进行精密度与含量之间相关性检验；

(4)计算允许差；

(5)计算准确度。

第二节　误　差

一、真值与误差

(一)真值(x_t)

在某一时刻和某一位置或状态下，某量的效应体现出客观值或实际值称为真值。真值包括以下三种。

1. 理论真值

例如，三角形内角之和等于180°。

2. 约定真值

由国际计量大会定义的国际单位制，包括基本单位、辅助单位和导出单位。由国际单位制所定义的真值叫约定真值。

3. 标准器(包括标准物质)的相对真值

高一级标准器的误差为低一级标准器或普通仪器误差的1/5或1/20～1/3时，则可认为前者是后者的相对真值。

(二)误差

由于被测量的数据形式通常不能以有限位数表示，同时由于认识能力的不足和科学技术水平的限制，使测量值与真值不一致，这种矛盾在数值上的表现即为误差。任何测量结果都有误差，并存在于一切测量全过程之中。

二、误差的来源

误差常常不是独立的，而是多方面原因联合作用的结果。误差的来源包括以下几方面。

(一)标准误差

由于测试总是相对进行的，对于基准物、参考物质、标准器等而言，它们本身体现出来的量值就有误差，存在不确定性。

(二)装置误差

装置误差是检测系统本身固有的各种因素影响而产生的误差。传感器、元器件与材料性能、制造与装配的技术水平等都直接影响检测系统的准确性和稳定性产生的误差。

（三）环境误差

环境误差是由于环境因素对测量影响而产生的误差，如工作环境、仪器的使用条件等引起测量的误差。

（四）人员误差

人员误差是由于测试人员感觉器官的差异、敏感性和固有习惯等产生的误差。

（五）方法误差

方法误差是由于检测系统采用的测量原理与方法本身所产生的误差，是制约测量准确性的主要原因。

三、误差的分类

误差按其性质和产生原因，可分为系统误差、随机误差和过失误差三类。

（一）系统误差

系统误差又称可测误差、恒定误差或偏倚，指测量值的总体均值与真值之间的差别，是由测量过程中某些恒定因素造成的，在一定条件下具有重现性，并不因增加测量次数而减小。它的产生可以是方法、仪器、试剂、恒定的操作人员和恒定的环境所造成的。例如，称量一种吸湿性的物质，称量误差便总是正值。系统误差的出现既是有规律的、有因可循的，便应该掌握它，尽量设法消除其影响；在不能消除时，应设法估计其值，以便校正。所以，处理系统误差的问题，一般都是方法和操作技术方面的问题，因此系统误差也叫可测误差。系统误差产生的原因有以下几种。

1. 方法误差

方法误差是由于分析方法不够完善而引起的。例如，在比色分析中显色反应与浓度关系不符合比耳定律，容量分析中滴定终点和理论的等当点不完全一致等所引起的误差。因此，在选择大气监测检验方法时，首先应考虑方法误差。

2. 仪器误差

仪器误差是由于仪器读数不够准确所引起的。例如，所用的移液管、量筒等器皿的刻度值不准，天平、流量计等仪器未经校准，在使用过程中就引入误差。一般可通过校正仪器来减免。

3. 试剂误差

试剂误差是由于试剂达不到要求时所致的，尤其是标准物质纯度不够高时，影响更大。这种误差可通过空白实验或对照实验来减免。

4. 操作误差

操作误差一般是由于分析人员操作不正确所引起的。例如，在使用电子仪器时稳定时间不够，未能严格控制大气的湿度、温度；反应条件（温度、pH、反应时间）未严格控制；在目视比色或观察滴定终点显色的变化时，个人之间对色泽的分辨差异等。操作误差应通过制定操作规程和严格操作技术来减免。

（二）随机误差

随机误差又称偶然误差或不可测误差，是由测定过程中各种随机因素的共同作用所造成的，在相同条件下，多次重复测定同一量时，误差的绝对值变化或大或小，符号变化或正或负。从表面上看，这种误差的产生纯属偶然，实际上产生误差的原因，大多数时候和系统误差一样，也是可以知道的，只不过变化复杂，波动性很大。这说明随机误差是在各项测量中的随机变量，单个地看是无规律性的。正是由于这个因素，使得它们的总和有可能正负相抵，而且随着测量次数的增加，其平均值趋于零。因此，多次测量的平均值的随机误差要比单个测量的随机误差小。随机误差可以用概率统计的方法来处理。采用多次测定取平均值的方法可以减免随机误差。

系统误差和随机误差性质不同，处理方法也不同，但两者经常同时存在，有时也难以截然分清，它们都是在正常操作情况下也不可避免产生的误差。我们的目的在于尽量减小误差，当已掌握了系统误差时，就尽量保持相同的实验条件以便修正系统误差；当系统误差未能掌握时，可以均匀改变实验条件，使之随机化，可使误差得到抵偿。

（三）过失误差

过失误差又称粗差，是由测量过程中犯了不应有的错误所造成的，它明显地歪曲测量结果，因而一经发现必须及时改正。

四、误差的表示方法

误差的表示方法有绝对误差和相对误差。

（一）绝对误差

绝对误差是测量值（x，单一测量值或多次测量的均值）与真值（x_t）之差，绝对值有正负之分。

$$绝对误差 = x - x_t \tag{3-2}$$

误差越小，表示测量值与真值越接近，准确度也越高；误差越大，则测量值的准确度也越低。上述误差指的是绝对误差，它具有与测量值或真值相同的单位，也只有在和测量值一起考虑时才有价值。

（二）相对误差

相对误差是指绝对误差与真值之比（常以百分数表示）：

$$相对误差 = \frac{绝对误差}{x_t} \times 100\% \tag{3-3}$$

当不知道真值或标准参考值，而绝对误差又很小时，可用多次平行测定结果的算术平均值代替真值。

由于相对误差能够反映误差在真值中所占的比例，所以经常用相对误差来表示测定结果的准确度。例如，测定烟气中 NO_2 浓度，如果烟气中 NO_2 浓度为 6.0 mg/m^3，绝对误差为 0.05 mg/m^3，则相对误差只有 0.83%，可以认为测量结果是令人满意的。但是，如果烟气中 NO_2 浓度为 0.06 mg/m^3，绝对误差还是 0.05 mg/m^3，那么这个测量误差值就不能容许了，因为此时相对误差达到 83%。

第三节　数据处理和统计方法

一、基本概念

（一）偏差

偏差分为相对偏差、平均偏差、相对平均偏差和标准偏差等。

绝对偏差（d）是测定值与均值之差，即

$$d = x_i - \bar{x} \tag{3-4}$$

相对偏差是绝对偏差与均值之比（常以百分数表示）：

$$相对偏差 = \frac{d}{\bar{x}} \times 100\% \tag{3-5}$$

平均偏差是绝对偏差绝对值之和的平均值：

$$\begin{aligned}\bar{d} &= \frac{1}{n}\sum_{i=1}^{n} |d_i| \\ &= \frac{1}{n}(|d_1| + |d_2| + \cdots + |d_n|)\end{aligned} \tag{3-6}$$

相对平均偏差是平均偏差与均值之比（常以百分数表示）：

$$相对平均偏差 = \frac{\bar{d}}{\bar{x}} \times 100\% \tag{3-7}$$

（二）标准偏差和相对标准偏差

（1）差方和：亦称离差平方或平方和，是指绝对偏差的平方之和，以 S 表示：

$$S = \sum_{i=1}^{n} (x_i - \bar{x})^2 \tag{3-8}$$

（2）样本方差：用 s^2 或 V 表示：

$$\begin{aligned}s^2 &= \frac{1}{n-1}\sum_{i=1}^{n} (x_i - \bar{x})^2 \\ &= \frac{S}{n-1}\end{aligned} \tag{3-9}$$

（3）样本标准偏差：用 s 或 s_D 表示：

$$\begin{aligned}s &= \sqrt{\frac{1}{n-1}\sum_{i=1}^{n} (x_i - \bar{x})^2} \\ &= \sqrt{\frac{S}{n-1}} \\ &= \sqrt{\frac{\sum x_i^2 - \frac{(\sum x_i)^2}{n}}{n-1}}\end{aligned} \tag{3-10}$$

（4）样本相对标准偏差：又称变异系数，是样本标准偏差在样本均值中所占的百分

数,记为 C_v:

$$C_v = \frac{s}{\bar{x}} \times 100\% \tag{3-11}$$

(5)总体方差和总体标准偏差:分别以 σ^2 和 σ 表示:

$$\sigma^2 = \frac{1}{N}\sum_{i=1}^{n}(x_i - \mu)^2 \tag{3-12}$$

$$\begin{aligned}\sigma &= \sqrt{\sigma^2} \\ &= \sqrt{\frac{1}{N}\sum_{i=1}^{n}(x_i - \mu)^2} \\ &= \sqrt{\frac{\sum x_i^2 - \frac{\left(\sum x_i\right)^2}{N}}{N}}\end{aligned} \tag{3-13}$$

式中　N——总体容量;

　　μ——总体均值。

(6)极差:组测量值中最大值(x_{max})与最小值(x_{min})之差,表示误差的范围,以 R 表示:

$$R = x_{max} - x_{min} \tag{3-14}$$

(三)总体、样本和平均数

1. 总体和个体

研究对象的全体称为总体,其中一个单位叫个体。

2. 样本和样本容量

总体中的一部分叫样本,样本中含有个体的数目叫此样本的容量,记作 n。

3. 平均数

平均数代表一组变量的平均水平或集中趋势,样本观测中大多数测量值是靠近的。

(1)算术均数:简称均数,最常用的平均数,其定义为

样本均数
$$\bar{x} = \frac{\sum x_i}{n} \tag{3-15}$$

总体均数
$$\mu = \frac{\sum x_i}{n} \quad (n \to \infty) \tag{3-16}$$

(2)几何均数:当变量呈等比关系,常需用几何均数,其定义为

$$\bar{x}_g = (x_1 x_2 \cdots x_n)^{\frac{1}{n}} = \lg^{-1}\left(\frac{\sum \lg x_i}{n}\right) \tag{3-17}$$

计算酸雨 pH 的均数,就是计算雨水中氢离子活度的几何均数。

(3)中位数:将各数据按大小顺序排列,位于中间的数据即为中位数,若为偶数取中间两数的平均值,适用于一组数据的少数呈"偏态"分散在某一侧,使均数受个别极数的影响较大。

(4)众数:一组数据中出现次数最多的一个数据。

平均数表示集中趋势，当监测数据是正态分布时，其算术均数、中位数和众数三者重合。

（四）正态分布

相同条件下对同一样品测定中的随机误差，均遵从正态分布（见图3-4）。正态概率密度函数为

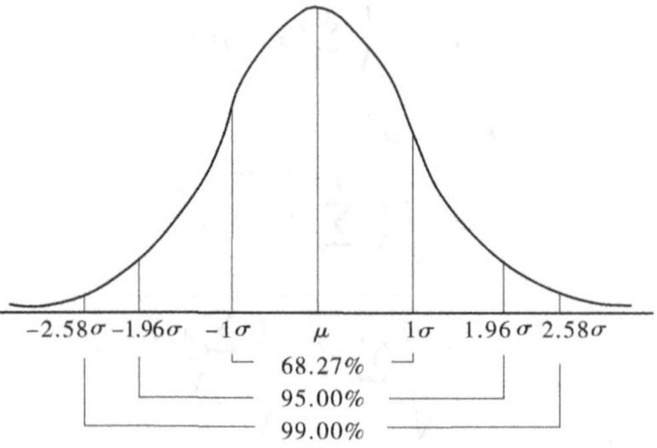

图3-4　正态分布图

$$\varphi(x) = \frac{1}{\sigma\sqrt{2\pi}}\exp\left[-\frac{(x-\mu)^2}{2\sigma^2}\right] \tag{3-18}$$

式中　x——由此分布中抽出的随机样本值；

μ——总体均值，是曲线最高点的横坐标，曲线对 μ 对称；

σ——总体标准偏差，反映了数据的离散程度。

从统计学知道，样本落在下列区间内的概率如表3-3所示。

表3-3　正态分布总体的样本落在下列区间内的概率

区间	落在区间内的概率（%）	区间	落在区间内的概率（%）
$\mu \pm 1.000\sigma$	68.26	$\mu \pm 2.000\sigma$	95.44
$\mu \pm 1.645\sigma$	90.00	$\mu \pm 2.576\sigma$	99.00
$\mu \pm 1.960\sigma$	95.00	$\mu \pm 3.000\sigma$	99.732 97

正态分布曲线说明：

（1）小误差出现的概率大于大误差，即误差的概率与误差的大小有关。

（2）大小相等、符号相反的正负误差数目近于相等，故曲线对称。

（3）出现大误差的概率很小。

（4）算术均值是可靠的。

实际工作中，有些数据本身不呈正态分布，但将数据通过数学转换后可显示正态分布，最常用的转换方式是将数据取对数。若监测数据的对数呈正态分布，称为对数正态分布。例如，大气监测当 SO_2 颗粒物浓度较低时，数据经实验证明一般呈对数正态分布。

二、数据的处理

（一）测量数据的有效数字

有效数字用于表示测量数字的有效意义，指测量中实际能测得的数字。由有效数字

构成的数值，其倒数第二位以上的数字应是可靠的(确定的)，只有末位数是可疑的(不确定的)，对有效数字的位数不能任意增删。

(1)由有效数字构成的测定值必然是近似值，因此测定值的运算应按近似计算规则进行。

(2)数字"0"，当它用于指小数点的位置，而与测量的准确度无关时，不是有效数字；当它用于表示与测量准确程度有关的数值大小时，即为有效数字。这与"0"在数值中的位置有关。

(3)一个分析结果的有效数字的位数，主要取决于原始数据的正确记录和数值的正确计算。在记录测量值时，要同时考虑到计量器具的精密度和准确度，以及测量仪器本身的读数误差。对检定合格的计量器具，有效位数可以记录到最小分度值，最多保留一位不确定数字(估计值)。以实验室最常用的计量器具为例：

用天平(最小分度值为 0.1 mg)进行称量时，有效数字可以记录到小数点后面第四位，如 1.223 5 g，此时有效数字为五位；称取 0.945 2 g，则为四位。

用玻璃量器量取体积的有效数字位数是根据量器的容量允许差和读数误差来确定的。如单标线 A 级 50 mL 容量瓶，准确容积为 50.00 mL；用分度移液管或滴定管，其读数的有效数字可达到其最小分度后一位，保留一位不确定数字。

分光光度计最小分度值为 0.005，因此吸光度一般可记到小数点后第三位，有效数字位数最多只有 3 位。

带有计算机处理系统的分析仪器，往往根据计算机自身的设定打印或显示结果，可以有很多位数，但这并不增加仪器的精度和可读的有效位数。

在一系列操作中，使用多种计量仪器时，有效数字以最少的一种计量仪器的位数表示。

(4)表示精密度的有效数字根据分析方法和待测物的浓度不同，一般只取 1~2 位有效数字。

(5)分析结果有效数字所能达到的位数不能超过方法最低检出浓度的有效位数所能达到的位数。例如，一个方法的最低检出浓度为 0.02 mg/L，则分析结果报 0.088 mg/L 就不合理，应报 0.09 mg/L。

(6)以一元线性回归方程计算时，校准曲线斜率 b 的有效位数，应与自变量 x_i 的有效数字位数相等，或最多比 x_i 多保留一位。截距 a 的最后一位数，则和因变量 y_i 数值的最后一位取齐，或最多比 y_i 多保留一位数。

(7)在数值计算中，当有效数字位数确定之后，其余数字应按修约规则一律舍去。

(8)在数值计算中，某些倍数、分数、不连续物理量的数值，以及不经测量而完全根据理论计算或定义得到的数值，其有效数字的位数可视为无限。这类数值在计算中按需要几位就定几位。

(二)数值修约规则

各种测量、计算的数据需要修约时，应遵循下列规则："四舍六入五考虑；五后非零则进一，五后皆零视奇偶，五前为偶应舍去，五前为奇则进一。"

1. 加法和减法

几个近似值相加减时，其和或差的有效数字取决于绝对误差最大的数值，即最后结果的有效数字自左起不超过参加计算的近似值中第一个出现的可疑数字。在小数的加减计算中，结果所保留的小数点后的位数与各近似值中小数点后位数最少者相同。在实际运算过程中，保留的位数比各数值中小数点后数最少者多留一位小数，而计算结果则按数值修约规则处理。当两个很接近的近似数值相减时，其差的有效数字位数会有很多损失，应尽量把计算程序组织好而尽量避免损失。

2. 乘法和除法

近似值相乘除时，所得积与商的有效数字位数取决于相对误差最大的近似值，即最后结果的有效数字位数要与各近似值中有效数字位数量少者相同。在实际运算中，可先将各近似值修约至比有效数字位数最少者多保留一位，最后将计算结果按上述规则处理。

3. 乘方和开方

近似值乘方或开方时，原近似值有几位有效数字，计算结果就可以保留几位有效数字。

4. 对数和反对数

近似值的对数计算中，所取对数的小数点后的位数（不包括首数）应与其数的有效数字位数相同。

5. 平均值

求四个或四个以上准确度接近的数值的平均值时，其有效位数可增加一位。

（三）可疑数据的取舍

在质量控制中，经常遇到这样的情况，在同一样本的一组数据中，如果出现了一个比较大的或比较小的数值，与正常数据不是来自同一分布总体，会明显歪曲实验结果，称为离群数据；可能会歪曲实验结果，但尚未经检验断定其是离群数据的测量数据，称为可疑数据。

在数据处理时，必须剔除离群数据以使测定结果更符合客观实际。正确数据总有一定的分散性，如果人为地删去一些误差较大但并非离群的测量数据，由此得到精密度很高的测量结果并不符合客观实际。因此，对可疑数据的取舍必须遵循一定的原则，通常应采用统计方法判别，即离群数据的统计检验。检验方法很多，过去多采用 Q 检验法，此方法是 1953 年由狄克逊提出的。现在采用较多的是格鲁勃斯的 t 检验法。这里介绍格鲁勃斯的 t 检验法。

此方法适用于检验多组测量值均值的一致性和剔除多组测量值中的离群均值；也可用于检验一组测量值一致性和剔除一组测量值中的离群值，方法如下：

（1）有 1 组测定值，每组 n 个测定值的均值分别为$\bar{x}_1, \bar{x}_2, \cdots, \bar{x}_i, \cdots, \bar{x}_l$，其中最大均值记为$\bar{x}_{max}$、最小均值记为$\bar{x}_{min}$。

（2）由 n 个均值计算总均值（$\bar{\bar{x}}$）和标准偏差（$s_{\bar{x}}$）：

$$\bar{\bar{x}} = \frac{1}{l}\sum_{i=1}^{l}\bar{x}_i \tag{3-19}$$

$$s_{\bar{x}} = \sqrt{\frac{1}{l-1}\sum_{i=1}^{l}(\bar{x}_i - \bar{\bar{x}})^2} \tag{3-20}$$

(3)可疑均值为最大值($\bar{x}_{max}$)时,按下式计算统计量(t):

$$t = \frac{\bar{x}_{max} - \bar{\bar{x}}}{s_{\bar{x}}} \tag{3-21}$$

(4)根据测定值组数和给定的显著性水平(α),从表3-4中查得临界值(t)。

表3-4　格鲁勃斯检验临界值(t_α)

l	显著性水平		l	显著性水平	
	0.05	0.01		0.05	0.01
3	1.153	1.155	15	2.409	2.705
4	1.463	1.492	16	2.443	2.747
5	1.672	1.749	17	2.475	2.785
6	1.822	1.944	18	2.504	2.821
7	1.938	2.097	19	2.532	2.854
8	2.032	2.221	20	2.557	2.884
9	2.110	2.322	21	2.580	2.912
10	2.176	2.410	22	2.603	2.939
11	2.234	2.485	23	2.624	2.963
12	2.285	2.050	24	2.644	2.987
13	2.331	2.607	25	2.663	3.009
14	2.371	2.695			

(5)若$t \leqslant t_{0.05}$,则可疑均值为正常均值。

若$t_{0.05} < t \leqslant t_{0.01}$,则可疑均值为偏离均值。

若$t > t_{0.01}$,则可疑均值为离群均值,应予以剔除,即剔除含有该均值的一组数据。

【例3-1】　10个实验室分析同一样品,各实验室5次测定的平均值按大小顺序为:4.41、4.49、4.50、4.51、4.64、4.75、4.81、4.95、5.01、5.39,检验最大均值5.39是否为离群均值。

解:

$$\bar{\bar{x}} = \frac{1}{10} \times \sum_{i=1}^{10}\bar{x}_i = 4.746$$

$$s_{\bar{x}} = \sqrt{\frac{1}{10-1} \times \sum_{i=1}^{10}(\bar{x}_i - \bar{\bar{x}})^2} = 0.305$$

$$\bar{x}_{max} = 5.39$$

则统计量为

$$t = \frac{\bar{x}_{max} - \bar{\bar{x}}}{s_{\bar{x}}} = \frac{5.39 - 4.746}{0.305} = 2.11$$

当$l = 10$,给定显著性水平$\alpha = 0.05$时,查表3-4得临界值$t_{0.05} = 2.11$。

因为$t < t_{0.05}$,故5.39为正常均值,即均值为5.39的一组测定值为正常数据。

三、监测结果的表述与统计检验

对一试样某一指标的测定，监测结果的数值表达方式一般有以下几种。

（一）算术平均值（$\bar{x}$）代表集中趋势

在克服系统误差之后，当测定次数足够多（$n \to \infty$）时，其总体均值与真实值很接近。通常测定中，测定次数总是有限的，用有限测定值的平均值只能近似真实值，算术平均值是代表集中趋势表达监测结果最常用的形式。

（二）用算术平均值和标准偏差表示测定结果的精密度（$\bar{x} \pm s$）

算术平均值代表集中趋势，标准偏差表示离散程度。算术平均值代表性的大小与标准偏差的大小有关，即标准偏差大，算术平均值代表性小；反之亦然。

（三）用（$\bar{x} \pm s, C_v$）表示结果

标准偏差大小还与所测均数水平或测量单位有关。不同水平或单位的测定结果之间，其标准偏差是无法进行比较的，而变异系数是相对值，故可以在一定范围内用来比较不同水平或单位测定结果之间的变异程度。

（四）几何平均值（x_g）

若一组数据呈偏态分布，此时可用几何平均值来表示该组数据，即

$$x_g = \sqrt[n]{x_1 x_2 x_3 \cdots x_n} = (x_1 x_2 x_3 \cdots x_n)^{\frac{1}{n}} \tag{3-22}$$

（五）平均值的置信区间（置信界限）

由统计学可以推导出有限次测定的平均值与总体平均值（μ）的关系为

$$\mu = \bar{x} \pm t \frac{s}{\sqrt{n}} \tag{3-23}$$

式中　s——标准偏差；

n——测定次数；

t——在选定的某一置信度下的概率系数。

在选定的置信水平下，可以期望真值在以测定平均值为中心的某一范围出现。这个范围叫平均值的置信区间（置信界限），它说明了平均值和真实值之间的关系及平均值的可靠性。平均值不是真实值，但可以使真实值落在一定的区间内，并在一定范围内可靠。

各种置信水平和自由度下的 t 值列于表 3-5 中。当自由度（$f = n - 1$）逐渐增大时，t 值随之减小。

表 3-5　t 值

自由度 f	P（双侧概率）				
	0.20	0.10	0.05	0.02	0.01
1	3.078	6.312	12.706	31.82	63.66
2	1.89	2.92	4.30	6.96	9.92
3	1.64	2.35	3.18	4.54	5.84
4	1.53	2.13	2.78	3.75	4.60

续表 3-5

自由度 f	P(双侧概率)				
	0.20	0.10	0.05	0.02	0.01
5	1.84	2.02	2.57	3.37	4.03
6	1.44	1.94	2.45	3.14	3.71
7	1.41	1.89	2.37	3.00	3.50
8	1.40	1.86	2.31	2.90	3.36
9	1.38	1.83	2.26	2.82	3.25
10	1.37	1.81	2.23	2.76	3.17
11	1.36	1.80	2.20	2.72	3.11
12	1.36	1.78	2.18	2.68	3.05
13	1.35	1.77	2.16	2.65	3.01
14	1.35	1.76	2.14	2.62	2.98
15	1.34	1.75	2.13	2.60	2.95
16	1.34	1.75	2.12	2.58	2.92
17	1.33	1.74	2.11	2.57	2.90
18	1.33	1.73	2.10	2.55	2.88
19	1.33	1.73	2.09	2.54	2.86
20	1.33	1.72	2.09	2.53	2.85
21	1.32	1.72	2.08	2.52	2.83
22	1.32	1.72	2.07	2.51	2.82
23	1.32	1.71	2.07	2.50	2.81
24	1.32	1.71	2.06	2.49	2.80
25	1.32	1.71	2.06	2.49	2.79
26	1.31	1.71	2.06	2.48	2.78
27	1.31	1.70	2.05	2.47	2.77
28	1.31	1.70	2.05	2.47	2.76
29	1.31	1.70	2.05	2.46	2.76
30	1.31	1.70	2.04	2.46	2.75
40	1.30	1.68	2.02	2.42	2.70
60	1.30	1.67	2.00	2.39	2.66
120	1.29	1.66	1.98	2.36	2.62
∞	1.28	1.64	1.96	2.33	2.58
自由度 f	0.100	0.050	0.025	0.010	0.005
	P(单侧概率)				

平均值的置信界限取决于标准偏差 s，测定次数 n 及置信度。测定的精密度越高（s 越小），次数越多（n 越大），则置信界限 $\bar{x} \pm t\frac{s}{\sqrt{n}}$ 越小，即平均值越准确。置信水平不是一个单纯的数学问题，置信度过大反而无实用价值。通常采用 90% ~95% 置信度（0.10 ~ 0.05）。

【例 3-2】 测定某样品中颗粒物（$PM_{2.5}$）浓度得到下列数据：$n=4$，$\bar{x}=15.30\ \mu g/m^3$，$s=0.10$，求置信度分别为 90% 和 95% 时的置信区间。

解：$n=4$，则 $f=n-1=3$。

当置信度为 90% 时，查表 3-5 得 $t=2.35$，则

$$\mu = \bar{x} \pm t\frac{s}{\sqrt{n}} = 15.30 \pm \frac{2.35 \times 0.10}{\sqrt{4}} = 15.30 \pm 0.12(\mu g/m^3)$$

说明真实浓度有 90% 的可能为 15.18 ~ 15.42 $\mu g/m^3$。

当置信度为 95% 时，查表 3-5 得 $t=3.18$，则

$$\mu = \bar{x} \pm t\frac{s}{\sqrt{n}} = 15.30 \pm \frac{3.18 \times 0.10}{\sqrt{4}} = 15.30 \pm 0.16(\mu g/m^3)$$

说明真实浓度有 95% 的可能为 15.14 ~ 15.46 $\mu g/m^3$。

（六）监测结果的统计检验

在大气环境监测中，对所研究的对象往往不完全了解，甚至完全不了解。例如，测定值的总体均值是否等于真值；某种方法经过改进，其精密度是否有变化等，这就需要统计检验，目前以 t 检验法应用最为广泛，其判断的通则如下：

当 $t \leqslant t_{0.05(n)}$，即 $P>0.05$，差别无显著意义；

当 $t_{0.05(n)} < t \leqslant t_{0.01(n)}$，即 $0.01 < P \leqslant 0.05$，差别有显著意义；

当 $t > t_{0.01(n)}$，即 $P \leqslant 0.01$，差别有非常显著意义。

1. 样本均数与总体均数差别的显著性检验

【例 3-3】 某标准物质中的铁，已知铁的保证值为 1.06%，对其 10 次测定的平均值为 1.054%，标准偏差为 0.009。检验测定结果与保证值之间有无显著性差异。

解：根据题设 $\mu=1.06\%$，$\bar{x}=1.054\%$，$n=10$，$s=0.009\%$。

则
$$f=10-1=9$$

得
$$s_{\bar{x}} = \frac{s}{\sqrt{n}}$$

$$t = \frac{\bar{x}-\mu}{s_{\bar{x}}} = \frac{1.054\% - 1.06\%}{0.009\% / \sqrt{10}} = -2.11$$

$$|t| = 2.11$$

查表 3-5 得 $t_{0.05(9)}=2.26$

$$|t| = 2.11 < 2.26 = t_{0.05(9)} \qquad P > 0.05$$

即差别无显著意义，测定正常。

2. 两种测定方法的显著性检验

【例 3-4】 为比较用甲醛吸收 - 盐酸副玫瑰苯胺分光光度法和四氯汞盐吸收 - 副玫

瑰苯胺分光光度法测定二氧化硫含量，由六个合格实验室对同一气样测定，结果如表 3-6 所示，问两种测二氧化硫方法的可比性如何？

表 3-6　两种测二氧化硫方法结果

项目	1	2	3	4	5	6	合计
甲醛吸收－盐酸副玫瑰苯胺分光光度法	4.07	3.94	4.21	4.02	3.98	4.08	
四氯汞盐吸收－副玫瑰苯胺分光光度法	4.00	4.04	4.10	3.90	4.04	4.21	
差数 x	0.07	－0.10	0.11	0.12	－0.06	－0.13	0.01
x^2	0.004 9	0.010 0	0.012 1	0.014 4	0.003 6	0.016 9	0.061 9

解：

$$\bar{x} = 0.01/6 = 0.001\,7$$

$$s = \sqrt{\frac{\sum x_i^2 - \frac{(\sum x_i)^2}{n}}{n-1}} = \sqrt{\frac{0.061\,9 - \frac{(0.01)^2}{6}}{6-1}} = 0.111$$

$$s_{\bar{x}} = \frac{s}{\sqrt{n}} = \frac{0.111}{\sqrt{6}} = 0.045\,3$$

$$t = \frac{|\bar{x} - 0|}{s_{\bar{x}}} = \frac{0.001\,7}{0.045\,3} = 0.037\,5$$

查表 3-5 得 $t_{0.05(6)} = 2.45$

$$t = 0.037\,5 < 2.45 = t_{0.05(6)} \quad P > 0.05$$

差别无显著意义，即两种分析方法的可比性很好。

四、直线回归和相关分析

在大气环境监测分析中，常常需要做工作曲线或标准曲线，如比色分析和原子吸收光度法中作吸光度与浓度关系的工作曲线。这些工作曲线通常都是一条直线。一般的做法是把实验点描在坐标纸上，横坐标表示被测物质的浓度、纵坐标表示测量仪表的读数（如吸光度），然后根据坐标纸上的这些实验点的走向，用直尺画出一条直线，即工作曲线，作为定量分析的依据。

但是，在实际工作中，实验点全部落在一条直线上的情况是少见的。当实验点比较分散时，凭直观感觉作图往往会带来主观误差，此时需借助回归处理，求出工作曲线方程。研究变量与变量间关系的统计方法称为回归分析和相关分析，前者主要是找出用于描述变量间关系的定量表达式，以便应用这种关系从一些变量所取的值去估测另一变量所取的值；后者则用于度量变量间关系密切程度，即当自变量变化时，因变量大体上按照某种规律变化。

（一）直线回归方程

在简单的线性回归中，设 x 为已知的自变量（如标液中待测物质的含量），y 为实验中测得的因变量（如吸光度），两者的关系为

$$b = \bar{y} - a\bar{x} \tag{3-24}$$

式中 b——截距；

a——斜率，或称 y 对 x 的回归系数。

根据最小二乘法原理，可求得 a 为

$$a = \frac{n\sum xy - \sum x \sum y}{n\sum x^2 - (\sum x)^2} \tag{3-25}$$

式中 n——测定次数；

$\bar{x}$ 和 $\bar{y}$——变量 x 和 y 的算术平均值。

求得 a、b 后即可获得最佳直线方程的工作曲线。

【例 3-5】 绘制分光光度法测定甲醛的标准曲线，测定结果如表 3-7 所示。求直线回归方程。

表 3-7 测定甲醛的曲线

甲醛含量 x(μg)	0.10	0.20	0.40	0.60	0.80	1.00	1.50	2.00
校准吸光度 y	0.020	0.052	0.120	0.188	0.257	0.314	0.489	0.659

解：计算结果如表 3-8 所示。

表 3-8 测定甲醛曲线

n	x_i	y_i	x_i^2	x_iy_i
1	0.10	0.020	0.01	0.002 0
2	0.20	0.052	0.04	0.010 4
3	0.40	0.120	0.16	0.048 0
4	0.60	0.188	0.36	0.112 8
5	0.80	0.257	0.64	0.205 6
6	1.00	0.314	1.00	0.314 0
7	1.50	0.489	2.25	0.733 5
8	2.00	0.659	4.00	1.318 0
合计	6.6	2.099	8.46	2.744 3

由式(3-25)得回归直线方程的斜率 a 为 0.34，同时计算得 b 为 −0.01，则回归直线方程的表达式为 $y = 0.34x - 0.01$

(二)相关系数

采用回归处理是为了正确地绘制工作曲线，但在实际工作中，仅有此要求还是不够的，有时还需探索变量 x 与 y 之间有无线性关系及线性关系的密切程度如何。

相关系数(r)是用来表示两个变量(y 及 x)之间有无固有的数学关系及这种关系的密切程度如何的参数，其值在 −1 ~ +1。相关系数可由下式求得

$$r = \frac{\sum (x_i - \bar{x})(y_i - \bar{y})}{\sqrt{\sum (x_i - \bar{x})^2 \sum (y_i - \bar{y})^2}} \tag{3-26}$$

x 与 y 的相关关系有如下几种情况：

(1)若 x 增大，y 也相应增大，称 x 与 y 呈正相关。此时有 $0<r<1$，若 $r=1$，则称为完全正相关。监测分析中希望 r 值越接近 1 越好。

(2)若 x 增大，y 相应减小，称 x 与 y 呈负相关。此时，$-1<r<0$，若 $r=-1$，则称为完全负相关。

(3)若 y 与 x 的变化无关，称 x 与 y 不相关，此时 $r=0$。

对于环境监测工作中的标准曲线，应力求相关系数 $|r|\geqslant 0.999$；否则，应找出原因，加以纠正，并重新进行测定和绘制。

五、大气污染监测常用的统计指标

（一）检出率

检出率指污染物的检出数占样品总数的百分比，即

$$\eta_i = \frac{n_i}{N_i} \times 100\% \tag{3-27}$$

式中　η_i——污染物 i 的检出率(%)；

n_i——检出污染物 i 的样品个数；

N_i——测定污染物 i 所采用的样品总数。

（二）超标率

超标率指某一种污染物浓度超过污染物排放标准或环境空气质量标准的检出样品数占污染物检出样品总数的百分比，即

$$\zeta_i = \frac{\lambda_i}{n_i} \times 100\% \tag{3-28}$$

式中　ζ_i——污染物 i 的超标率(%)；

λ_i——污染物 i 的超标样品个数。

（三）超标倍数

环境中某种污染物的实际浓度与该污染物的环境标准的比值再减去 1 即为超标倍数，可以表明该污染物对环境污染的程度。

习题与练习题

1. 简述实验室质量控制的意义、内容和方法。
2. 什么是准确度？什么是精密度？在实验室质量控制中有何作用？
3. 简述灵敏度、检测限和测定限的区别。
4. 监测误差产生的原因有哪些？怎样减少？
5. 简述监测质量控制图在大气监测工作中的作用。

6. 滴定管的一次读数误差是0.01 mL,如果滴定时用去标准溶液2.50 mL,则相对误差为多少?如果滴定时用去标准溶液为25.10 mL,相对误差又为多少?分析两次测定的相对误差,能够说明什么问题?

7. 有一组测量数值从小到大顺序排列为:14.65、14.90、14.90、14.92、14.95、14.96、15.00、15.01、15.01、15.02,若置信度为95%,试检验最小值和最大值是否为离群值。

8. 测定某空气样品中二氧化氮的含量,累积测定20个平行样,其结果如表3-9所示,试作该样品的均值控制图,并说明在质量控制时如何使用此图。

表3-9　某空气样品中二氧化氮的含量

序号	$\bar{x}_i$(mg/m^3)	序号	$\bar{x}_i$(mg/m^3)	序号	$\bar{x}_i$(mg/m^3)
1	0.251	8	0.290	15	0.262
2	0.250	9	0.262	16	0.270
3	0.250	10	0.234	17	0.225
4	0.263	11	0.229	18	0.250
5	0.235	12	0.250	19	0.256
6	0.240	13	0.263	20	0.250
7	0.260	14	0.300		

第四章　标准气体的配置

在大气监测中，标准气体如同其他环境监测项目中的标准溶液、标准物质一样，具有十分重要的意义，是检验监测方法、评价采样效率、绘制标准曲线、校准分析仪器及进行监测质量控制的依据。

第一节　概　述

一、标准物质与标准气体

标准物质是浓度均匀、性能稳定和量值准确的测量标准，它们具有复现、保存和传递量值的基本作用。在物理、化学、生物与工程测量等领域中，标准物质可用于校准测量仪器和测量过程，评价测量方法的准确度和检测实验室的检测能力，确定材料或产品的特性量值，进行量值仲裁等。

标准气体又叫校准气体、校正气体，是指气态的标准物质，包括高纯度标准气体和混合标准气体。混合标准气体是由已知含量的一种或多种组分的气体混合到另一种不与其发生反应的背景气体中而制成的。配气主要是指配制混合标准气体。

美国早在1929年就开始了气体计量的基础性研究，在对气体的提纯和纯度分析等方面取得了很大的成就，在1966年提出了发展标准气体计划，1967年颁布了第一批气体的标准物质。日本、苏联、英国等在20世纪60年代也都有各自的高纯度气体和各种浓度的气体标准物质，配制了多种标准气体。

我国对标准气体的研究始于70年代初，主要对一氧化碳、甲烷、二氧化碳、氢、氧、丙烷等进行了大量研究。

二、标准气体的特性

（一）稳定性

稳定性即在规定的时间间隔和环境条件下，标准气体的特性量值保持在规定的范围内的特性。标准气体的稳定性表现在气体对气瓶和阀门不产生吸附和反应，气体组分之间不发生化学反应。

（二）均匀性

均匀性指在不同温度和压力下，标准气体各组分的特性量值在规定的范围内，气体组分不分层、无液化。

（三）准确性

准确性是指标准气体具有准确计量的标准值，其量值可以溯源。

三、标准气体的使用

使用标准气体应该做到以下几点：

(1)选择减压器和输气管路时，一定要注意材料和气体的相容性，如在做微量氧、氮标准气体时，管路不能选择塑料管和橡胶管路，而要选择金属管路；做腐蚀性气体时，选择未经处理的金属管路会对组分产生吸附。

(2)在合适的温度下存放气瓶，对于易液化气体，要注意贮存温度和使用温度，避免在低温下易液化气体成分液化。

(3)取样前，对压力调解器和管路系统充分清洗，确保取样样品和气瓶中的组分浓度一致。

(4)标准气体取样完成后，要关闭气瓶阀，避免空气反扩散到气瓶中。

(5)注意标准气体的有效期和最低允许使用压力。

四、标准气体的配制

由于自然因素的复杂性、污染源的多样性及气体保存上存在的困难，标准气体在自然条件下很难取得，必须人工配制，制取方法因物质的性质不同而异。对挥发性较强的液态物质，可利用其挥发作用制取；不能用挥发法制取的，可使用化学反应法制取，但这样制取的气体常含有杂质，要用适当的方法加以净化。

制取的浓度较大的标准气通常收集到钢瓶、玻璃容器或塑料袋等容器中保存，称为原料气，使用时要进行稀释制取。一般商品标准气都会稀释成多种浓度出售，称为稀释气。

标准气体的配制技术主要包括静态配气技术和动态配气技术两大类。

第二节　静态配气法

静态配气法是把一定量的原料气(气态或蒸气态)与已知体积的稀释气体加入已知容积的容器中，混匀制得。根据加入的原料气和稀释气的量及容器容积，可以计算出标准气的浓度。所用原料气可以是纯气，也可以是已知浓度的混合气，其纯度需用适宜的分析方法测定。

静态配气方法具有所用设备简单、操作容易等优点，对活泼性较差且用量不大的标准气，用该方法配制较简便。但是，对于有些化学性质较活泼的气体，因其长时间与容器壁接触可能发生化学反应，加上容器壁本身也有吸附作用，静态配气法会造成配制气体浓度不准确，或其浓度随放置时间而变化，特别是配制低浓度标准气，常引起较大的误差。

静态配气法常用的方法有注射器配气法、配气瓶配气法、塑料袋配气法及高压钢瓶配气法等。

一、注射器配气法

用 100 mL 注射器吸取原料气，再经数次稀释制得标准气体，所配气体的浓度可通过稀释倍数来计算。配气用的注射器必须气密性好，死体积小，刻度准确，配气前放一小片聚四氟乙烯薄片，以备搅拌用。注射器配气法的操作步骤如下：

(1)要检查注射器是否漏气。

(2)用小注射器取一定量浓气或用微量注射器抽取一定微升的液体。

(3)将注射指针插入大注射器的进气口中，在大注射器抽稀释气的同时，将小注射器中的气体或微量注射器中的液体注入大注射器中，并稀释至一定体积。

(4)摇匀待用。如需进一步稀释，可将大注射器内的气体打出一部分，再用纯净稀释气稀释至所需浓度。

例如，用 100 mL 注射器取 10 mL 纯度 99.99% 的 CO 气体，用净化空气稀释至 100 mL，摇动注射器中的聚四氟乙烯薄片，使之混合均匀后，排出 90 mL，剩余 10 mL 混合气再用净化空气稀释至 100 mL，如此连续稀释 6 次，最后获得 CO 浓度为 1 mg/m^3 的标准气。

注射器配气法简便易行，配制某些标准气体时浓度也很准确，需要少量标准气体时，用注射器配气法更为方便。但是，由于注射器内壁吸附、死体积大和液体挥发不全等因素影响，注射器配气法配制的气体浓度误差较大，用挥发性液体配气时，要经过验证合格后才能用注射器配气。

二、配气瓶配气法

(一)常压配气

常压配气所配制的标准气压与大气压相等。

1. 气体稀释配气法

取 20 L 玻璃瓶或聚乙烯塑料瓶，洗净、烘干，精确标定容积后，将瓶内抽成负压，用净化空气冲洗几次，再排净抽成负压，加入一定量的原料气，充入净化空气至大气压力，充分摇动混匀。其配气装置见图 4-1。其中，图 4-1(a)是用气体定量管取已知纯度原料气的方法。定量管体积应先精确标定好。取气时，将气体定量管与钢瓶气嘴相连，打开钢瓶阀门，用原料气冲洗定量管并放空，再关闭钢瓶阀门和气体定量管两端活塞。按图 4-1(b)所示方法，将气体定量管接到抽成负压的配气瓶长管端，另一端与净化空气连通，打开活塞，用净化空气将定量管中气体全部充入配气瓶中，待瓶内压力与大气压力相等时，停止充气。

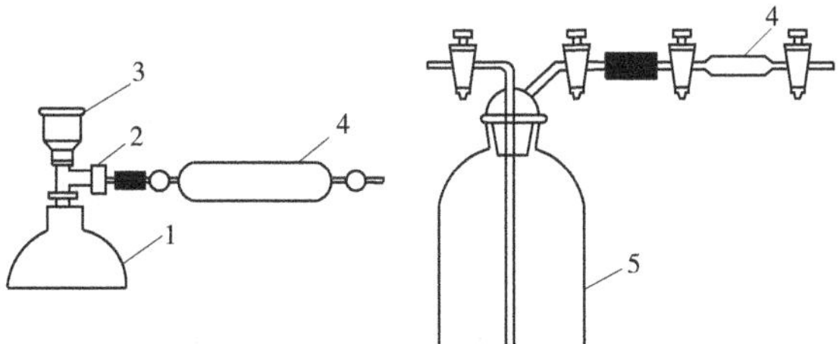

1—钢瓶；2—钢瓶嘴；3—阀门；4—定量管；5—配气瓶

图 4-1　配气装置

所配制标准气的浓度用下式计算：

$$\rho_N = \frac{bV_iM}{V_{mol}V} \times 10^3 \qquad (4\text{-}1)$$

式中　ρ_N——配得标准气体的浓度，mg/m³；

b——原料气的纯度（%）；

V_i——加入原料气的体积，即气体定量管容积，mL；

V——配气瓶容积，L；

M——标准气体分子量，g/mol；

V_{mol}——气体摩尔体积，L/mol。

2. 挥发性液体配气法

当用易挥发的液体配气时，应取一支带细长毛细管的薄壁玻璃小安瓿瓶，洗净、烘干、冷却后称重（W_1），再稍加热，立即将安瓿瓶毛细管尖端插入易挥发液体中，则随着安瓿瓶冷却，易挥发液体被吸入安瓿瓶，取出并迅速在火焰上熔封毛细管口，冷却后称重（W_2）。两次称重之差为装入安瓿瓶的易挥发液体的量。将安瓿瓶放入配气瓶内（见图 4-2），抽成负压，摇动打破安瓿瓶，则液体挥发，再向配气瓶内充净化空气至大气压力，混匀。

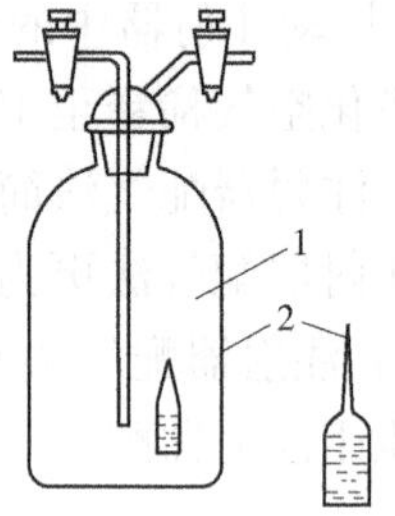

1—配气瓶；2—安瓿瓶

图 4-2　挥发性液体配气装置

所配标准气浓度按下式计算：

$$\rho = \frac{(W_1 - W_2)b}{V} \times 10^6 \qquad (4\text{-}2)$$

式中　ρ——配得标准气体的浓度，mg/m³；

W_1、W_2——空安瓿瓶重和吸入易挥发液体后的安瓿瓶重，g；

b——易挥发液体纯度（%）；

V——配气瓶容积，L。

如果已知易挥发性液体密度，可直接用注射器取定量液体注入抽成真空的配气瓶中，待液体挥发后，再充入净化空气至大气压力，混匀。按下式计算所配气体浓度（ρ）：

$$\rho = \frac{\rho_i V_i b}{V} \times 10^6 \qquad (4\text{-}3)$$

式中　ρ_i——易挥发液体的密度，g/mL；

V_i——所取易挥发液体体积，mL；

其他符号意义同前。

使用配气瓶进行常压配气的主要问题是：在标准气使用过程中，净化空气将由进气口进入瓶中，使原气体被稀释而导致浓度降低。当进入的空气与原气体能迅速混合时，则用掉 10% 标准气后，剩余标准气的浓度约降低 5%，故常压配气取气量不能太大。为减小标准气在使用过程中的浓度变化，可将几个同浓度气体的配气瓶串联使用。例如，将 5 个同容积配气瓶串联使用时，当取气量为一个配气瓶容积的 3 倍时，标准气浓度改变 5%，故可使取气量增加。

（二）正压配气

所配标准气略高于一个大气压，其配气装置如图 4-3 所示。配气瓶由耐压玻璃制成，预先校准容积。配气时，将瓶中气体抽出，用净化空气冲洗 3 次，充入近于大气压力的净化空气，再用注射器注入所需体积的原料气，继续向配气瓶内充入净化空气达到一定压力（如绝对压力 133 kPa），放置 1 h 后即可使用。

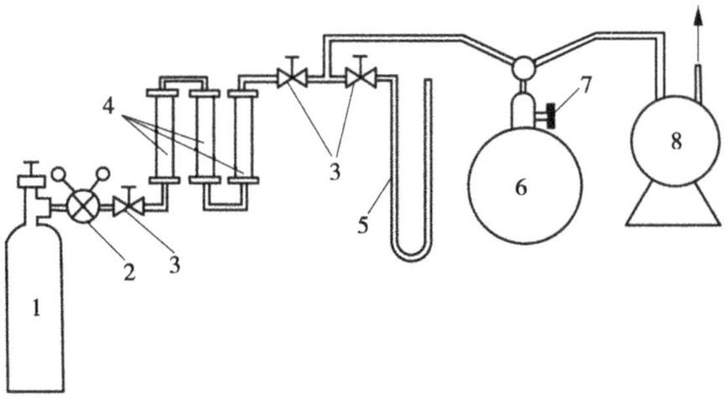

1—稀释气钢瓶；2—减压阀；3—针阀；4—气体净化管（内装分子筛、硅胶和活性炭、烧碱石棉）；
5—U 形压力计；6—配气瓶；7—原料气注入口；8—真空泵

图 4-3　正压配气装置

所配标准气浓度按下式计算：

$$\rho = \frac{P_0 b V_i M}{(P_0 + P')V_{mol}V} \times 10^3 \tag{4-4}$$

式中　ρ——所配标准气浓度，mg/m^3；

V_i——加入原料气的体积，mL；

b——原料气纯度（%）；

P_0——大气压力，kPa；

P'——U 形管汞压差计读数，kPa；

V——配气瓶容积，L；

M——标准气体分子量，g/mol；

V_{mol}——气体摩尔体积，L/mol。

三、塑料袋配气法

该方法以塑料袋为容器，用气体定量管准确量取一定量的原料气，通过三通活塞用注射器吸取适量稀释气充入塑料袋，反复挤压塑料袋混匀气体。根据加入原料气和稀释气的量计算袋内标准气体的浓度。

用塑料袋配气时，要特别防止袋壁吸附气体、袋壁与气体反应和渗漏等现象。一般的塑料袋对多数气体都有明显的吸附作用，不能用来配气。通常选用聚四氟乙烯袋、聚脂树脂塑料袋和聚乙烯膜铝箔夹层袋配气。

四、高压钢瓶配气法

该方法用钢瓶做容器配制具有较高压力的标准气体。按配气计量方法不同，分为压力配气法、流量配气法、体积配气法和重量配气法，其中，以重量配气法最准确，被广泛应用。该方法应用高负载荷精密天平称量装入钢瓶中的气体组分重量，依据各组分的重量比计算所配标准气的浓度。配气工作在专用的配气系统装置上进行。

第三节　动态配气法

动态配气法是指将已知浓度的原料气与稀释气以恒定不变的比例持续送入气体混合器进行混合,从而可以连续不断地配制并供给一定浓度的标准气,两股气流的流量比即稀释倍数,根据稀释倍数计算出标准气的浓度。

动态配气法不但能提供大量标准气,而且可通过调节原料气和稀释气的流量比获得所需浓度的标准气,尤其适用于配制低浓度的标准气。但是,这种方法所用仪器设备较静态配气法复杂,不适合配制高浓度的标准气。因此,动态配气法多用于标准气体用量较大或通标准气体时间较长的实验工作。

下面介绍几种常用动态配气法。

一、连续稀释法

图 4-4 为以高压钢瓶为气源的连续配气装置。将原料气以恒定小流量送入混合器,被较大量的净化空气稀释,用流量计准确测量两种气体的流量,按式(4-5)计算所配标准气的浓度。

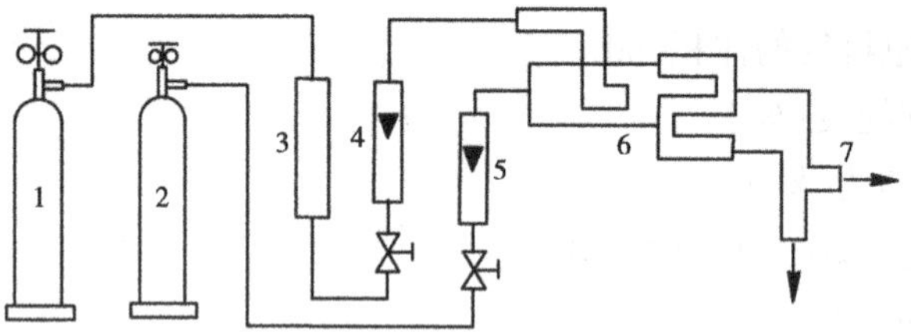

1—空气钢瓶;2—原料气钢瓶;3—净化器;4、5—流量计;6—混合器;7—取气口

图 4-4　钢瓶气源连续稀释配气装置

$$\rho = \rho_0 \frac{Q_0}{Q + Q_0} \tag{4-5}$$

式中　ρ、ρ_0——所配标准气和原料气浓度,mg/m^3;

Q、Q_0——稀释气和原料气流量,mL/min。

配气装置中的气体混合器如图 4-5 所示。

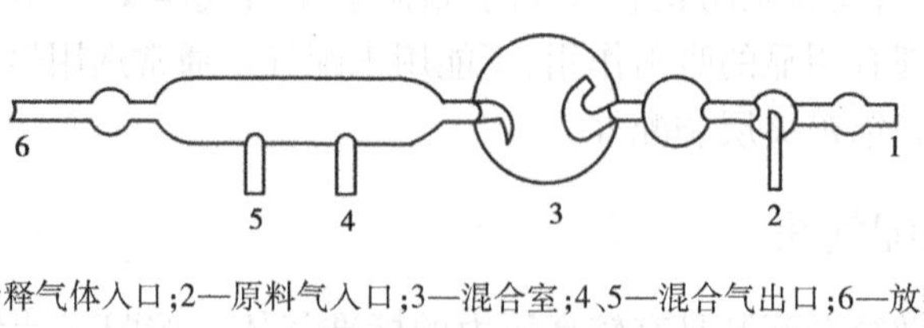

1—稀释气体入口;2—原料气入口;3—混合室;4、5—混合气出口;6—放空口

图 4-5　气体混合器

二、负压喷射法

负压喷射配气原理示意图见图4-6。当稀释气流 F 以 Q(L/min)的速度进入固定喷管 A,再从狭窄的喷口处向外放空时,造成毛细管 B 的左端压力 P'低于 P_0,此时 B 管处于负压状态。容器 D 内压力为大气压,装有已知浓度 ρ_0的原料气,它通过毛细管 R 与 B 管相连。由于 B 管两端有压力差,使原料以 Q_0(mL/min)速度从容器 D 经毛细管 R 从 B 管左端喷出,混合于稀释气流中,经充分混合,配成一定浓度的标准气,其浓度按下式计算:

$$\rho = \frac{Q_0\rho_0}{Q} \times 10^3 \tag{4-6}$$

式中符号意义同前。

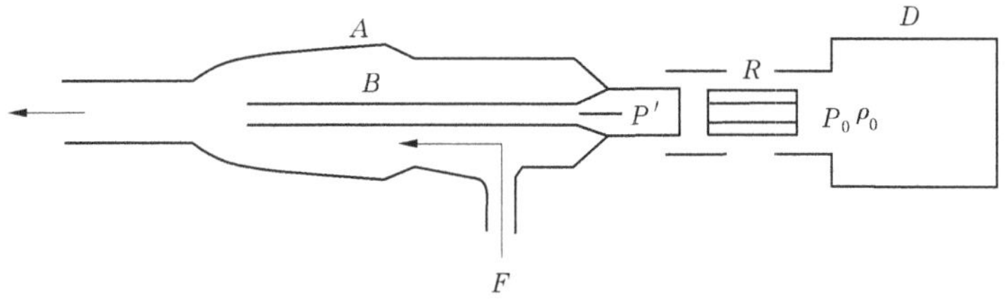

图4-6　负压喷射法配气原理示意图

三、渗透管法

渗透管法主要利用液体分子能渗透塑料膜的原理来配制恒定低浓度标准气。

(一)渗透管法

渗透管是20世纪60年代中期出现的一种标准气源,主要由装原料液的小容器和渗透膜组成,小容器由耐腐、耐压的惰性材料(如硬质玻璃、不锈钢、硬质塑料等)制作。渗透膜用聚四氟乙烯或聚氟乙烯塑料制成帽状,套在小容器的颈部,其厚度小于1 mm,化学性质稳定。渗透管长度一般不超过10 cm,质量不超过10 g。渗透管法的基本原理:渗透管内的液体分子汽化后,通过渗透膜渗透并进入稀释气流中,根据渗透量和稀释气的流量计算混合气的组分浓度。

渗透管法配气装置见图4-7。

渗透管法对于配制低浓度的标准气是一种较精确的方法,凡是易挥发的液体和能被冷冻或压缩成液态的气体都可以用该方法配制标准气,还可以将互不反应的不同组分的渗透管放在同一气体发生器中配制多组分混合标准气。

(二)渗透率的测定

用渗透管配制标准气体主要建立在测定渗透率的基础上。图4-8为 SO_2渗透管的结构。它的聚四氟乙烯塑料帽上部薄壁部分是渗透面,瓶内气体分子在其蒸气压力的作用下,通过渗透面向外渗透,单位时间内的渗透量称为渗透率(q)。由于渗透出来的气体分子立即扩散开来,并被稀释气带走,故浓度很小,分压可认为是零,其渗透率用下式表示:

$$q = -DA\frac{P}{l} \tag{4-7}$$

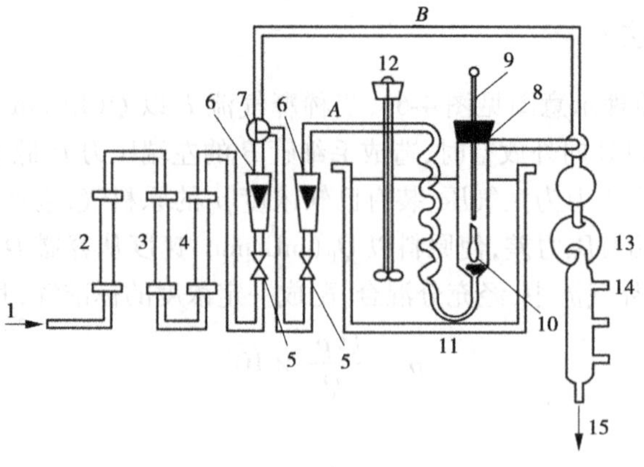

1—稀释气入口;2—硅胶管;3—活性炭管;4—分子筛管;5—流量调节阀;6—流量计;7—分流阀;
8—气体发生瓶;9—精密温度计;10—渗透管;11—恒温水浴;12—搅拌器;
13—气体混合室;14—标准气体出口;15—放空口

图 4-7　渗透管法配气装置

式中　D——气体分子渗透系数;

A——渗透面面积;

P——原料液饱和蒸气压;

l——渗透膜厚度;

负号表示气体分压从管内到管外是减小的。

对特定渗透管而言,D、A、l 均为固定值,故渗透率仅与原料液的饱和蒸气压有关。当温度一定时,原料液的饱和蒸气压也是一定的,因此渗透率不变。改变原料液温度,即改变饱和蒸气压,或者改变稀释气体的流量,可以配制不同浓度的标准气。

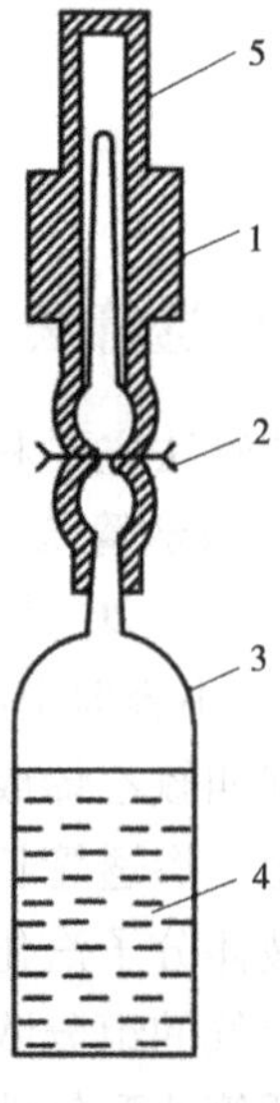

1—聚四氟乙烯塑料帽;
2—加固环;3—玻璃小安瓿瓶;
4—SO_2 液体;5—薄壁渗透面

图 4-8　SO_2 渗透管的结构

用渗透管配制标准气体,必测定原料液的渗透率,其测定方法有重量法、化学分析法等。

1. 重量法

将渗透管放在小干燥瓶中,瓶底装有干燥剂(硅胶、氯化钙等)和吸收剂(酸性气体用 NaOH、碱性气体用硼酸)。渗透管与干燥剂和吸收剂之间用带孔隔板分开,并在干燥瓶中插一根精密温度计。将装有渗透管的干燥瓶放在恒温水浴中,温度控制在(25 ± 0.1)℃或(30 ± 0.1)℃,经过一定时间间隔,用精密天平快速称量渗透管的质量,两次称量之差为渗透量,用下式计算渗透率:

$$q = \frac{W_1 - W_2}{t_1 - t_2} \times 10^3 \tag{4-8}$$

式中　q——渗透率,μg/min;

W_1、W_2——时间 t_1 和 t_2 时的渗透管质量,mg。

测定一系列渗透量，分别计算渗透率，取其平均值，作为该渗透管在测定温度下的渗透率。

2. 化学分析法

将渗透管放在如图4-7所示配气装置的气体发生瓶中，关闭气路B，只用气路A。让净化干燥空气经预热后以一定流速吹入气体发生瓶，将渗透出来的气体带出。待渗透管渗透率达到稳定后，在气体发生瓶出口处接一内装吸收液的气体吸收管，吸收渗透出来的气体，同时记录通气时间（取决于渗透管的渗透率大小和分析方法的灵敏度），然后用化学法测定吸收液中渗透出的气体含量，由测定结果及通气时间计算渗透率。

重量法测定周期长，需要长时间连续恒温、称重，每次称重都要取出渗透管，费时费力。但是，测定渗透率的结果准确。化学法方便、快速，不必每次都将渗透管取出称重，但由于采样效率和分析方法的影响，测定准确度比重量法差。一般来说，化学分析法及其他方法的测定值只作为重量法测定结果的一个参考。

（三）浓度计算

测得渗透管的渗透率后，用图4-7所示配气装置配制所需浓度的标准气体，并用下式计算其浓度：

$$\rho = \frac{q}{Q_1 + Q_2} \tag{4-9}$$

式中　ρ——标准气体的浓度，mg/m^3；

Q_1、Q_2——气路A和气路B中气体流量，L/min。

四、气体扩散法

气体扩散法的原理：基于气体分子从液相中扩散至气相中，再被稀释气流带走，通过控制扩散速度和调节稀释气流量方法，配制不同浓度的标准气体。

图4-9所示为用三聚甲醛（熔点61～62.5 ℃，解聚温度114.5 ℃）做原料，制备甲醛标准气体的扩散管。它由扩散毛细管和圆柱形贮料池组成，两部分用精密磨口连接。将三聚甲醛晶体粉末装入圆柱形贮料池，于80 ℃水浴上加热，使之熔化为液体后取出，放在平台上冷却、凝固，形成平面扩散层。将扩散管置于图4-10所示配气装置的气体发生瓶内，在恒温［如（35±1）℃］条件下，三聚甲醛升华出来的蒸气以一定的扩散率通过扩散管的毛细管上口处，被具有一定流量的净化空气载带，进入温度达160 ℃的催化分解柱（内装涂有浓磷酸的玻璃珠），在此三聚甲醛全部分解成甲醛分子单体，再用另一路净化空气稀释成不同浓度的甲醛标准气体，根据三聚甲醛扩散率（用重量法或化学分析法测定）及载带空气、稀释空气的流量，计算甲醛标准气体的浓度。

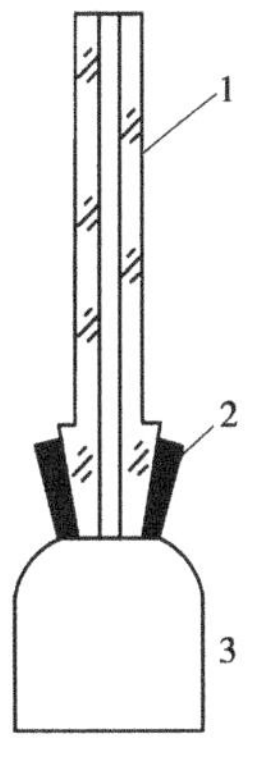

1—扩散毛细管；2—精密磨口连接；
3—圆柱形贮料池（内装三聚甲醛）

图4-9　甲醛扩散管

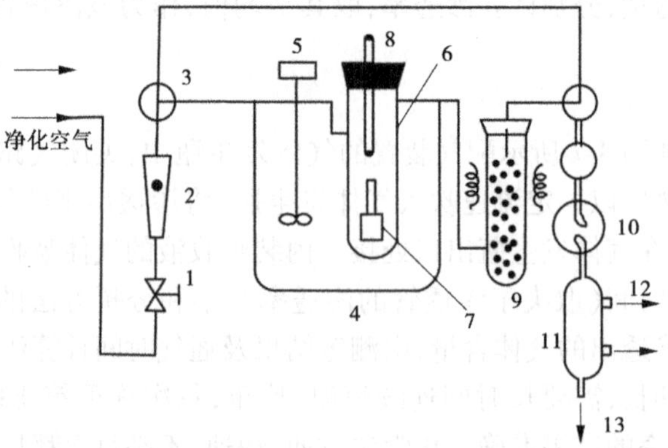

1—流量调节阀；2—流量计；3—分流阀；4—恒温水浴；5—搅拌器；6—气体发生瓶；7—甲醛扩散管；
8—精密温度计；9—热催化分解柱；10—气体混合球；11—多支管；12—标准气体出口；13—放空

图 4-10　甲醛标准气体配气装置

五、电解法

电解法常用于制备二氧化碳标准气体。方法原理是：在电解池中放入草酸溶液，插入两根铂丝电极，电极间施加恒流电源，则 $C_2O_4^{2-}$ 在阳极上被氧化，生成 CO_2，当电流效率为 100% 时，控制一定的电解电流，便能产生一定量的二氧化碳气体，用一定流量稀释气体将 CO_2 带出，就能得到所需浓度的二氧化碳标准气体，其浓度可用法拉第电解定律计算出来。

习题与练习题

1. 标准气体的配制方法包括________法和________法。

2. 动态配气法是指将已知浓度的原料气与稀释气以________比例持续送入气体混合器进行混合。

3. 简要说明静态配气法和动态配气法的原理及其优缺点。

4. 用容积为 20 L 的配气瓶进行常压配气，如果 SO_2 原料气的纯度为 50%（V/V），欲配制 50 mL/m^3 的 SO_2 标准气体，需要加入多少毫升原料气？

5. 简要说明钢瓶气源连续稀释配气法和渗透管连续配气法进行动态配气的原理。怎样计算所配标准气的浓度？

第二篇　环境空气和废气监测

第五章　空气样品的采集

要正确测定大气中污染物的含量,采集的样品必须具有代表性,数据的代表性主要取决于监测点的密度,监测点位越多,监测信息量越大,获得的数据更接近于实际情况。这样才能准确反映大气中颗粒物的实际状况。大气环境监测布点设计就是力求用最少的点位,获得最有代表性、能说明环境质量状况的监测数据。但监测点位设计的密度不仅应考虑监测任务目标,还受区域气候条件的变化、地形地貌及监测费等因素的制约。

因此,根据监测目的和要求首先对监测对象进行调查研究,收集有关资料,然后根据大气污染物的时空分布规律,通过综合分析,正确布设采样点,按一定的时间和频率进行采样,保证获取具有代表性的测试样品,需要考虑收集以下资料:

(1)污染源的分布及排放情况,污染源类型、数量、位置、排放的主要污染物及排放量,以及原料、燃料及消耗量等情况。

(2)气象条件:污染物在空间的分布情况很大程度上取决于当时的气象条件,要收集监测区域内的风向、风速、气温、气压、降水量、日照时间、相对湿度、气温垂直分布和逆温层底部高度等资料。

(3)地形:地形对风向、风速和大气稳定度等有影响,特别是山区山谷风、河谷逆温、丘陵浓度梯度、海边海陆风对大气污染有很大影响,因此地形也是监测时应考虑的因素之一。地形越复杂,监测点布设越多。

(4)功能分区:不同功能区污染状况不同,如工业区、商业区、居民区、生活区、公园或其他敏感区等污染状况各不相同。

(5)人口分布及原始资料:大气监测最终目的是保护环境,维持自然平衡,保护人群健康服务。掌握监测区域人口分布及受大气污染造成居民与动植物的危害情况和流行病等资料,对制订监测方案、分析判断监测结果是有益的。

(6)收集有参考价值的以往监测资料。

第一节　采样点的布设

环境空气监测所得结果是否正确,首先要看监测方法是否正确和监测人员的操作水平高低如何,与此同时要看被检测试样是否具有代表性,而试样的代表性首先取决于采样点的布设。已有的大量监测数据表明,对于不同位置的采样点、同一采样点的不同高度,所测得的污染物浓度均有很大差别。因此,在环境空气监测中首先要正确地选择和布置采样点。

由于大气污染物具有很大的时空分布不均匀性,因此给正确选择合理的采样点带来很多困难。截至目前,可以说还没有找到一种完全成熟的采样点布点方法。本书中只是根据国内外的经验,特别是结合我国的目前条件,将监测中采用较多的几种布点方法加以介绍。今后,随着环境科学、环境监测学的发展,相信会有更好的布点方法被研究出来。

一、采样点布设原则与要求

(一)布点原则

环境空气监测网络及其任务不同,空气质量监测点位的布点要求、点位数量等也不相同。一般来说,采样点位应根据监测任务的目的、要求布设,必要时进行现场踏勘后确定。所选点位应具有较好的代表性,监测数据能客观反映一定空间范围内空气质量水平或空气中所测污染物浓度水平。现以城市空气质量监测点位的布设为例简述如下:

(1)监测点位的布设应具有较好的代表性,能客观反映一定空间范围内的空气污染水平和变化规律。

(2)同类型监测点设置条件尽可能一致,使各个监测点取得的资料具有可比性。

(3)为了大致反映城市各行政区空气污染水平及规律,在监测点位的布局上尽可能分布均匀。同时,在布局上还应考虑能大致反映城市主要功能区和主要空气污染源的污染现状及变化趋势。

(4)应结合城乡建设规划考虑监测点的布设,使确定的监测点能兼顾未来城乡空间格局的变化趋势。

(5)监测点位置一经确定,原则上不应变更,以保证监测资料的连续性和可比性。

(二)布点要求

(1)监测点应地处相对安全、交通便利、电源和防火措施有保障的地方。

(2)监测点采样口周围水平面应保证有270°以上的捕集空间,不能有阻碍空气流动的高大建筑、树木或其他障碍物;如果采样口一侧靠近建筑,采样口周围水平面应有180°以上的自由空间。从采样口到附近最高障碍物之间的水平距离,应为该障碍物与采样口高差的2倍以上,或从采样口到建筑物顶部与地平线的夹角小于30°。

(3)采样口距地面高度在1.5～15 m范围内,距支撑物表面1 m以上。有特殊监测要求时,应根据监测目的进行调整。

(4)各采样点的设置条件应尽可能一致或标准化。

二、采样点布设数目要求

采样点布设数目是与经济投资和精度要求相对应的一个效益函数,应根据监测范围的大小、污染物的空间分布特征、人口分布及密度、气象、地形及经济条件等因素综合考虑确定。

世界卫生组织(WHO)和世界气象组织(WMO)提出按城市人口多少设置地面自动监

测点的数目(见表5-1)。2013年我国国家环境保护部颁发的《环境空气质量监测点位布设技术规范(试行)》(HJ 664—2013)以人口和面积为基础确定监测点位数(见表5-2)。

表5-1　WHO和WMO推荐的城市大气自动监测点数目

市区人口(万)	飘尘	SO_2	NO_x	氧化剂	CO	风向、风速
≤100	2	2	1	1	1	1
100～400	5	5	2	2	2	2
400～800	8	8	4	3	4	2
>800	10	10	5	4	5	3

表5-2　环境空气质量评价城市点设置数量要求

市区人口(万)	建成区面积(km^2)	最少监测点数
<25	<20	1
25～50	20～50	2
50～100	50～100	4
100～200	100～200	6
200～300	200～400	8
>300	>400	按每50～60 km^2建成区面积设1个监测点,并且不少于10个点

三、采样点布点方法

可采用经验法、统计法、模拟法等进行点的布设。经验法是常用的方法,特别是对尚未建立监测网或监测数据积累少的地区,需要凭借经验确定采样点的位置。其具体方法如下。

(一)功能区布点法

功能区布点法多用于区域性常规监测。先将检测区域划分为工业区、商业区、居住区、工业居住混合区、交通稠密区、清洁区等,再根据具体污染情况和人力、物力条件,在各功能区设置一定数量的采样点。各功能区的采样点数不要求平均,一般在污染较集中的工业区和人口较密集的居住区多设采样点。

(二)网格布点法

此方法是将监测区域地面划分成若干均匀网状方格,采样点设在两条支线的交点处或方格中心(见图5-1)。网格大小视污染源强度、人口分布及人力、物力条件等确定。若主导风向明显,下风向设点应多一些,一般占采样点总数的60%。对于有多个污染源且污染源分布较均匀的地区,常采用这种布点方法。它能较好地反映污染物的空间分布,如将网格划分得足够小,则将实验结果绘制成污染物浓度空间分布图,对指导城市环境规划和管理具有重要意义。

（三）同心圆布点法

此方法主要用于多个污染源构成污染群，且大污染源较集中的地区。先找出污染群的中心，以此为圆心在地面上画若干同心圆，从圆心作若干放射线，将放射线与圆周的交点作为采样点（见图 5-2），不同圆周上的采样点数目不一定相等或均匀分布，常年主导风向的下风向比上风向多设一些点。

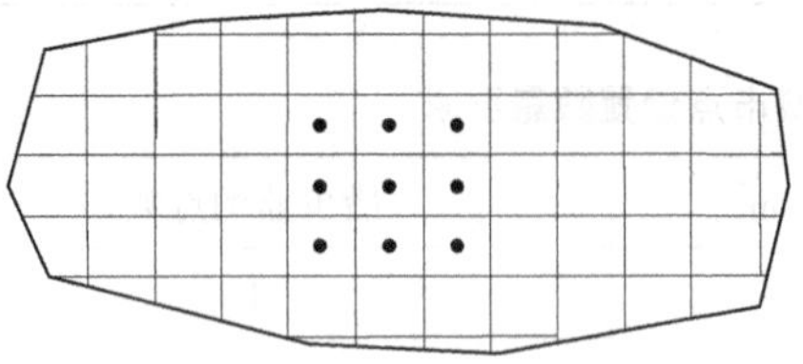

图 5-1　网格布点法

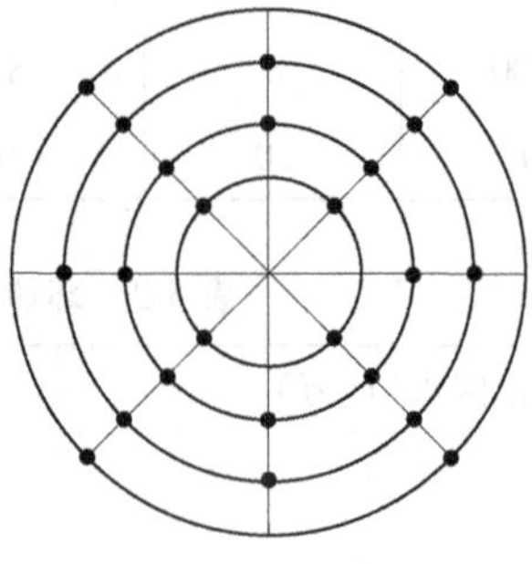

图 5-2　同心圆布点法

（四）扇形布点法

此方法适用于孤立的高架点源，且主导风向明显的地区。以点源所在位置为顶点，主导风向为轴线，在下风向地面上划出一个扇形区作为布点范围。扇形的角度一般为 45°，也可更大些，但不能超过 90°。采样点设在扇形平面内距点源不同距离的若干弧线上（见图 5-3）。每条弧线上设 3 ~ 4 个采样点，相邻两点与顶点连线的夹角一般取 10° ~ 20°。在上风向应设对照点。

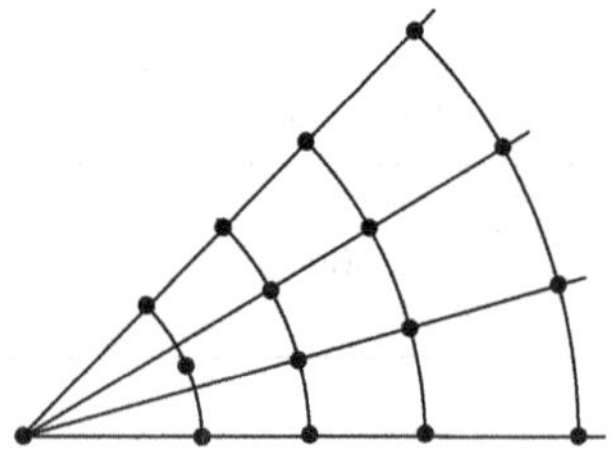

图 5-3　扇形布点法

（五）小环境布点法

上述采样方法是大环境污染物的布点方法，对于作业现场（如车间）等小范围的采样，由于监测目的和污染源情况不同于大环境（保护工人身体健康），故布点方法也有所不同。

若作业现场不大，工人具有固定的操作、休息地点，则采样点就设在工人操作和休息的地方，必要时可在其他地方设点作为对照。

若作业现场较大，工人又没有固定的操作、休息地点，则以网格形式布点为佳。如果作业现场有明显的污染源，则以发生源为原点，以纵横 3 m 的间隔线划分，纵横线的交点就是采样点。若污染源不明显，则以车间的中心为原点进行划分。若采样点与设备重合，应去掉该点。

在实际工作中，为做到因地制宜，使采样网点布设得完善合理，往往采用以一种布点方法为主，兼用其他方法的综合布点法。

第二节　采样时间和采样频率

采样时间指每次采样从开始到结束所经历的时间,采样频率指在一个时段内的采样次数,主要由污染物的空间分布规律和监测目的决定。

一、采样时间

每次采样开始至采样结束所用的时间称为采样时间或采样时段。根据采样时间的长短可将其分为短期采样和长期采样。

(一)短期采样

短期采样是在较短的时间内采样,如0.5 h、1 h等。它通常用于特定目的的采样,如事故性采样等或做普查用。因为采样时间短,采集到的试样缺乏代表性,因而不能反映普遍规律。短期采样一般有间断采样和24 h连续采样两种情况。

1. 间断采样

间断采样指在某一时段或1 h内采集一个环境空气样品,监测该时段或该小时环境空气中污染物的平均浓度所采用的采样方法。

间断采样一般为人工采样,由于需要将样品带回实验室分析,为使结果有较好的代表性,每隔一段时间采样并测定一次,用多次测定的平均值作为代表值。

2. 24 h连续采样

24 h连续采样指24 h连续采集一个环境空气样品,监测污染物日平均浓度的采样方式。它适用于环境空气中SO_2、NO_2、PM_{10}、TSP、B[a]P、氟化物、铅的采样。可用人工采样,也可通过自动空气监测系统采样。

(二)长期采样

在较长的时间内采样,如1个月或者1年,因为采样时间长,所得到的数据不仅反映污染物浓度随时间的变化规律,而且能得到任何一个时段内的平均值,是一种最佳的采样方法,这种方法一般要求仪器能连续自动采样。我国目前县级以上城市都设有空气自动监测点,采用连续自动监测仪器对环境空气质量进行连续的样品采集、处理、分析,为城市空气质量预报提供数据。

二、采样频率

采样频率及采样时间依据《环境空气质量标准》(GB 3095—2012)中各污染物监测数据统计的有效性规定来确定(见表5-3),表格中未给出其他参数参考该要求执行。

表5-3　污染物浓度数据有效性的最低要求

污染物项目	平均时间	数据有效性规定
二氧化硫(SO_2)、二氧化氮(NO_2)、颗粒物(粒径小于或等于10 μm)、颗粒物(粒径小于或等于2.5 μm)、氮氧化物(NO_x)	年平均	每年至少有324个日平均浓度值 每月至少有27个日平均浓度值(2月至少有25个日平均浓度值)

续表 5-3

污染物项目	平均时间	数据有效性规定
二氧化硫(SO_2)、二氧化氮(NO_2)、一氧化碳(CO)、颗粒物(粒径小于或等于 10 μm)、颗粒物(粒径小于或等于 2.5 μm)、氮氧化物(NO_x)	24 h 平均	每日至少有 20 h 平均浓度值或采样时间
臭氧(O_3)	8 h 平均	每 8 h 至少有 6 h 平均浓度值
二氧化硫(SO_2)、二氧化氮(NO_2)、一氧化碳(CO)、臭氧(O_3)、氮氧化物(NO_x)	1 h 平均	每小时至少有 45 min 的采样时间
总悬浮颗粒物(TSP)、苯并[a]芘(B[a]P)、铅(Pb)	年平均	每年至少有分布均匀的 60 个日平均浓度值 每月至少有分布均匀的 5 个日平均浓度值
铅(Pb)	季平均	每季至少有分布均匀的 15 个日平均浓度值 每月至少有分布均匀的 5 个日平均浓度值
总悬浮颗粒物(TSP)、苯并[a]芘(B[a]P)、铅(Pb)	24 h 平均	每日应有 24 h 的采样时间

第三节　采样仪器和方法

采样仪器的选择依据四个方面:①污染物在空气中的存在状态;②污染物浓度的高低;③污染物的物理化学性质;④分析方法的灵敏度。下面根据被测污染物在空气和废气中存在的状态和浓度水平及所用的分析方法,按气态、颗粒态和两种状态共存的污染物分类,简单介绍几种采样方法及使用的仪器。

一、气态污染物的采样方法

(一)直接采样法

当空中被测组分浓度较高,或所用的分析方法灵敏度很高时,可选用直接采取少量气体样品的采样法。用该方法测得的结果是瞬时或者短时间内的平均浓度,而且可以比较快地得到分析结果。直接采样法常用的容器有以下几种。

1. 注射器采样

用 100 mL 的注射器直接连接一个三通活塞(见图 5-4)。采样时,先用现场空气或废气抽吸注射器 3 ~ 5 次,然后抽样,密封进样口,将注射器进气口朝下,垂直放置,使注射器的内压略大于大气压。要注意样品存放时间不宜太长,一般要当天分析完。此外,所用的注射器要做磨口密封性的检查,有时需要对注射器的刻度进行校准。

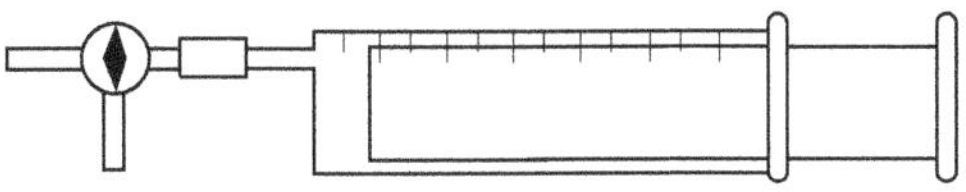

图 5-4　玻璃注射器

2. 塑料袋采样

常用的塑料袋有聚乙烯、聚氯乙烯和聚四氟乙烯袋等,用金属衬里(铝箔等)的袋子采样,能防止样品的渗透。为了检验对样品的吸附或渗透,建议事先对塑料袋进行样品稳定性实验。稳定性较差的,用已知浓度的待测物在与样品相同的条件下保存,计算出吸附损失后,对分析结果进行校正。

使用前要做气密性检查:充足气后,密封进气口,将其置于水中,不应冒气泡。使用时用现场气样冲洗 3 ~5 次后,再充进样气,夹封袋口,带回实验室分析。

3. 固定容器法采样

固定容器法也是采集小量气体样品的方法,常用的设备有两类:一类是用耐压的玻璃瓶或不锈钢瓶,采样前抽至真空。采样时打开瓶塞,被测空气自行充进瓶中(见图 5-5)。真空采样瓶要注意的是必须要进行严格的漏气检查和清洗(按说明书进行操作)。另一类是以置换法充进被测空气的采样管,采样管的两端都有活塞。在现场用二联球打气,使通过采气管的被测气体量至少为管体积的 6 ~10 倍,充分置换掉原有的空气,然后封闭两端管口(见图 5-6)。采样体积即为采气管的容积。

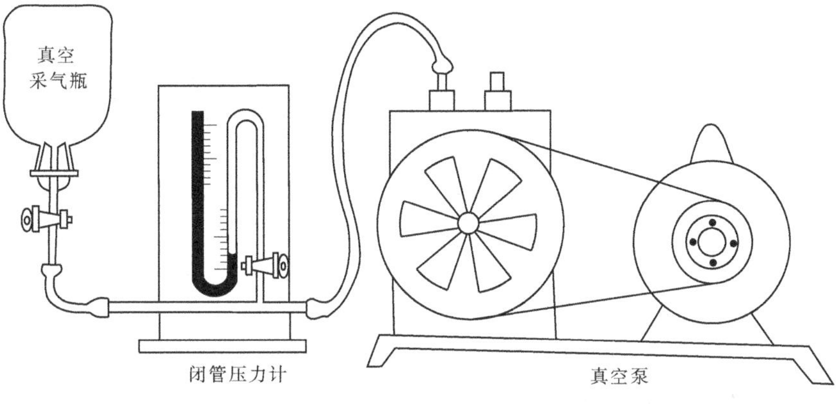

图 5-5　真空采气瓶的抽真空装置

(二)有动力采样法

有动力采样法是用抽气泵,将空气样品通过吸收管(瓶)中的吸收介质,使空气样品中的待测污染物浓缩在吸收介质中。吸收介质通常是液体或多孔状的固体颗粒物,其目的不仅浓缩待测污染物,提高分析灵敏度,并有利于去除干扰物质和选择不同原理的分析方法。有动力采样法有溶液吸收法、填充柱采样法和低温冷凝浓缩法。

1. 溶液吸收法

该方法主要用于采集气态和蒸气态污染物,是最常用的浓缩采样法。采样时,采样器设置一定采样时间和流量,然后将装有一定体积的、对被测组分选择性好的吸收液的吸收

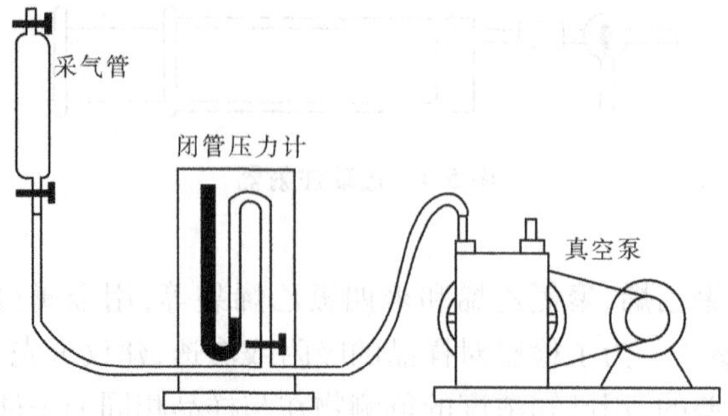

图 5-6　采气管采气的真空装置

管(瓶)的出气口用胶管与采样器的进气口相连,打开电源开关,气体经吸收管(瓶)的进气口进入吸收管(瓶)内,在流经吸收液时,气样中的待测组分溶于吸收液中而被浓缩,其他气体从仪器的排气口排放,从而达到浓缩待测组分的目的。采样后,测定吸收液中待测物的含量,再根据测得的结果及采样体积换算出空气中污染物的浓度。

常用的吸收液有水、水溶液和有机溶剂。吸收液吸收气体污染物有两种方式:一是直接溶于水中的物理吸收;二是发生化学反应的化学吸收。由于后者的吸收速率大,一般都选用伴有化学反应的吸收液。溶液吸收法的吸收效率对测定结果的准确性影响很大,要提高吸收液的吸收效率主要在于提高吸收液的吸收速度和气样与吸收液的接触面积,因此要根据被吸收组分的性质选择好吸收液,并且根据吸收原理的不同选择合适的吸收管(瓶)。一般要求采样收集器的采样效率大于 90%。

1)吸收液的选择原则

(1)与被采集的组分发生化学反应快或对其溶解度大。为满足这个要求,可根据下列规律选择:

①根据溶解性能。如 HF、HCl、HCHO 等易溶于水的有害气体用水做吸收液;碘甲烷用水、乙醇做吸收液等。

②根据中和反应。酸性物质用碱做吸收液,如 HCN 用 NaOH 吸收;碱性物质用酸做吸收液,如 NH_3 用 H_2SO_4 吸收。

③根据氧化还原反应。如氧化剂用还原剂做吸收液,如 O_3 用 KI 吸收;还原剂用氧化剂做吸收液,如 PH_3 用 $KMnO_4$ 吸收。

④根据沉淀反应易生成沉淀的物质用沉淀剂做吸收液,如 H_2S 用乙酸锌吸收。

⑤根据配合反应易生成配合物的用配合剂做吸收液,如 SO_2 用 $K_2(HgCl_4)$ 吸收。

(2)污染物被吸收液吸收后,要有足够的稳定时间,以满足分析测定所需的时间要求,否则会影响测量结果。例如,SO_2 可用 NaOH 吸收,但在采样或放置过程中 Na_2SO_3 易被部分氧化成 Na_2SO_4,使测定结果偏低;可用 $K_2(HgCl_4)$ 吸收,生成稳定的 $[HgSO_3Cl_2]^{2-}$ 络合物。

(3)污染物质被吸收后,应有利于下一步分析测定,最好能直接用于测定。

例如,用甲醇吸收有机物效率较高,但用酶化法测定时,若甲醇浓度过高,则会影响酶的活力,从而影响测定结果。若将甲醇浓度降低到 5%,则既不影响酶的活力,又不影响该法的测定。此外,在比色法测定中,理想的吸收液应兼有吸收和显色作用,这样吸收过程也就是显色过程,从而简化了分析手续。例如,用盐酸萘乙二胺法测定 NO_x 物时,吸收液具有双重作用,采样后可直接比色分析。

(4)吸收液毒性小、成本低、易于购买,且尽可能回收利用。

2)常用吸收管(瓶)及其选择

根据需要,吸收管(瓶)分别设计为:气泡式吸收管(见图 5-7)、多孔玻板式吸收管(见图 5-8)、多孔玻柱式吸收管(见图 5-9)、多孔玻板式吸收瓶(见图 5-10) 和冲击式吸收管(见图 5-11)等。

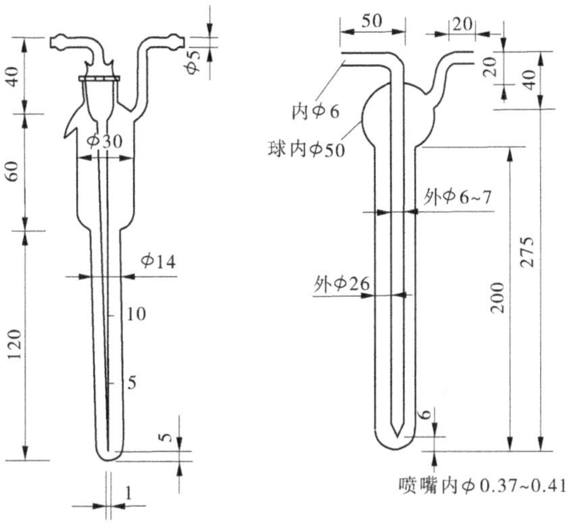

(a)普通型　(b)直筒型

图 5-7　气泡式吸收管　(单位:尺寸,mm;刻度,mL)

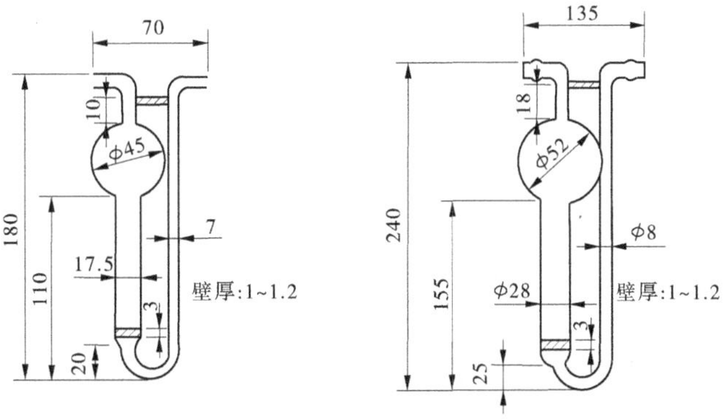

图 5-8　多孔玻板式吸收管　(单位:mm)

由于溶液吸收法的吸收效率受气泡直径、吸收液体高度、尖嘴部的气泡速度等因素的影响,为了提高吸收效率,不同形态的物质应选择合适的吸收管(瓶)。

(1)气泡式吸收管分普通型和直筒型两种,材料是硬质玻璃,适用于采集气态和蒸气态物质，不宜采集气溶胶态物质，管内可装 5 ~ 10 mL 吸收液。

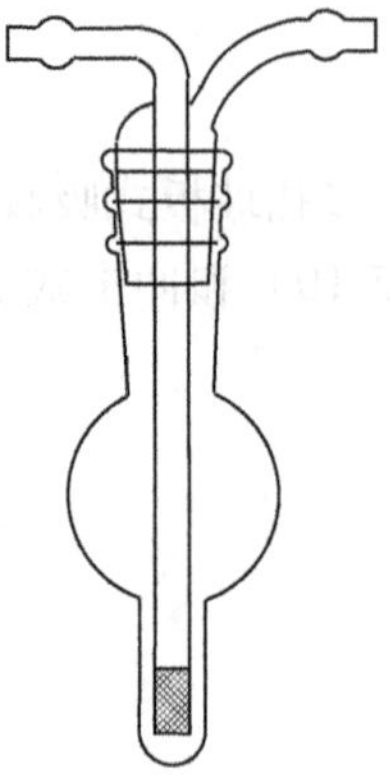

图 5-9　多孔玻柱式吸收管

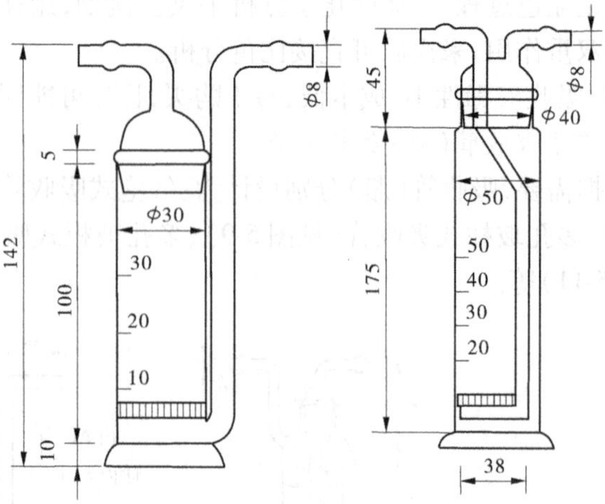

图 5-10　多孔玻板式吸收瓶　（单位：尺寸，mm；刻度，mL）

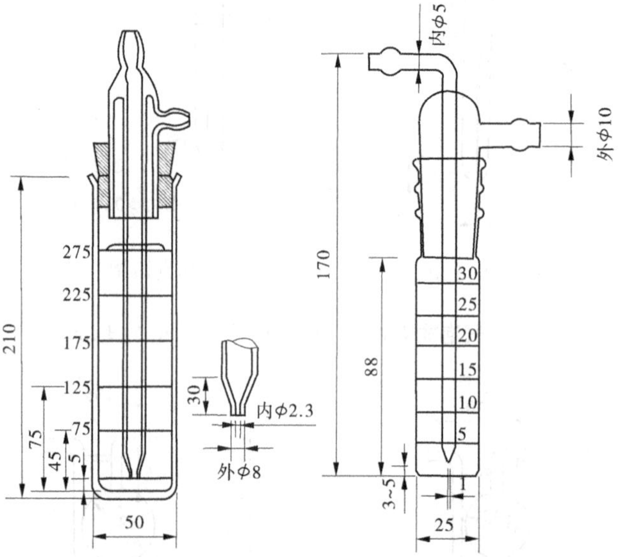

(a)大型　　(b)小型

图 5-11　冲击式吸收管　（单位：尺寸，mm；刻度，mL）

（2）冲击式吸收管适宜采集气溶胶态物质和易溶解的气体样品。管内有一尖嘴玻璃管做冲击器，进气管喷嘴孔径小、距管底近，当被测气样快速从喷嘴喷出冲向管底时，气溶胶颗粒因惯性冲击到管底而分散，然后被吸收液吸收。这种吸收管有小型（装 5 ~ 10 mL 吸收液，采样速率 3.0 L/min）和大型（装 50 ~ 100 mL 吸收液，采样速率 30.0 L/min）两种。

（3）多孔玻板式吸收管（瓶）适用于采集气态和蒸气态物质或气溶胶态物质。在内管出气口熔接一块多孔性的砂芯玻板，当气体通过多孔玻板时被分散成极细的小气泡，既增大了与吸收液的接触面积又被弯曲的孔道阻留，提高了吸收效率。吸收管内可装 5 ~ 10

mL吸收液,采样速率为0.1~1.0 L/min;吸收瓶有小型(装10~30 mL吸收液,采样速率0.5~2.0 L/min)和大型(装50~100 mL吸收液,采样速率30.0 L/min)两种。

2. 填充柱采样法(固体阻留法)

填充柱用一个内径3~5 mm,长5~10 cm的玻璃管或塑料管,内装颗粒状的或纤维状的固体填充剂制成(见图5-12)。填充剂可以用吸附剂,或在颗粒状的或纤维状的担体上涂渍某种化学试剂。当空气样品以0.1~0.5 L/min或2~5 L/min的流速被抽过填充柱时,气体中被测组分因吸附、溶解或化学反应等作用而被阻留在填充剂上,以达到浓缩采样的目的。采样后,通过加热解吸、吹气或溶剂洗脱,使被测组分从填充剂上释放出来被测定。

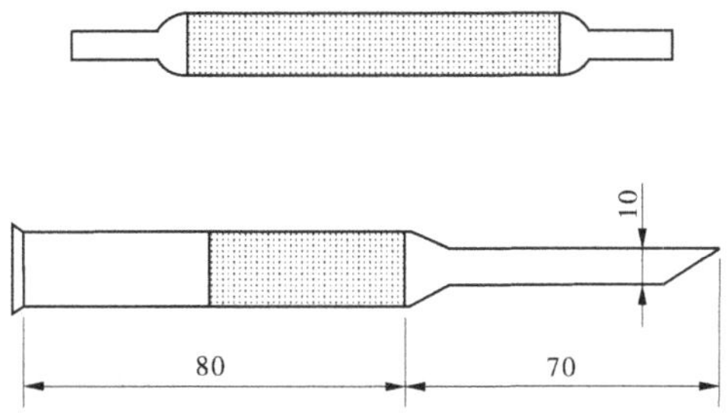

图5-12　填充柱采样管　(单位:mm)

填充柱的浓缩作用与气象色谱柱类似,若把空气样品看成是一个混合样品,通过填充柱时,空气中含量最高的氧和氮气等首先流出,而被测组分阻留在柱中。在开始采样时,被测组分阻留在填充柱的进气口部位,继续采样,被测组分阻留区逐渐向前推进,直至整个柱管达到饱和状态,被测组分才开始从柱中流漏出来。若在柱后流出气中发现被测组分浓度等于进气浓度的5%,则通过采样管的总体积称为填充柱的最大采样体积。它反映了该填充柱对某个化合物的采样效率或浓缩效率,最大采样体积越大,浓缩效率越高。若要浓缩多个组分,则实际采样体积不能超过阻留最弱的那个化合物的最大采样体积。

实际上,由于进入填充柱采样管的气体浓度比较低,从流出气体中检出被测组分的流出量是很困难的。所以,确定一个化合物的最大采样体积,一般常用间接的方法,即采样后将填充柱分成三等份,分别测定各部分的浓缩量。如果后面1/3部分的浓缩量占整个采样管浓缩量的10%以下,可以认为没有漏出;如果大于25%,则可能有漏出损失。

根据填充剂阻留作用的原理,将填充柱分为吸附型、分配型和反应型三种。

(1)吸附型填充柱:填充剂为颗粒状固体吸附剂,如活性炭、硅胶、分子筛、氧化铝、素烧陶瓷、高分子多孔微球等多孔性物质,对气体和蒸气吸附力强。

图5-13是标准活性炭管和硅胶管,用硬质玻璃制造,内外径应均匀,两端应附有塑料套帽,采样后用于密封。

(2)分配型填充柱:填充剂为表面涂有高沸点有机溶剂(如甘油异十三烷)的惰性多孔颗粒物(如硅藻土、耐火砖等),适于对蒸气和气溶胶态物质(如六六六、DDT、多氯联苯等)的采集。气样通过填充柱时,在有机溶剂中分配系数大的或溶解度大的组分阻留在填充剂上而被富集。

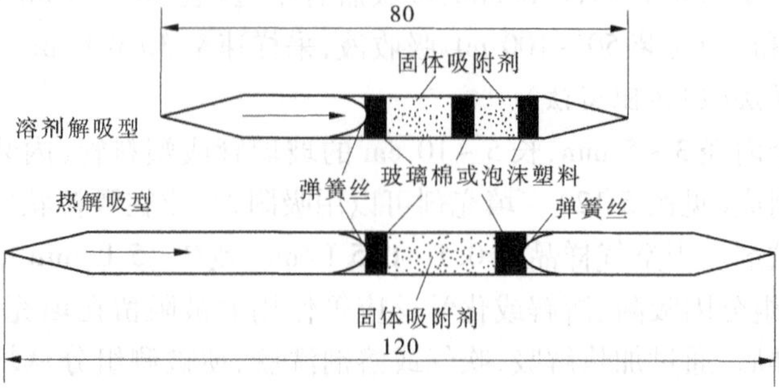

图 5-13　标准活性炭管和硅胶管　（单位:mm）

(3)反应型填充柱:填充柱是由能与被测组分发生化学反应的纯金属(如金、银、铜等)丝毛或细粒,也可以用惰性多孔颗粒物(如石英砂、玻璃微球等)或纤维状物(如滤纸、玻璃棉等)表面涂上一层能与被测组分发生化学反应的试剂制成。采样后,将反应产物用适宜溶剂洗脱或加热吹气解吸下来进行分析。

3. 低温冷凝浓缩法

空气中某些沸点比较低的气态物质,在常温下用固体吸附剂很难完全被阻留,用制冷剂将其冷凝下来,浓缩效果较好。常用的制冷剂有:冰－盐水、干冰－乙醇及半导体制冷器(－40～0 ℃)等(见表5-4)。经低温采样,被测组分冷凝在采样管中,然后接到气象色谱仪进样口,撤离冷阱,在常温下或加热汽化,通入载气,吹入色谱柱中进行分离和测定。

表 5-4　常用制冷剂

制冷剂名称	制冷温度(℃)	制冷剂名称	制冷温度(℃)
冰	0	干冰－丙酮	－78.5
冰－盐水	－4	干冰	－78.5
干冰－二氯乙烯	－60	液氮－乙醇	－117
干冰－乙醇	－72	液氧	－183
干冰－乙醚	－77	液氮	－196

低温冷凝采集空气样品,比在常温下填充柱法的采气量大得多,浓缩效果较好,对样品的稳定性更有利。但是用低温冷凝采样时,空气中水分和二氧化碳等也会同时被冷凝,若用液氮或液体空气做制冷剂,则空气中氧也有可能被冷凝阻塞气路。另外,在汽化时,水分和二氧化碳也随被测组分同时汽化,增大了汽化体积,降低了浓缩效果,有时还会给下一步的气象色谱分析带来困难。所以,在应用低温冷凝法浓缩空气样品时,在进样口需接某种干燥管(如内填过氯酸镁、烧碱石棉、氢氧化钾或氯化钙等的干燥管),以除去空气中水分和二氧化碳(见图5-14)。

(三)被动式采样法

被动式采样法是基于气体分子扩散或渗透原理采集空气中气态、蒸气态污染物的一种采样方法。被动采样器不用任何电源或抽气动力,所以又称无泵采样器。这种采样器体积小,非常轻便,可制成一支钢笔或一枚徽章大小,用作个体接触剂量评价的监测;也可放在待测场所,连续采样,间接用作环境空气质量评价的监测。目前,常用于室内空气污染和个体接触量的评价监测。

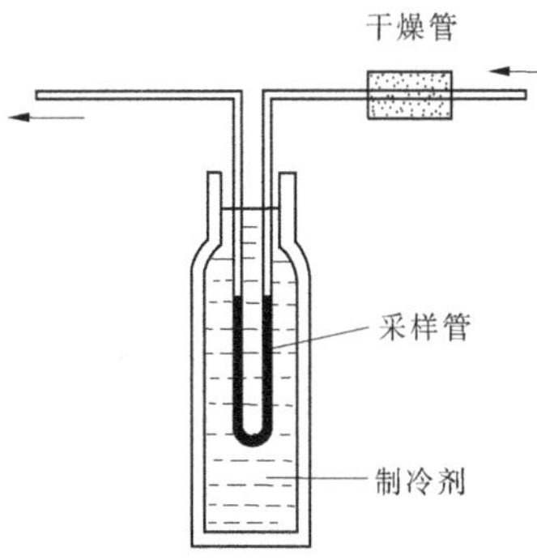

图 5-14　低温冷凝采样装置

二、颗粒态污染物的采样方法

空气中颗粒物质的采样方法主要有自然沉降法和滤料法。自然沉降法主要用于采集颗粒物粒径大于 30 μm 的尘粒;滤料法根据粒子切割器和采样流速等的不同,分别用于采集空气中不同粒径的颗粒物,或利用等速跟踪排气流速的原理,采集烟尘和粉尘。

常用的滤料有定量滤纸、玻璃纤维滤膜、过氯乙烯纤维滤膜、有机滤膜和微孔滤膜等。

(一)定量滤纸

实验室分析用的定量滤纸(中速和慢速)价格便宜、灰分低、纯度高、机械强度大,对一些金属尘粒采样效果很好,且易于消解处理,空白值低。但抽气阻力大,有时孔隙不均匀,且吸水性较强,不宜用作重显法测定悬浮颗粒物。

(二)玻璃纤维滤膜

玻璃纤维滤膜机械强度差,但耐高温、阻力小、不易吸水,可用于采集空气中总悬浮颗粒物和可吸入颗粒物。样品可以用酸和有机溶剂提取,用于分析颗粒物中的其他污染物。但由于所用玻璃原料含有杂质,致使某些元素的本底含量较高,限制了它的使用。用石英为原料的石英玻璃纤维滤膜,克服了玻璃纤维滤膜空白值高的问题,常用于颗粒物中元素的分析。

(三)过氯乙烯纤维滤膜

过氯乙烯纤维滤膜不易吸水、阻力小,由于带静电,采样效率高,广泛用于悬浮颗粒物的采集。由于滤膜易溶于乙酸丁酯等有机溶剂,且空白值较低,可用于颗粒物中元素的分析。缺点是机械强度差,需带筛网的采样夹托住。

(四)有机滤膜

有机滤膜主要有由硝酸纤维素或乙酸纤维素制成的微孔滤膜和由聚碳酸酯制成的直孔滤膜。重量轻、灰分和杂质含量极低,带静电、采样效率高,并可溶于多种有机溶剂,便于分析颗粒物中的元素。由于颗粒物沉积在膜表面后,阻力迅速增大,采样量受到限制。若经内解蒸熏使之透明后,可直接在显微镜下观察颗粒物的特性。

三、两种状态共存的污染物的采样方法

实际上,空气中的污染物大多数都不是以单一状态存在的,往往同时存在于气态和颗粒物中,尤其是部分无机污染物和有机污染物。所谓综合采样法,就是针对这种情况提出来的。选择好合适的固体填充剂的填充柱采样管,对某些存在于气态和颗粒物中的污染物也有较好的采样效率。若用滤膜采样器后接液体吸收管的方法,则可实现同时采样。

但这两种方法的主要缺陷是采样流量受到限制，而颗粒物需要在一定的速度下，才能被采集下来。

所谓浸渍试剂滤料法，是将某种化学试剂浸渍在滤纸或滤膜上。这种滤纸适宜采集气态与气溶胶共存的污染物。采样中，气态污染物与滤纸上的试剂迅速反应，从而被固定在滤纸上。所以，它具有物理（吸附和过滤）和化学两种作用，能同时将气态污染物和气溶胶污染物采集。浸渍试剂使用较广，尤其是对于以蒸气和气溶胶状态共存的污染物是一个较好的采样方法。例如，用磷酸二氢钾浸渍过的玻璃纤维滤膜采集空气中的氟化物；用聚乙烯氧化吡啶及甘油浸渍的滤纸采集空气中的砷化物；用碳酸钾浸渍的玻璃纤维滤膜采集空气中的含硫化合物；用稀硝酸浸渍的滤纸采集铅烟和铅蒸气等。

第四节 采样效率

一、采样效率的评价方法

采样效率是指在规定的采样条件（如采样流量、气体浓度、采样时间等）下所采集到的量占总量的百分数。采样效率的评价方法一般与污染物在空气中存在状态有很大关系，不同的存在状态有不同的评价方法。

（一）评价采集气态污染物和蒸气态污染物效率的方法

采集气态污染物和蒸气态的污染物常用溶液吸收法和填充柱采样法。评价这些采样方法的效率有绝对比较法和相对比较法两种 。

1. 绝对比较法

精确配制一个已知浓度的标准气体，然后用所选用的采样方法采集标准气体，测定其浓度，比较实测浓度 C_1 和配气浓度 C_s，采样效率 K 为

$$K = \frac{C_1}{C_s} \times 100\% \tag{5-1}$$

用这种方法评价采样效率虽然比较理想，但是，由于配制已知浓度标准气体有一定困难，往往在实际应用时受到限制。

2. 相对比较法

配制一个恒定浓度的气体，其浓度不一定要求已知。然后用两个或三个采样管串联起来采样，分别分析各管的含量，计算第一管含量占各管总量的百分数，采样效率 K 为

$$K = \frac{C_1}{C_1 + C_2 + C_3} \times 100\% \tag{5-2}$$

式中 C_1、C_2、C_3——第一管、第二管、第三管中分析测得的浓度。

用此法计算采样效率时，要求第二管和第三管的含量与第一管比较是极小的，这样三个管含量相加之和就近似于所配制的气体浓度。有时还需串联更多的吸收管采样，以期求得与所配制的气体浓度更加接近。用这种方法评价采样效率也只适用于一定浓度范围的气体，如果气体浓度太低，由于分析方法灵敏度所限，测定结果误差较大，采样效率只是一个估计值。

（二）评价采集气溶胶效率的方法

评价采集气溶胶的效率有两种表示方法：一种是颗粒采样效率，就是所采集到的气溶胶颗粒数目占总的颗粒数目的百分数；另一种是质量采样效率，就是所采集到的气溶胶质量数占总的质量的百分数。只有当气溶胶全部颗粒大小完全相同时，这两种表示方法才能一致起来。但是，实际上这种情况是不存在的。微米以下的极小颗粒在颗粒数上总是占绝大部分，而按质量计算却只占很小一部分，即一个大的颗粒的质量可以相当于成千上万个小的颗粒，所以质量采样效率总是大于颗粒采样效率。由于粒径 10 μm 以下的颗粒对人体健康影响较大，所以颗粒采样效率很有实际意义。当要了解空气中气溶胶质量浓度或气溶胶中某成分的质量浓度时，质量采样效率是有用的。目前在大气监测中，评价采集气溶胶方法的采样效率，一般以质量采样效率表示，只在特殊目的时，才用颗粒采样效率表示。

评价采集气溶胶方法的效率与评价气态和蒸气态的采样方法有很大的不同。一方面是由于配制已知浓度标准气溶胶在技术上比配制标准气体要复杂得多，而且气溶胶粒度范围也很大，所以很难在实验室模拟现场存在的气溶胶的各种状态。另一方面用滤膜采样像一个滤筛一样，能漏过第一张滤膜的更小的颗粒物质，也有可能会漏过第二张或第三张滤膜，所以用相对比较法评价气溶胶的采样效率就有困难了。评价滤纸和滤膜的采样效率要用另外一个已知采样效率高的方法同时采样，或串联在其后面进行比较得出。颗粒采样效率常用一个灵敏度很高的颗粒计数器测量进入滤膜前和通过滤膜后的空气中的颗粒数来计算。

（三）评价采集气态和气溶胶共存状态物质的方法

对于气态和气溶胶共存状态物质的采样更为复杂，评价其采样效率时，这两种状态都应加以考虑，以求其总的采样效率。

二、影响采样效率的主要因素

一般认为采样效率以 90% 以上为宜。采样效率太低的方法和仪器不能选用。关于如何获得较高的采样效率已有详细介绍，这里简要归纳几条影响采样效率的因素，以便正确选择采样方法和仪器。

（一）根据污染物存在状态选择合适的采样方法和仪器

每种采样方法和仪器都是针对污染物的一个特定的存在状态而选定的。例如，以气态或蒸气态存在的污染物是以分子状态分散于空气中，用滤纸和滤膜采集效率很低；而用液体吸收管或填充柱采样，则可得到较高的采样效率。以气溶胶状态存在的污染物，不易被气泡吸收管中的吸收液吸收，宜用滤膜（纸）法采样。例如，用装有稀硝酸的气泡吸收管采集铅烟，采样效率很低，而选用滤纸采样，则可得到较好的采样效率。对于以气溶胶和蒸气状态共存的污染物，要应用对于两种状态都有效的采样方法，如浸渍试剂的滤膜（纸）采样法等。因此，在选择采样方法和仪器之前，首先要对污染物做具体分析，分析它在空气中可能以什么状态存在，根据存在状态选择合适的采样方法和仪器。

（二）根据污染物的理化性质选择吸收液、填充剂或各种滤料

用溶液吸收法采样时，要选用对污染物溶解度大的，或者与污染物能迅速起化学反应

的溶液做吸收液。用填充柱或滤料采样时,要选择阻留率大的,并容易解吸下来的填充剂或滤料。在选择吸收液、填充柱中滤料时,还必须考虑采样后所应用的分析方法。

(三)确定合适的抽气速度

每一种采样方法和仪器都要求一定的抽气速度,不在规定的速度范围,采样效率将不理想。各种气体吸收管和填充柱的抽气速度一般不宜过大,而滤料采样则应在较高抽气速度下进行。

(四)确定适当的采气量和采样时间

每个采样方法都有一定采样量的限制。如果现场浓度高于采样方法和仪器的最大承受量,则采样效率就不理想。吸收液和填充剂都有饱和吸收量,达到饱和后,吸收效率立即降低。滤膜(纸)上的沉积物太多,阻力显著增大,无法维持原有的采样速度,此时,应适当地减小采气量或缩短采样时间;反之,如果现场浓度太低,要达到分析方法灵敏的要求,则要适当增加采气量或延长采样时间。采样时间过长也会伴随着其他不利因素发生而影响采样效率。例如长时间采样,吸收液中水分蒸发,造成吸收液成分和体积变化。长时间采样,空气中水分和二氧化碳的量也会被大量采集,影响填充剂的性能。长时间采样,其他干扰成分也会大量地被浓缩,影响以后的分析结果。此外,长时间采样,滤膜(纸)的机械性能减弱,有时还会破裂等。因此,应在保证足够的采样效率的前提下,适当地增加采气量或延长采样时间。如果现场浓度不清楚,则采气量或采样时间应根据标准规定的浓度和分析方法的测定下限来确定。最小的采气量是保证能够测出最高容许浓度范围所需的采样体积,这个最小采气量用式(5-3)初步估算。

$$V = \frac{2a}{A} \tag{5-3}$$

式中　V——最小采气体积,L;

a——分析方法的测定下限,μg;

A——标准限值浓度,mg/m^3。

(五)气象参数对采样的影响

空气中污染物的浓度及存在形态等不仅与污染源的排放、采样点位置和采样技术有关,空气气象参数的影响也是非常重要的。大量扩散实验等研究结果表明,在不同的气象条件下,同一污染源的排放对地面污染物浓度的分布等的影响,可使污染物的浓度相差几倍甚至几百倍,这主要是由于气象条件对空气污染物的扩散、稀释等的影响所致。影响空气中污染物浓度分布和存在形态的气象参数主要有风速、风向、湿度、温度、压力、降水及太阳辐射等。因此,监测空气中的污染物,必须同时测定气象参数。目前,空气地面自动监测系统主要测定风速、风向、湿度、环境温度和大气压力等五项气象参数。另外,由于气体体积的易变性,在描述空气中污染物的浓度时,必须用环境温度和大气压力等进行校正。

习题与练习题

一、填空题

1. 气态污染物的直接采样法包括________采样、________采样和

____________采样。

2. 气态污染物的有动力采样法包括____________、__________和__________。

3. 空气中颗粒物质的采样方法主要有______________和______________。

4. 影响空气中污染物浓度分布和存在形态的气象参数主要有__________________________。

二、问答题

1. 空气监测布点的方法有哪些？在布点中应注意哪些事项？
2. 简述空气污染监测的布点原则。
3. 空气监测布点频率与时间如何确定？试举例说明。
4. 空气监测常用的采样方法有哪些？
5. 试说明直接采样与间接采样的适应条件。
6. 流量计的类型有哪些？常用的是什么流量计？
7. 为提高采样效率，应采取什么措施？

第六章　颗粒态污染物的测定

第一节　颗粒物概述

颗粒态污染物即指气溶胶状态污染物，是指分散在空气中的粒径在 0.002 ~ 100 μm 之间的液体、固体粒子或它们在气体介质中的悬浮体，是一个复杂的非均匀体系，通常所说的雾、烟和尘都是气溶胶。雾是液态分散型气溶胶和液态凝聚型气溶胶的统称，雾的粒径小于 10 μm；烟是固态凝集型气溶胶，它是燃煤时产生的煤烟和高温冶炼时产生的烟气，烟的粒径一般为 0.01 ~ 1 μm；尘是固体分散性微粒，受重力作用能发生沉降，但在一段时间内能保持悬浮状态，包括交通车辆行驶时所引起的扬尘、固体物料在粉碎混合和包装时所产生的粉尘。

颗粒态污染物是空气中最重要的污染物之一，在我国大多数地区，空气中首要污染物就是颗粒物。《2018 中国生态环境状况公报》显示：338 个城市发生重度污染 1 899 天次，严重污染 822 天次，其中以 $PM_{2.5}$ 为首要污染物的天数占重度及以上污染天数的 60%，以 PM_{10} 为首要污染物的占 37.2%。空气中悬浮颗粒物不仅是严重危害人体健康的主要污染物，而且也是气态、液态污染物的载体，其成分复杂，并具特殊的理化特性及生物活性，是空气环境监测的重要组成部分，也是目前空气环境评价中通用的重要污染指标。

一、颗粒态污染物来源

颗粒态污染物来源有人为源和自然源之分。人为源主要是燃煤、燃油、工业生产过程等人为活动排放出来的。自然源主要有土壤、扬尘、沙尘经风力的作用输送到空气中而形成的。

（一）颗粒态污染物的自然源

自然源可起因于地面扬尘（大风或其他自然作用扬起灰尘）；还有火山爆发、地震和森林火灾灰；海浪溅出的浪沫、海盐粒等；宇宙来源的陨落星尘及生物界颗粒物如花粉、孢子等。

（二）颗粒态污染物的人为源

颗粒态污染物的人为源主要是生产、建筑和运输过程及燃料燃烧过程中产生的。例如，各种工业生产过程中排放的固体微粒，通常称为粉尘；燃料燃烧过程中产生的固体颗粒物，通常称为固体颗粒物，如煤烟、飞灰等；汽车尾气排出的卤化铅凝聚而形成的颗粒物及人为排放 SO_2 在一定条件下转化为硫酸盐粒子等的二次颗粒物。

工业粉尘是指能在空气中浮游的固体微粒。在冶金、机械、建材、轻工、电力等许多工业部门的生产中均产生大量粉尘。粉尘的来源主要有以下几个方面：①固体物料的机械粉碎和研磨，如选矿、耐火材料车间的矿石破碎过程和各种研磨加工过程；②粉状物料的混合、筛分、包装及运输,如水泥、面粉等的生产和运输过程;③物质的燃烧,如煤燃烧时产生的烟尘;④物质被加热时产生的蒸气在空气中的氧化和凝结,如矿石烧结、金属冶炼等过程产生的锌蒸气,在空气中冷却时会凝结,氧化成氧化锌固体颗粒。

二、颗粒态污染物的分类

按颗粒态污染物进入环境空气的途径,可将其分为以下三类:

(1)自然性颗粒态污染物,即自然环境中由于自然界的力量而进入空气环境的颗粒污染物质,如风力扬尘、火山飞灰等。

(2)生活性颗粒态污染物,即人类在日常生活活动过程中释放到空气环境中的颗粒态污染物质,如打扫卫生扬起的尘埃等。

(3)生产性颗粒态污染物,即人类在生产过程中释放到空气中的颗粒态污染物,通常称之为粉尘。粉尘按成分可分三类:①无机粉尘;②有机粉尘;③混合型粉尘。

在环境空气监测中,一般将气溶胶状态污染物按其粒径分为以下几种:

(1)总悬浮颗粒物(TSP):指空气动力学当量粒径小于或等于 100 μm 的颗粒物。

(2)颗粒物(PM_{10}):也称可吸入颗粒物,指空气动力学当量粒径小于或等于 10 μm 的颗粒物。这类颗粒物能长期漂浮在空气中,在环境空气中持续的时间很长,因此也可称其为飘尘。可吸入颗粒物对人体健康和大气能见度的影响都很大,被人吸入后,会积累在呼吸系统中,引发许多疾病。可吸入颗粒物通常来自在未铺沥青或水泥的路面上行驶的机动车、材料的破碎碾磨处理过程及被风扬起的尘土等。

(3)细颗粒物($PM_{2.5}$):又称细粒、细颗粒、可入肺颗粒物,指空气动力学当量粒径小于或等于 2.5 μm 的颗粒物,这类颗粒物由于粒径小,能通过呼吸深入到人体的细支气管和肺泡中,对人体健康造成更严重的危害,特别是细颗粒物粒径小,面积大,活性强,易附带有毒、有害物质(如重金属、微生物等),且在空气中的停留时间更长、输送距离更远,因此对人体健康和空气环境质量的影响更大。研究表明,细颗粒物的化学成分主要包括有机碳(OC)、元素碳(EC)、硝酸盐、硫酸盐、铵盐、钠盐(Na^+)等。

(4)降尘:指粒径粗大的粒子,一般是直径大于 10 μm 的尘粒。由于其质量大,受地心引力较强,因而不能稳定地存在于空气中,而是较快地沉降到地面上,所以称为降尘,即自然沉降物(静止空气中 10 μm 以下的尘粒也能沉降)。

三、颗粒态污染物的形成机制

颗粒态污染物的产生主要源于燃烧过程中燃料不完全形成的炭黑、烟尘和飞灰等。

(一)碳粒子的生成

燃烧过程中生成一些主要成分为碳的粒子,通常由气相反应生成积炭,由液态烃燃料高温分解产生的那些粒子都是结焦或煤胞。实践证明,如果让碳氢化合物与足量的氧化合,能够防止积炭生成。

(二)燃煤烟尘的形成

固体燃料燃烧产生的颗粒物通常称为烟尘,它包括黑烟和飞灰两部分。

煤粉燃烧时,如果燃烧条件非常理想,煤可以完全燃烧,即其中的碳全部氧化成气体,余下为灰分。

（三）燃煤尾气中飞灰的产生

燃煤尾气中飞灰的浓度和粒度与煤质、燃烧方式、烟气流速、炉排和炉膛的热负荷、锅炉运行负荷及锅炉结构等多种因素有关。

四、颗粒态污染物的主要危害

成人平均每天呼吸空气约 15 m^3，空气中颗粒态污染物对人体健康的影响是非常明显的，被称为人类的第一大杀手，尤其是细颗粒物上聚集了大量有害重金属、酸性氧化物、有害有机物、细菌、病毒等，通过呼吸作用而进入人体的细支气管甚至肺泡，对人体健康造成严重危害。例如，伦敦烟雾事件、四日市哮喘病等，在流行病的传播方面，颗粒物结合 SO_2，与儿童呼吸机能损害有密切关系，长期生活在含有多环芳烃等有机颗粒污染的环境中容易患皮肤癌、非过敏性皮炎、皮肤色素沉着、毛囊炎等。颗粒物中硫酸盐过高时会加重呼吸道疾病。此外，含重金属 Pb、Cd、Ni 等尘粒沉积到肺部，亦引起肺部疾病。降尘和颗粒物还可降低空气透明度，减弱太阳辐射和照度而影响微气候。

颗粒物对人体健康的影响，取决于颗粒物的浓度和在其中暴露的时间，如表 6-1 所示。空气中颗粒物污染研究数据表明，因上呼吸道感染、心脏病、支气管炎、气喘、肺炎、肺气肿等疾病而到医院就医人数的增加与空气中颗粒物浓度的增加是相关的。患呼吸道疾病和心脏病老人的死亡率也表明，在颗粒物浓度一连几天异常高的时期内就有所增加。暴露在合并有其他污染物的颗粒物中所造成的健康危害，要比分别暴露在单一污染物中严重得多。

表 6-1　环境空气中颗粒物浓度及其影响

颗粒物浓度（mg/m^3）	测量时间及合并污染物	影响
0.06～0.18	年度几何平均，SO_2 和水分	加快钢和锌板的腐蚀
0.08	年平均相对湿度 70%	环境空气质量一级标准
0.15		能见度缩短到 8 km
0.01～0.15		直射日光减少 1/3
0.08～0.10	硫酸盐水平 30 $mg/(m^2 \cdot 月)$	50 岁以上的人死亡率增加
0.10～0.13	$SO_2 > 0.12\ mg/m^3$	儿童呼吸道发病率增加
0.20	24 h 平均值，$SO_2 > 0.25\ mg/m^3$	工人因病未上班人数增加
0.30	24 h 平均值，$SO_2 > 0.63\ mg/m^3$	慢性支气管炎病人可能出现急性恶化的症状
0.75	24 h 平均值，$SO_2 > 0.715\ mg/m^3$	病人数量明显增多，可能发生大量死亡

颗粒物的粒径大小不同，对人体健康可造成不同的危害。粒径越小，越不易沉积，长时间飘浮在环境空气中很容易被吸入人体，且容易深入肺部。一般粒径在 100 μm 以上

的尘粒会很快在空气中沉降;10 μm 以上的尘粒可以滞留在呼吸道中;5 ~ 10 μm 的尘粒大部分会在呼吸道沉积,被分泌的黏液吸附。尘粒越小,粉尘比表面积越大,物理、化学活性越高,加剧了生理效应的发生与发展。此外,尘粒的表面可以吸附空气中的各种有害气体及其他污染物,而成为它们的载体,如可以承载强致癌物质苯并芘及细菌等。

表6-2 给出了可吸入颗粒物对人体呼吸健康的影响。由表6-2 可见,PM_{10}浓度每增加 10 μg/m^3,死亡率、去医院看病、哮喘病加重及呼吸病症发病率均有增加的趋势,而肺功能则有所降低。

表6-2 空气中 PM_{10}浓度每增加 10 μg/m^{3}对人体健康的影响

健康影响	死亡率	去医院看病	哮喘病加重	呼吸病症发病率	肺功能
增加百分数(%)	1.0 ~ 3.4	0.9 ~ 1.4	1.9 ~ 12.2	0.7 ~ 3.0	-0.08 ~ -0.15

注:来自美国的研究报告。

综上所述,环境空气中颗粒物的危害可概括为以下五个方面:

(1)随呼吸进入肺,可沉积于肺,引起呼吸系统疾病。颗粒物上容易附着多种有害物质,有些有致癌性,有些会诱发花粉过敏症。

(2)沉积在绿色植物叶面,干扰植物吸收阳光、二氧化碳,放出氧气和水分的过程,从而影响植物的健康和生长。

(3)厚重的颗粒物浓度会影响动物的呼吸系统。

(4)杀伤微生物,引起食物链的改变,进而影响整个生态系统。

(5)遮挡阳光而可能改变气候,这也会影响生态系统。

第二节 颗粒物的测定

空气中颗粒物的测定项目主要有:总悬浮颗粒物(TSP)的测定、可吸入颗粒物 PM_{10}或细颗粒物 $PM_{2.5}$浓度及粒度分布的测定、自然沉降量的测定、细颗粒物中化学组分的测定等。

环境空气中颗粒物含量的常用测定方法为重量法。采集空气中不同粒径的颗粒物,主要依靠采样器的切割头,如 TSP 采样器是将粒径大于 100 μm 的颗粒物切割除去;PM_{10}采样器的切割点是 10 μm,但这不是说粒径小于 10 μm 的颗粒物能全部采集下来,它能保证 10 μm 以内的颗粒物的捕集效率在 50% 以上即可。下面依据国家标准规定的测定方法,分别介绍环境空气中不同粒径大小颗粒物及颗粒物中金属元素的测定方法。

实训一 TSP 的测定

国家标准规定的 TSP 的测定方法是《环境空气 总悬浮颗粒物的测定 重量法》(GB/T 15432—1995),2018 年 8 月 14 日生态环境部发布了该标准的修订单。方法适用于大流量(1.1 ~1.7 m^3/min)或中流量(0.05 ~0.15 m^3/min)颗粒物采样器进行空气中总悬浮颗粒物的测定,检测限为0.001 mg/m^3。若 TSP 含量过高或雾天采样使滤膜阻力大于 10 kPa,则该方法不适用。

(一)测定原理

通过具有一定切割特性的采样器,以恒速抽取一定体积的空气,空气中粒径小于100 μm的悬浮颗粒物,被阻留在已恒重滤膜上,根据采样前后滤膜重量之差及采气体积,即可计算总悬浮颗粒物的质量浓度。

(二)所需用具与仪器

(1)中流量采样器(见图6-1):流量50~150 L/min,滤膜直径90 mm。

图6-1　中流量采样器

(2)流量校准装置:孔口校准器、U形压差计。

(3)X光看片机、打号机、镊子、气压计。

(4)滤膜:超细玻璃纤维或聚氯乙烯滤膜。

(5)滤膜贮存袋及贮存盒。

(6)分析天平:感量0.1 mg。

(7)恒温恒湿箱(室)。

(三)采样及分析过程

本次实训分为采样前的准备、布点、采样,将样品带回实训室进行称重计算,以及对监测结果的分析应用。

1.采样前的准备

采样前要准备好清扫切割器内的颗粒物;校准空气采样器流量;准备好其他仪器,如气压计、温度计、记录表格、分析天平等。

1)采样器的流量校准

由于采样器流量计上表观流量与实际流量随温度、压力的不同而变化,所以采样器流量计必须校正后使用,按标准规定用孔口流量计校准采样器的流量(见附录一)。

2)滤膜准备

首先用X光看片机检查滤膜是否有针孔或其他缺陷,检查及编号后放入恒温恒湿箱(天平室内的干燥器中)内于15~30 ℃平衡24 h,对于很潮湿的滤膜应延长平衡时间到48 h,并在此平衡条件下取若干张滤膜,依次称重,每张滤膜称10次以上,称量要快,从干燥器取出至称量完毕控制在30 s内。读数精确至0.1 mg。平均值为该滤膜的原始质量,此为"标准滤膜"。每次称清洁或样品滤膜的同时,称量两张"标准滤膜",若称出的质量

在原始质量 ±5 mg 内，则认为该批滤膜样品合格，否则不合格，要重新称量直至符合要求。恒重的滤膜为空白滤膜，将其平放入已编号的滤膜袋或盒内做采样备用，其中 5 张空白滤膜为"标准滤膜"，不作采样用。

3）其他准备

清扫切割器内的颗粒物；准备好其他仪器，如气压计、温度计、记录表格、分析天平等。天平放置在平衡室内，平衡室温度为 20～25 ℃，温度变化小于 ±3 ℃，相对湿度小于 50%，湿度变化小于 5%。

2. 采样

（1）将已恒重的滤膜用小镊子取出，毛面向上，平放在采样夹的网托上，拧紧采样夹，使之不漏气，安装采样夹顶盖并设置采样时间和流量，启动采样器采样。

采样器工作在规定的采气流量下，该流量称为采样器的工作点。在正式采样前，需调整采样器，使其工作在正确的工作点上。

中流量采样器的工作点流量 Q_M（L/min）为

$$Q_M = 60\,000 W \times A \tag{6-1}$$

式中　W——采样器采样口的抽气速度，取 0.3 m/s；

A——采样器采样口截面面积，m^2。

（2）采样 5 min 后和采样结束前 5 min，各记录一次 M 型压力计压差值，读数精确至 1 mm。若有流量记录器，则可直接记录流量。测定日平均浓度一般从 8:00 开始采样至第二天 8:00 结束。若污染严重，可用几张滤膜分段采样，合并计算日平均浓度。

（3）采样后，用镊子小心取下滤膜，使采样毛面朝内，以采样有效面积的长边为中线对叠好，放回表面光滑的纸袋并贮存于盒内。将有关参数及现场温度、大气压力等记录填写在表 6-3 中。

表 6-3　总悬浮颗粒物现场采样记录表

采样地点________________　　　　　　　　　__________ 年__________ 月________ 日

采样器编号	滤膜编号	采样时间		累计采样时间	采样期间环境温度（K）	采样期间大气压（kPa）	测试人
		开始	结束				

3. 样品测定

将采样后的滤膜在平衡室内平衡 24 h，迅速称重，结果及有关参数记录于表 6-4 中。

表 6-4　总悬浮颗粒物浓度测定记录表

采样地点________________　　　　　　　　　__________ 年__________ 月________ 日

滤膜编号	采样流量 Q_a（m^3/min）	累计采样体积 V（m^3）	累计采样时间 t（h）	滤膜质量（g）			总悬浮颗粒物浓度（mg/m^3）	测试人
				采样前	采样后	样品重		

（四）数据处理及结果表示

$$总悬浮物含量(\mu g/m^3) = \frac{K \times (W_1 - W_0)}{Q_a \times t} \tag{6-2}$$

式中　t——累计采样时间,min;

Q_a——采样器平均抽气流量,即式(6-1)Q_M的计算值;

W_0——采样前滤膜的质量,g;

W_1——采样后滤膜的质量,g;

K——常数,中流量采样器 $K = 1 \times 10^9$。

计算结果保留 3 位有效数字。小数点后数字可保留到第 2 位。

（五）注意事项

(1)测定时平衡条件要一致。

(2)滤膜称重时要按规定进行质量控制,每张滤膜均需检查,不得使用有针孔或任何缺陷的滤膜采样。

(3)称量不带衬纸的聚氯乙烯滤膜时,在取放滤膜时,用金属镊子触一下天平盘,以消除静电的影响。

(4)采样前后,滤膜称量应使用同一台天平。

(5)要定期清扫切割器内的颗粒物。

(6)经常检查采样头是否漏气。若滤膜上颗粒物与四周白边之间的界线逐渐模糊,则表明应更换面板密封垫。

(7)两台采样器安放在不大于 4 m、不小于 2 m 的距离内,同时采样测定总悬浮颗粒物含量,相对偏差应 $< 15\%$。

（六）思考题

(1)空气中总悬浮颗粒物的测定方法和原理是什么?

(2)滤膜在恒重时应注意哪些问题?如何评价该批样品滤膜称量是否合格?

实训二　PM_{10}和$PM_{2.5}$的测定

国家标准规定的PM_{10}和$PM_{2.5}$的测定方法是《环境空气 PM_{10}和$PM_{2.5}$的测定 重量法》(HJ 618—2011),2018 年 8 月 14 日生态环境部发布了该标准的修订单。方法适用于环境空气中PM_{10}和$PM_{2.5}$的手工测定,检测限 0.010 mg/m^3(以感量 0.1 mg 分析天平,样品负载量为 1.0 mg,采集 108 m^{3}空气样品计)。

（一）测定原理

用重量法测定,通过具有PM_{10}或$PM_{2.5}$切割特性的采样器,以恒速抽取定量体积空气,使空气中粒径小于 10 μm 或小于 2.5 μm 的颗粒物被截留在已知质量的滤膜上,根据采样前后滤膜的重量差及采样体积,计算出PM_{10}或$PM_{2.5}$的浓度(mg/m^3)。

（二）所需用具与仪器

(1)采样器:大流量采样器工作点流量为 1.05 m^3/min,中流量采样器工作点流量为 100 L/min,小流量采样器工作点流量为 16.67 L/min。

（2）PM_{10}切割器：切割粒径 $D_{a50}=(10\pm0.5)\ \mu m$，捕集效率的几何标准差 $\sigma_g=(1.5\pm0.1)\ \mu m$；$PM_{2.5}$切割器（见图 6-2）：切割粒径 $D_{a50}=(2.5\pm0.2)\ \mu m$，捕集效率的几何标准差为 $\sigma_g=(1.2\pm0.1)\ \mu m$。

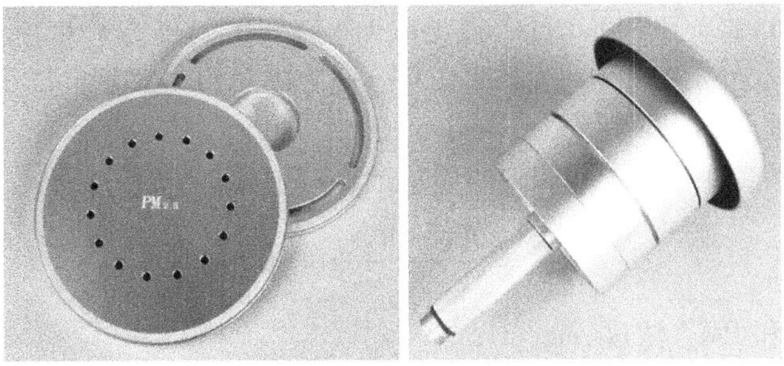

图 6-2　$PM_{2.5}$切割器

（3）孔口流量计：

大流量：量程 0.8 ~ 1.4 m^3/min，误差≤2%。附有与孔口流量计配套的 M 形管压差计或智能流量校准器，最小分度值 10 Pa。

中流量：量程 75 ~ 125 L/min，误差≤2%。附有与孔口流量计配套的 M 形管压差计或智能流量校准器，最小分度值 10 Pa。

（4）滤膜：超细玻璃纤维滤膜、石英滤膜或聚氯乙烯、聚丙烯、混合纤维素等有机滤膜。对 0.3 μm 标准粒子的截留效率不低于 99%。

（5）分析天平：感量 0.1 mg 或 0.01 mg。

（6）恒温恒湿箱（室）：箱（室）内空气温度在 15 ~ 30 ℃内可调，控温精度 ±1 ℃。箱（室）内空气相对湿度应控制在 50% ±5%。恒温恒湿箱（室）可连续工作。

（7）干燥器：内盛变色硅胶。

（8）滤膜贮存袋及贮存盒。

（三）采样及分析过程

本次实训分为采样前的准备、布点、采样，将样品带回实训室进行称重计算，以及对监测结果的分析应用。

1. 采样前的准备

同本节实训一 TSP 的测定。

2. 采样

选用 PM_{10}或 $PM_{2.5}$切割头，其他过程同本节实训一 TSP 的测定。

采样时，将滤膜用镊子放入洁净采样夹内的滤网上，滤膜毛面应朝进气方向。将滤膜牢固压紧至不漏气。如果测定任何一次浓度，每次需更换滤膜；如测日平均浓度，样品可采集在一张滤膜上。采样结束后，用镊子取出。将有尘面两次对折，放入纸袋，并做好采样记录。

采样同时准确记录采样流量、采样起始时间和现场的温度及空气压。

3. 样品保存

滤膜采集后，若不能立即称重，应在 4 ℃条件下冷藏保存。

4. 测定

将采样滤膜在与空白滤膜相同的平衡条件下平衡 24 h，以保证采样前后称重滤膜的条件相同。用感量为 0.1 mg 或 0.01 mg 的分析天平称量滤膜，记录滤膜质量。将同一滤膜放回恒温恒湿箱（室）中相同条件下再平衡 1 h 后称重。对于 PM_{10} 或 $PM_{2.5}$ 颗粒物样品滤膜，两次重量之差分别小于 0.4 mg 或 0.04 mg 为满足恒重要求。

（四）数据处理及结果表示

样品（环境空气）中 PM_{10} 和 $PM_{2.5}$ 的质量浓度按下式计算：

$$\rho = \frac{W_2 - W_1}{V} \times 1\ 000 \qquad (6\text{-}3)$$

式中　ρ——PM_{10} 和 $PM_{2.5}$ 浓度，mg/m^3；

W_1——空白滤膜（采样前）的质量，g；

W_2——采样后滤膜的质量，g；

V——实际采样体积，m^3。

计算结果保留 3 位有效数字。小数点后数字可保留到第 2 位。

（五）注意事项

（1）采样过程中，采样流量值的变化应在设定流量的 ±10% 以内。

（2）当 PM_{10} 或 $PM_{2.5}$ 含量很低时，采样时间不能过短。对于感量为 0.1 mg 或 0.01 mg 的分析天平，滤膜上颗粒物负载量应分别大于 1 mg 和 0.1 mg，以减少称量误差。

（3）其他注意事项同本节实训一 TSP 的测定。

（六）思考题

（1）PM_{10} 或 $PM_{2.5}$ 的区别是什么？

（2）影响 PM_{10} 或 $PM_{2.5}$ 测定准确性的因素有哪些？应如何避免这些因素？

实训三　降尘量的测定

降尘是自然沉降物的简称，指空气中自然降落于地面上的颗粒物，粒径多在 100 μm 以上。降尘量指单位面积上单位时间内从空气中沉降的颗粒物的质量，其计量单位为每月每平方千米面积上沉降的颗粒物的吨数[$t/(km^2 \cdot 30\ d)$]。降尘是空气污染的参考性指标，通过其测定结果可观察空气污染的范围和污染程度。国家标准规定的测定空气中降尘量的方法是《环境空气 降尘的测定 重量法》（GB/T 15265—1994），方法的检测下限为 0.2 $t/(km^2 \cdot 30\ d)$。

（一）测定原理

降尘样品的采集是将集尘缸放置于监测区的适当地点和一定高度，采集 1 个月左右的降尘。空气中的降尘自然降落在装有乙二醇水溶液的集尘缸内，样品从集尘缸内转移至蒸发皿后，经蒸发、干燥、称重后，根据蒸发皿加样前后的重量差及集尘缸口的面积，计算出每月每平方千米降尘的吨数。

（二）所需用具

（1）集尘缸：内径（15 ±0.5）cm，高 30 cm 的圆筒形玻璃、塑料或搪瓷缸，缸底要平整。

（2）分析天平：感量 0.1 mg。

(3)瓷坩埚:50 mL 或 100 mL,或瓷蒸发皿:50 mL。

(4)电热板:2 000 W,具调温分挡开关。

(5)搪瓷盘。

(6)淀帚:在玻璃棒的一端,套上一段乳胶管,然后用止血夹夹紧,放在(105 ±5)℃的烘箱中,烘 3 h 后使乳胶管黏合在一起,剪掉不黏合的部分制得,用来扫除尘粒。

(三)试剂

(1)20%的乙醇或乙二醇($C_2H_6O_2$)。

(2)实验用水均为蒸馏水或同等纯度的水。

(四)采样及分析过程

本次实训分为采样点布设、样品收集、瓷坩埚准备,将样品带回实训室进行称重计算,对监测结果进行分析应用。

1. 采样点布设

选择集尘缸不易损坏且易于操作者更换集尘缸的地方,通常设在矮建筑物的屋顶,必要时可以设在电线杆上,集尘缸应距离电线杆 0.5 m 为宜。集尘缸的支架应该稳定并坚固,以防止被风吹倒或摇摆。同时在清洁区设置对照点。

2. 放缸前准备样品收集

1)放缸前准备

集尘缸在放到采样点之前,缸内加入 20%的乙二醇 60 ~ 80 mL,以占满缸底为准,加水量视当地的气候条件而定。譬如,冬季和夏季加 50 mL,其他季节可加 100 ~ 200 mL。加好后,罩上塑料袋,以防异物落入,携带至提前选好的采样点,把缸放在固定架上再把塑料袋取下,开始收集样品。记录放缸地点、缸号、时间(年、月、日、时)。

2)样品收集

按月[(30 ±2)d]定期更换集尘缸一次。取缸时应核对地点、缸号,并记录取缸时间(年、月、日、时),罩上塑料袋,带回实训室。取换缸的时间规定为月底 5 d 内完成。在夏季多雨季节,应注意缸内积水情况,为防水满溢出,及时更换新缸,采集的样品合并后测定。

3. 测定

1)瓷坩埚准备

将 50 mL 或 100 mL 的瓷坩埚洗净、编号,在(105 ±5)℃下,烘箱内烘 3 h,取出放入干燥器内,冷却 50 min,在分析天平上称量,再烘 50 min,冷却 50 min,再称量,直至恒重(两次质量之差小于 0.4 mg),即为瓷坩埚质量 W_0。

2)测定

首先用尺子测量集尘缸内径(按不同方向至少测定 3 处,取其算术平均值);然后用光洁的镊子将缸内的树叶、昆虫等异物取出,并用水将附着在上面的细小尘粒冲洗下来后扔掉,用淀帚把缸壁擦洗干净;再用少量水湿润缸壁,将缸内尘粒和溶液全部或分次转移到 500 mL 烧杯中,置通风柜内,在电热板上加热蒸发浓缩至 10 ~ 20 mL,冷却后用少量水润湿烧杯壁,然后用淀帚将附着于烧杯壁的尘粒刷下,将烧杯内尘粒和溶液分数次全部转移到已恒重的瓷坩埚中;将瓷坩埚放在搪瓷盘内,在电热板上小心蒸发至干(溶液少时注意不要崩溅），最后放入烘箱于(105 ± 5)℃烘干，按与瓷坩埚准备同样的方法称量至恒重，此值为 W_1。

将与采样操作等量的乙二醇水溶液，放入 500 mL 的烧杯中，按与上述样品测定相同的方法处理称量，减去瓷坩埚的质量 W_0，即为 W_c。

（五）数据处理及结果表示

根据记录的数据，降尘量按下式进行计算：

$$降尘量[t/(km^2 \cdot 30\ d)] = \frac{W_1 - W_0 - W_c}{S \times n} \times 30 \times 10^4 \qquad (6\text{-}4)$$

式中 W_1——降尘、瓷坩埚和乙二醇水溶液蒸发至干并在(105 ± 5)℃恒重后的质量，g；

W_0——在(105 ± 5)℃烘干的瓷坩埚质量，g；

W_c——与采样操作等量的乙二醇水溶液蒸发至干并在(105 ± 5)℃恒重后的质量，g；

S——集尘缸缸口面积，cm^2；

n——采样天数，精确至 0.1 d。

结果要求保留一位小数。

（六）注意事项

(1)空气降尘是指可沉降的颗粒物，故应除去树叶、枯枝、鸟粪、昆虫、花絮等干扰物。

(2)每一个样品所使用的烧杯、瓷坩埚等的编号必须一致，并与其相对应的集尘缸的缸号一并及时填入记录表中。

(3)应尽量选择缸底比较平的集尘缸，以减少乙二醇的用量。

(4)采样点附近不应有高大建筑物，并避开局部污染源。

(5)集尘缸放置高度应距离地面 5 ~ 12 m。在某一地区，各采样点集尘缸的放置高度尽力保持在大致相同的高度。如放置在屋顶平台上，采样口应距平台 1 ~ 1.5 m，以避免平台扬尘的影响。

(6)瓷坩埚在烘箱和干燥器中，应分散放置，不可重叠。室温较高时，应使瓷坩埚冷却至室温方可称量。

(7)降尘缸中溶液较多，分次转移时，每次加液最多为烧杯的 2/3 体积，否则会使尘粒损失。

(8)样品在瓷坩埚中浓缩时，不要用水洗涤瓷坩埚，否则将在乙二醇与水的界面上发生剧烈沸腾使溶液溢出。当浓缩至 20 mL 以内时应降低温度并不断摇动，使降尘黏附在瓷坩埚壁上，避免样品溅出。

(9)蒸发浓缩实验要在通风柜中进行，要保持柜内清洁。蒸发过程中，要调节电热板温度，使溶液始终处于微沸状态。

(10)在夏季采样，为了抑制藻类生长、繁殖，应在集尘缸中加入 0.05 mol/L 的 $CuSO_4$ 溶液 2 ~ 8 mL；在冬季，特别是寒冷的地方，应以 300 mL 20% 的甲醇或乙醇代替水，防止结冰或冰裂集尘器。

(11)干旱天气应防止水分蒸干，必要时补加适量的蒸馏水，多雨天气应防止集尘器内积水的溢出，以免造成损失。必要时更换集尘器，测定时将全部收集物合并处理。

（七）思考题

（1）集尘缸内为什么要加入乙二醇水溶液？

（2）若集尘缸放置在屋顶平台上，采样口为什么要距平台 1～1.5 m？

实训四　颗粒物中金属元素的测定

环境空气中重金属元素依附在尘埃等微小颗粒上，是近年来空气污染（特别是雾霾）的主要原因，严重威胁人的身体健康。相关调查数据表明，若长期处于重金属元素超标的空气环境中，颗粒物在人体呼吸系统中长期积累，会造成肺器官的功能衰竭等一系列呼吸系统疾病，尤其对于儿童、老人或自身免疫力系统功能较低的人来说，患病概率更高。而环境空气中重金属元素往往以多种化学形态存在，形态不同，重金属的环境活性、生物有效性及毒性差异也较大。一般根据其化学形态分为可溶态与可交换态，碳酸盐态、氧化态与还原态，有机质、氧化物与硫化物结合态，残渣态等。根据含量大小，空气颗粒物中所含的重金属元素可分为主要元素、次主要元素、微量元素三类。主要元素有 Al、Mg、Ca、Fe 等，次主要元素有 Ti、Cr、Mn、Ni、Cu、Zn、As、Sr、Sb、Ba、Pb 等，微量元素有 Be、Sc、Co、Ga、Se、Zn、Mo、Ag、Cd、Sn、Ti 等。其中，Cd、Pb、Cr、As 难以被微生物降解，能在人体内不断扩散、转移、分散、富集，故被称为“五毒”元素。

目前，国家标准规定的测定颗粒物中重金属元素的方法是《空气和废气 颗粒物中金属元素的测定 电感耦合等离子体发射光谱法》（HJ 777—2015），该方法适用于环境空气、无组织排放和固定污染源废气颗粒物中银（Ag）、铝（Al）、砷（As）、钡（Ba）、铍（Be）、铋（Bi）、钙（Ca）、镉（Cd）、钴（Co）、铬（Cr）、铜（Cu）、铁（Fe）、钾（K）、镁（Mg）、锰（Mn）、钠（Na）、镍（Ni）、铅（Pb）、锑（Sb）、锡（Sn）、锶（Sr）、钛（Ti）、钒（V）、锌（Zn）等 24 种金属元素的测定。当空气采样量为 150 m^3（标准状态），污染源废气采样量为 0.600 m^3（标准状态干烟气），样品预处理定容体积为 50 mL 时，该方法测定各金属元素的检出限和测定下限见附录二附表 2、附表 3。

（一）测定原理

将采集到合适滤材上的空气和废气颗粒物样品经微波消解或电热板消解后，用电感耦合等离子体发射光谱法（ICP－OES）测定各金属元素的含量。

消解后的试样进入等离子体发射光谱仪的雾化器中被雾化，由氩载气带入等离子体火炬中，目标元素在等离子体火炬中被汽化、电离、激发并辐射出特征谱线。在一定浓度范围内，其特征谱线强度与元素浓度成正比。

（二）所需用具与仪器

（1）颗粒物采样器（含切割器），其中污染源废气颗粒物采样器采样流量为 5～80 L/min。

（2）电感耦合等离子体发射光谱仪（主要检定项目及计量性能应符合国家计量检定规程）。

（3）微波消解仪：具有程式化功率设定功能。

（4）电热板：控温精度优于 ±5 ℃。

（5）微波消解容器：PFA Teflon 或同级材质。

(6)高压消解罐(内罐:聚四氟乙烯材质;外罐:不锈钢材质)。

(7)聚四氟乙烯烧杯:100 mL。

(8)聚乙烯或聚丙烯瓶:100 mL。

(9)陶瓷剪刀。

(三)试剂和材料

除非另有说明,分析时均使用符合国家标准的优级纯或高纯(如微电子级)化学试剂。实验用水为去离子水或纯度达到比电阻≥18 MΩ · cm 的水。

(1)硝酸:$\rho(HNO_3)=1.42$ g/mL。

(2)盐酸:$\rho(HCl)=1.19$ g/mL。

(3)过氧化氢:$\omega(H_2O_2)=30\%$。

(4)氢氟酸:$\rho(HF)=1.16$ g/mL。

(5)高氯酸:$\rho(HClO_4)=1.67$ g/mL。

(6)硝酸-盐酸混合消解液:于约 500 mL 水中加入 55.5 mL 硝酸(1)及 167.5 mL 盐酸(2),用水稀释并定容至 1 L。

(7)硝酸溶液:1+1。

于 400 mL 水中加入 500 mL 硝酸(1),用水稀释并定容至 1 L。

(8)硝酸溶液:1+9。

于 400 mL 水中加入 100 mL 硝酸(1),用水稀释并定容至 1 L。

(9)硝酸溶液:1+99(标准系列空白溶液)。

于 400 mL 水中加入 10.0 mL 硝酸(1),用水稀释并定容至 1 L。

(10)硝酸溶液:2+98(系统洗涤溶液)。

于 400 mL 水中加入 20.0 mL 硝酸(1),用水稀释并定容至 1 L。主要用于冲洗仪器系统中的残留物。

(11)盐酸溶液:1+1。

于 400 mL 水中加入 500 mL 盐酸(2),用水稀释并定容至 1 L。

(12)盐酸溶液:1+4。

于 400 mL 水中加入 200 mL 盐酸(2),用水稀释并定容至 1 L。

(13)标准溶液:市售有证标准溶液。多元素标准贮备溶液:$\rho=100$ mg/L。单元素标准贮备溶液:$\rho=1\ 000$ mg/L。

(14)石英滤膜,特氟龙滤膜或聚丙烯等有机滤膜。

对粒径大于 0.3 μm 颗粒物的阻留效率不低于 99%。

(15)石英滤筒,玻纤滤筒。

对粒径大于 0.3 μm 颗粒物的阻留效率不低于 99.9%。空白滤筒中目标金属元素含量应小于或等于排放标准限值的 1/10,不符合要求则不能使用。

(16)氩气:纯度不低于 99.9%。

(四)采样及分析过程

本次实训分为采样点布设、样品采集、试样制备、校准曲线绘制及样品测定等。

1. 样品采集

按要求设置环境空气采样点位，或无组织排放空气颗粒物样品的监测点位。

采集滤膜样品时，使用中流量采样器，至少采集 10 m^3（标准状态）。当金属浓度较低或采集 PM_{10}（$PM_{2.5}$）样品时，可适当增加采样体积，采样时应详细记录采样环境条件。

污染源废气样品采样，使用烟尘采样器采集滤筒样品至少 0.600 m^3（标准状态干烟气），当重金属浓度较低时可适当增加采样体积，如管道内烟气温度高于需采集的相关金属元素熔点，应采取降温措施，使进入滤筒前的烟气温度低于相关金属元素的熔点。

2. 样品保存

滤膜样品采集后将有尘面两次向内对折，放入样品盒或纸袋中保存；滤筒样品采集后将封口向内折叠，竖直放回原采样套筒中密闭保存。

样品在干燥、通风、避光、室温环境下保存。

3. 试样制备

1）微波消解

取适量滤膜或滤筒样品（如大流量采样器矩形滤膜可取 1/4，或截取直径为 47 mm 的圆片；小流量采样器圆滤膜取整张，滤筒取整个），用陶瓷剪刀剪成小块，置于微波消解容器中，加入 20.0 mL 硝酸 – 盐酸混合消解液（6），使滤膜（滤筒）碎片浸没其中，加盖，置于消解罐组件中并旋紧，放到微波转盘架上。设定消解温度为 200 ℃，消解持续时间为 15 min。

消解结束后，取出消解罐组件，冷却，以水淋洗微波消解容器内壁，加入约 10 mL 水，静置 0.5 h 进行浸提。将浸提液过滤到 100 mL 容量瓶中，用水定容至 100 mL 刻度，待测。当有机物含量过高时，可在消解时加入适量的过氧化氢（3）以分解有机物。

2）电热板消解

取适量滤膜或滤筒样品（同上），用陶瓷剪刀剪成小块置于聚四氟乙烯烧杯中，加入 20.9 mL 硝酸 – 盐酸混合消解液（6），使滤膜（滤筒）碎片浸没其中，盖上表面皿，在（100 ±5 ）℃加热回流 2 h，冷却。以水淋洗烧杯内壁，加入约 10 mL 水，静置 0.5 h 进行浸提。将浸提液过滤到 100 mL 容量瓶中，用水定容至 100 mL 刻度，待测。当有机物含量过高时，可在消解时加入适量的过氧化氢（3）消解，以分解有机物。

4. 实验室样品空白试样制备

取与样品相同批号、相同面积的空白滤膜或滤筒，按与试样制备相同的步骤制备实验室空白试样。

5. 仪器准备

1）仪器参数

采用仪器生产厂家推荐的仪器工作参数。表 6-5 给出了测量时的参考分析条件。

表 6-5　ICP – OES 测量参考分析条件

高频功率（kW）	等离子气流量（L/min）	辅助气流量（L/min）	载气流量（L/min）	进样量（mL/min）	观测距离（mm）
1.4	15.0	0.22	0.55	1.0	15

点燃等离子体后，按照厂家提供的工作参数进行设定，待仪器预热至各项指标稳定后开始进行测量。

2)波长选择

在实验室用仪器厂商推荐的最佳测量条件下，对每个被测元素选择2~3条谱线进行测定，分析比较每条谱线的强度、谱图及干扰情况，在此基础上选择各元素的最佳分析谱线。该方法推荐的各金属元素测量波长见附录二附表4。

6. 校准曲线绘制

基于颗粒物样品实际化学组成，表6-6给出了标准溶液浓度参考范围。在此范围内除标准系列空白溶液(9)，依次加入多元素标准贮备溶液(13)配制3~5个浓度水平的标准系列。各浓度点用硝酸溶液(9)定容至50.0 mL。可根据实际样品中待测元素浓度情况调整校准曲线浓度范围。

表6-6 校准曲线标准溶液参考浓度范围

元素	浓度范围(mg/L)
Co、Cr、Cu、Ni、Pb、As、Ag、Be、Bi、Cd、Sr	0~1.00
Ba、Mn、V、Ti、Zn、Sn、Sb	0~5.00
Al、Fe、Ca、Mg、Na、K	0~10.0

将标准溶液依次导入发射光谱仪进行测量，以浓度为横坐标、元素响应强度为纵坐标进行线性回归，建立校准曲线。

7. 样品测定

分析样品前，用系统洗涤溶液(10)冲洗系统直到空白强度值降至最低，待分析信号稳定后开始分析样品。样品测量过程中，若样品中待测元素浓度超出校准曲线范围，样品需稀释后重新测定。

(五)数据处理及结果表示

(1)颗粒物中金属元素的浓度按下列公式计算：

$$\rho = (c - c_0) \times V_s \times \frac{n}{V_{std}} \tag{6-5}$$

式中 ρ——颗粒物中金属元素的浓度，μg/m³；

c——试样中金属元素浓度，μg/mL；

c_0——空白试样中金属元素浓度，μg/mL；

V_s——试样或试样消解后定容体积，mL；

n——滤膜切割的份数，即采样滤膜面积与消解时截取的面积之比，滤筒$n=1$；

V_{std}——标准状态下(273 K,101.325 Pa)采样体积，m³，对于污染源废气样品，V_{std}为标准状态下干烟气的采样体积。

(2)结果表示。当测定结果大于或等于1.00 μg/m³时，小数点后有效数字保留三位有效数字；当测定结果小于1.00 μg/m³时，小数点后有效数字的保留与待测元素方法检出限保持一致。

(六)注意事项

(1)每批样品应至少分析2个空白试样,空白试样包括试剂空白和滤膜(滤筒)空白。

(2)试剂空白中目标元素测定值应小于测定下限,包括消解全过程的滤膜或滤筒空白试样中目标元素的测定值应小于或等于排放标准限值的1/10。如不能满足要求,可考虑适当增加采样量,使颗粒物中目标元素测定值明显高于滤膜或滤筒空白值。

(3)每批样品测定前均要求建立校准曲线,其相关系数应大于0.999。以其他来源的标准物质配制接近校准曲线中间浓度的标准溶液进行分析确认时,其相对误差应控制在10%以内。每测定10~20个样品,应测定一个校准曲线中间点浓度标准溶液,测定值与标称值相对误差应≤10%,否则,应重新建立标准曲线。

(4)测量值超过标准值的±10%时,应停止分析,查找原因。

(5)分析测定每批实际样品时可同时分析质量控制样品或不同来源标准溶液,其测定值与标准值的误差应在质控规定要求内。

(6)每批样品应至少分析1个校准曲线中间浓度的加标回收率样品,加标回收率应控制在85%~115%。

(7)各种型号仪器的测定条件不尽相同,应根据仪器说明书选择合适的测量条件。

(8)砷、铅、镍等金属元素有毒性,实验过程中应做好安全防护。

(9)实验中产生的废液应集中收集,妥善保管,委托有资质的单位进行处理。

(七)思考题

(1)应如何验证测定结果的准确度?

(2)如何确定是否存在基体干扰?方法干扰有哪些?应如何消除?

(3)试分析讨论还有哪些消解方法?

习题与练习题

一、填空题

1. 采集空气总悬浮颗粒物时,通常用________滤膜;而采集颗粒物中重金属污染物时,通常用______________滤膜。

2. 粒径______________的颗粒物是降尘;粒径____________的颗粒物是飘尘。

3. 我国标准集尘缸的高和内径尺寸(cm)分别为________、________。湿法采样时集尘缸内加__________和________,其作用分别是__________________。

4. 空气降尘量的单位是__________________。

二、问答题

1. 在空气监测中,如何对颗粒物进行分类?

2. 简述用重量法测定空气中总悬浮颗粒物(TSP)和颗粒物(PM_{10}及$PM_{2.5}$)的方法原理。

3. 颗粒态污染物的主要危害有哪些?

4. 试述雾霾的主要成分及雾霾的危害。

第七章 分子状态污染物的测定

第一节 分子状态污染物概述

分子状态污染物指在环境空气中以气态或蒸气态存在的污染物，来源广泛，种类极多，物理化学性质差异大，且运动速度快、扩散快，在空气中的分布较均匀，常能传播到很远的地方，并长期存在于空气中，对人体健康及环境危害很大。《2018 中国生态环境状况公报》显示：全国 338 个城市环境空气中气体状态主要污染物 O_3、SO_2、NO_2和 CO 浓度分别为 151 μg/m³、14 μg/m³、29 μg/m³ 和 1.5 mg/m³，超标天数比例分别为 8.4%、不足 0.1%、1.2%和 0.1%；京津冀及周边"2 + 26"城市地区，O_3和 NO_2为首要污染物的天数分别占总超标天数的 46.0%和 0.8%；长三角地区 41 个城市以 O_3和 NO_2为首要污染物的天数分别占总超标天数的49.3%和2.2%；汾渭平原11 个城市以 O_3、NO_2和 SO_2为首要污染物的天数分别占总超标天数的 36.4%、0.5%和 0.2%。因此，分子状态污染物仍然是环境空气质量的重要指标，是进行空气环境监测的重要组成部分。

一、分子状态污染物来源

分子状态污染物来源于自然过程和人类活动。前者如火山作用、森林火灾及生长中的植物；后者指人们的生产生活行为，如化工生产过程、燃料燃烧过程及汽车尾气排放等。表 7-1 所示为地球上常见分子状态污染物的来源。

表 7-1 地球上常见分子状态污染物的来源

污染物名称	自然排放	人类活动排放
SO_2	火山活动	煤和油的燃烧
H_2S	火山活动、沼泽中的生物作用	化学过程污水处理
CO	森林火灾、海洋、萜烯反应	机动车和其他燃烧过程排气
NO、NO_2	土壤中的细菌作用	燃烧过程
NH_3	生物腐烂	废物处理
N_2O	土壤中的生物作用	无
C_mH_n	生物作用	燃烧和化学过程
CO_2	生物腐烂、海洋释放	燃烧过程

由自然过程排放污染物所造成的污染多为暂时的和局部的，人类活动排放污染物是造成污染的主要根源。因此，空气环境监测所针对的主要是人为造成的污染物。

二、分子状态污染物分类

(一)按产生的方式及污染物的性质分类

根据产生的方式及污染物的性质,分子状态污染物可分无机分子状态污染物和有机分子状态污染物。

1. 无机分子状态污染物

无机分子状态污染物也称气态污染物,指在常温常压下以气体分子存在,当这些物质由污染源散发到空气中时,仍以气态分子存在,常见的有 CO、CO_2、SO_2、NO_2、NO、Cl_2、H_2S、HCl、HF、HCN、NH_3、O_3等。

无机分子状态污染物主要来源于煤、石油、天然气等化石燃料及生物质能源在燃烧过程中(焚化炉、工业锅炉、窑炉)、冶金、石油化工、建材生产(砖瓦、水泥)、生活取暖、烹调等人类活动,见表 7-2。

表 7-2　无机分子状态污染物的主要来源

类别	污染源	排放无机气态污染物
人为源	燃煤:电厂、锅炉、窑炉	SO_2、NO、NO_2、CO、CO_2
	燃油:机动车、电厂、石油工业	SO_2、NO、NO_2、CO、CO_2
	冶金、化工、化肥	SO_2、H_2S、HCl、NH_3、SO_3、HCN
天然源	火山爆发	SO_2
	森林、草原火灾	SO_2、NO、CO、CO_2
	动植物残体分解	H_2S、NH_3

2. 有机分子状态污染物

有机分子状态污染物也称蒸气态污染物,指在常温常压下是液体或固体的物质,由于其沸点和熔点很低,挥发性大,因而能以蒸气状态挥发到空气中,造成空气污染。

有机分子状态污染物主要来源于化工、轻工及燃料燃烧等过程,见表 7-3。

表 7-3　有机分子状态污染物的主要来源

分类	具体内容
天然源	森林、草原和海洋中植物等的排放源
人为源	石油、煤炭的燃烧源
	煤化工、石油化工、石油炼制、涂料制造与使用、胶黏剂生产与使用、包装印刷、表面涂装等过程的排放源
	建筑装饰、餐饮油烟等居民日常生活源

进入空气中的有机污染物种类比无机物要多得多。大体上可分为挥发性有机物(VOCs)和半挥发性有机物(SVOCs)。

1)挥发性有机物(VOCs)

根据世界卫生组织(WHO)的定义,VOCs 是在常温下,沸点 50 ~ 260 ℃的各种有机化合物。在我国，VOCs 指常温下饱和蒸气压大于 70 Pa、常压下沸点在 260 ℃以下的有机化合物，或在 20 ℃条件下，蒸气压大于或等于 10 Pa 且具有挥发性的全部有机化合物。

VOCs 主要包括非甲烷碳氢化合物（简称 NMHCs）、含氧有机化合物、卤代烃、含氮有机化合物、含硫有机化合物等几大类。大多数 VOCs 具有令人不适的特殊气味，并具有毒性、刺激性、致畸性和致癌作用，特别是苯、甲苯及甲醛等对人体健康会造成很大的伤害。VOCs 是导致城市灰霾和光化学烟雾的重要前体物，能参与空气环境中臭氧和二次气溶胶的形成，其对区域性空气臭氧污染、$PM_{2.5}$污染具有重要的影响。

2）半挥发性有机物（SVOCs）

SVOCs 是指沸点一般在 240～400 ℃（由于分类依据模糊，经常与挥发性有机物有交叉）、蒸气压在（10^{-7}～0.1）×133.322 Pa 的有机物，部分 SVOCs 容易吸附在颗粒物上。

SVOCs 主要包括二噁英类、多环芳烃、有机农药类、氯代苯类、多氯联苯类、吡啶类、喹啉类、硝基苯类、邻苯二甲酸酯类、亚硝基胺类、苯胺类、苯酚类、多氯萘类和多溴联苯类等化合物。这些有机化合物在环境空气中主要以气态或者气溶胶两种形态存在。

表 7-4 所示是主要有机分子状态污染物的类型。

表 7-4　主要有机分子状态污染物的类型

类型	常见污染物
烷烃类	甲烷、乙烷、丙烷、正丁烷、异丁烷、正戊烷、3－甲基戊烷、正己烷、甲基环己烷、正庚烷、上辛烷、正壬烷、正癸烷、2－甲基癸烷等
烯烃类	乙烯、丙烯、丁烯、戊二烯、异戊烯、苯乙烯等
苯系物	苯、甲苯、二甲苯、三甲苯、乙苯、4－乙基甲苯等
卤代烃类	氟里昂（氟氯烃类）、哈龙（氟溴烃类）、三氯甲烷、四氯化碳、三氯乙烷、1,2－三氯乙烷、三氯乙烯、四氯乙烯、氯苯、一氯甲烷、二氯甲烷、一氯二溴甲烷、三溴甲烷、三氯氟甲烷、六氯－1,3－丁二烯等
醛类	甲醛、乙醛、丙烯醛、丙醛、丁醛、丁烯醛、戊醛、异戊醇、正己醛、苯甲醛、甲基苯甲醛、2, 5－二甲基苯甲醛等
酮类	丙酮、甲基乙基酮、甲草异丁基酮、甲基丁酮、苯乙酮等
醇、酸、酯类	甲醇、乙醇、异丙醇、甲酸、乙酸、丙烯酸、乙酸乙酯、乙烯基乙酸酯、过氧乙酰硝酸酯等
有机胺类	一甲胺、二甲胺、三甲胺、三乙胺、乙二胺、二甲基乙酰胺、苯胺
有机硫化合物	甲硫醇、甲硫醚、二甲二硫、二硫化碳

（二）按对我国空气环境的危害大小分类

按其对我国空气环境的危害大小，分子状态污染物一般可以分为以下五种类型：

（1）含硫化合物：主要指 SO_2、SO_3和 H_2S 等，其中以 SO_2的数量最大，危害也最大，是影响空气质量的最主要的气态污染物。

（2）含氮化合物：含氮化合物种类很多，有 N_2O、NO、NO_2、N_2O_3、N_2O_4、N_2O_5、NH_3 等，

其中最主要的是 NO、NO_2、NH_3等。

(3)碳的氧化物：主要是指 CO 和 CO_2，是空气污染物中发生量最大的一类污染物。

(4)碳氢化合物：也称有机化合物(VOCs，见前述)，通常以非甲烷总烃的形式来表示它在空气中的浓度，特别是多环芳烃(PAH)类中的苯并[a]芘(B[a]P)，是强致癌物，因而作为环境空气受 PAH 污染的主要依据。

(5)卤素化合物：主要是指含氯化合物及含氟化合物，如 HCl、HF、SiF_4等。

另外，还可根据污染物的形成过程可分为一次污染物和二次污染物，详见第一章。

表 7-5 是主要分子状态污染物和由其所生成的二次污染物种类。

表 7-5　主要分子状态污染物和由其所生成的二次污染物种类

污染物	一次污染物	二次污染物
含硫化合物	SO_2、H_2S	SO_3、H_2SO_4、MSO_4
含氮化合物	NO、NH_3	NO_2、HNO_3、MNO_3
碳的氧化物	CO、CO_2	无
碳氢化合物	C_mH_n	醛、酮、过氧乙酰硝酸酯(PAN)
卤素化合物	HCl、HF	无

注：M 代表金属离子。

三、分子状态污染物危害

分子状态污染物对人体健康、植物、器物和材料及空气能见度和气候皆有重要影响。对人体健康的危害主要表现为呼吸道疾病；对植物可使其生理机制受抑制，生长不良，抗病抗虫能力减弱，甚至死亡；腐蚀物品，影响产品质量；甚至造成酸雨沉降，使河湖、土壤酸化、鱼类减少甚至灭绝，森林发育受影响。

(一)对人体健康的影响

分子状态污染物对人体健康的影响主要表现为引起呼吸道疾病。在突然的高浓度污染物作用下，可造成急性中毒，甚至在短时间内死亡。长期接触低浓度污染物，会引起支气管炎、支气管哮喘、肺气肿和肺癌等病症。

1. 硫氧化物

SO_2是无色易溶于水，具有刺激性气味的气体。当其通过鼻腔、气管、支气管时多被管腔内膜水分吸收阻留，形成亚硫酸、硫酸和硫酸盐，使刺激作用增强。空气中 SO_2的浓度达到 0.3 ~ 1.0 ppm 时，人就会闻到刺激性的气味。一般认为，空气中 SO_2浓度在 0.5 ppm 以上时，对人体健康存在有某种潜在性影响，浓度在 1 ~ 3 ppm 时多数人开始受到刺激，当达到 10 ppm 时刺激加剧，个别人还会出现严重的支气管痉挛。

二氧化硫和气溶胶颗粒一起进入人体，气溶胶微粒能把二氧化硫带到肺的深部，使毒性增加 3 ~ 4 倍。此外，当颗粒物中含有三氧化二铁等金属成分时，可以催化二氧化硫氧化成酸雾，吸附在微粒表面，被带入呼吸道深部。硫酸雾的刺激作用比二氧化硫约强 10 倍。

2. 氮氧化物

NO 是无色无味微溶于水的气体，分子量 30.01，能迅速被空气中的臭氧氧化为 NO_2。NO 对生物的影响暂不清楚，经动物实验认为，其毒性仅为 NO_2 的 1/5。

NO_2 是棕红色具有刺激性气味的气体，分子量 46.01，易溶于水，能引起支气管炎等呼吸道疾病，当其在环境空气中的浓度与 NO 相同时，伤害性更大。实验表明，NO_2 会迅速破坏肺细胞，可能是哮喘病、肺气肿和肺癌的一种病因。环境空气中 NO_2 浓度低于 0.01 ppm 时，2 ~ 3 岁儿童支气管炎的发病率有所增加；NO_2 浓度为 1 ~ 3 ppm 时，眼鼻有急性刺激感；而当在浓度为 17 ppm 的环境下，呼吸 10 min 时，会使得肺活量减少，肺部气流阻力增大。NO_x 与碳氢化合物共存于环境空气中时，在阳光照射下发生光化学反应，生成强刺激性的有害气体光化学烟雾，它的危害更加严重。

3. 一氧化碳

一氧化碳（CO）是无色、无臭、无刺激性的气体，能夺去人体组织所需的氧。由于不易被人所觉察，所以它的危害性比具有刺激性的气体更大。随空气进入人体的一氧化碳，经肺泡进入血液循环后，能与血液中的血红蛋白、肌肉中的肌红蛋白和含二价铁的细胞呼吸酶等形成可逆性结合。一氧化碳与血红蛋白的亲和力比氧与血红蛋白的亲和力大 200 ~ 300 倍，因此一氧化碳侵入机体，便会很快与血红蛋白结合成碳氧血红蛋白（COHb），从而阻碍氧与血红蛋白结合成氧合血红蛋白（O_2Hb），导致人体缺氧中毒甚至死亡。幸好，COHb 在血液中的形成是一可逆过程，暴露一旦中断，与血红蛋白结合的 CO 就会自动释放出来，健康人经过 3 ~ 4 h，血液中的 CO 就会清除掉一半。

一氧化碳中毒的轻重，呈现出明显的剂量—反应关系。吸入的一氧化碳浓度越高，碳氧血红蛋白的饱和度（碳氧血红蛋白占总血红蛋白的百分比）也越高，达到饱和时间就越短。有实验表明：吸入浓度为 0.01% 的一氧化碳，过 8 h 后，碳氧血红蛋白的饱和度约为 10%，无明显中毒症状；但当吸入浓度为 0.5% 的一氧化碳，只要 20 ~ 30 min，碳氧血红蛋白饱和度就可达到 70% 左右，便会引起中毒，导致机体组织因缺氧而坏死，严重者则可能危及生命。一氧化碳对人体的影响与其浓度成正比，空气中不同浓度的一氧化碳对人体的影响情况见表 7-6。

表 7-6　不同浓度的一氧化碳对人体的影响情况

CO 浓度（μmol/mol）	对人体的影响
50	允许的暴露浓度，可暴露 8 h（OSHA 标准）
200	2 ~ 3 h 内可能会导致轻微的前额头痛
400	1 ~ 2 h 后前额头痛并呕吐，2.2 ~ 3.5 h 后眩晕
800	45 min 内头痛、头晕、呕吐。2 h 内昏迷，可能死亡
1 600	20 min 内头痛、头晕、呕吐。1 h 内昏迷并死亡
3 200	5 ~ 10 min 内头痛、30 min 无知觉，有死亡危险
6 400	1 ~ 2 min 内头痛、头晕，10 ~ 15 min 无知觉，有死亡危险
12 800	马上无知觉，1 ~ 3 min 内有死亡危险

COHb 的直接作用是降低血液的载氧能力,次要作用是阻碍其余血红蛋白释放所载的氧,进一步降低血液的输氧能力。在 CO 浓度 10 ~ 15 ppm 下暴露 8 h 或更长时间的有些人,对时间间隔的辨别力就会受到损害。这种浓度范围是白天商业区街道上的普遍现象,这种暴露情况能在血液中产生大约 2.5% COHb 浓度。在 30 ppm 浓度下暴露 8 h 或更长时间,会造成损害,出现呆滞现象,血液中能产生 5% COHb 的平衡值。CO 浓度达到 100 ppm 时,大多数人感觉晕眩头痛和倦息。因此,一般认为,CO 浓度 100 ppm 是一定年龄范围内健康人暴露 8 h 的工业安全上限。

4. 光化学烟雾

光化学烟雾对人体最突出的危害是刺激眼睛和上呼吸道黏膜,引起眼睛红肿和喉炎,这可能与产生的醛类等二次污染物的刺激有关。光化学烟雾对人的另一些危害则与臭氧浓度有关。大气中臭氧的浓度达到 200 $\mu g/m^3$时,会引起哮喘发作,导致上呼吸道疾患恶化,同时刺激眼睛,使视觉敏感度和视力降低;浓度为 400 ~ 1 600 $\mu g/m^3$时,只要接触 2 h 就会出现器官刺激症状,引起胸骨下疼痛和肺通透性降低,使肌体缺氧;浓度再高,就会出现头疼并使肺部气道变窄,出现肺气肿。

5. 有机化合物

城市空气中有很多有机化合物是可疑的致变物和致癌物,包括卤代甲烷、卤代乙烷、卤代丙烷、氯烯烃、氯芳烃、芳烃、氧化产物和氮化产物等。特别是多环芳烃(PAH)类空气污染物,大多数有致癌作用,其中苯并[a]芘是强致癌物质。苯并[a]芘主要通过呼吸道侵入肺部,并引起肺癌。实测数据表明,肺癌与空气污染、苯并[a]芘含量的相关性是显著的。

(二)对植物的危害

空气污染物对植物的危害有多种形式,如直接伤害、间接伤害、慢性伤害和潜在伤害等。通常发生在植物叶子结构中。常见的毒害植物的气体有二氧化硫、臭氧、PAN、氟化氢、乙烯、氯化氢、氯、硫化氢和氨。

在高浓度污染物影响下,植物会产生直接的急性的伤害,叶子表面出现坏死斑点,损伤了叶子表面的毛孔和气孔,从而破坏其光合作用和分泌作用。当污染物通过气孔或角质层进行扩散后,使植物细胞中毒,导致在其上出现深度坏死或衰老的斑点。例如,在钢冶炼厂周围,在水稻扬花和灌浆季节,由于高浓度 SO_2 污染使水稻不能授粉和灌浆,可使水稻绝收。

当植物长期暴露在低浓度空气污染中时,植物会受到慢性侵害,会干扰植物养分和能量的吸收,影响植物生长和发育,干扰植物的繁殖过程,降低花粉的活力,减少果实,降低种子发芽能力,干扰正常的代谢或生长过程,导致植物器官的异常发育和提前衰老。另外,空气污染物还会降低植物对病虫害的抵抗能力,诱发严重的病虫害。例如,在一些砖瓦厂周围,由于燃煤烟气中二氧化硫、氟化物含量高,从而影响果树挂果,使产量明显降低。

(三)对建筑物和文物古迹的危害

空气中的一次污染物(如 SO_2、NO)、二次污染物(如 SO_3、自由基)、过氧化物(如 H_2O_2)、O_3 等对金属制品、建筑物、桥梁等有氧化腐蚀作用,能减少这些物品的使用寿命。

此外,这些污染物也使车辆、衣物、家具等受到腐蚀损害。许多珍贵的古建筑、历史文化遗产被煤烟熏黑,使之面目全非。一些大理石的雕像,由于酸性污染及酸雨的侵蚀而出现千疮百孔,造成严重损失。一些碑刻受到腐蚀后,已难以辨认。

(四)对气候的影响

分子状态污染物对气候产生大规模影响,是已被证实的全球性问题,其结果是极为严重的。例如,CO_2、CH_4等温室气体引起的温室效应及SO_2、NO_x排放产生的酸雨等,都是当前全球空气环境的主要问题。

第二节　分子状态污染物的测定

由于存在于环境空气中的分子状态污染物质多种多样,其分析测定方法差异较大,在实际工作中,应根据优先监测原则,选择那些危害大、涉及范围广、已建立成熟稳定的测定方法,并有国家标准可参比的项目进行监测。下面分别介绍国家标准最新规定的环境空气中主要气体状态污染物的测定方法。

实训一　二氧化硫的测定

——甲醛吸收-盐酸副玫瑰苯胺分光光度法

该方法适用于测定环境空气中的SO_2,若用10 mL吸收液采样30 L,测定下限为0.007 mg/m^3;若用50 mL吸收液连续24 h采样288 L,取出10 mL样品测定时,测定空气中二氧化硫的检出限为0.004 mg/m^3,测定下限为0.014 mg/m^3,测定上限为0.347 mg/m^3。用此法测定二氧化硫,避免了使用毒性大的四氯汞盐吸收液,并且其灵敏度和准确度相同,样品采集后也相当稳定,不足之处是对操作条件要求很严格。

(一)测定原理

气样中的二氧化硫用甲醛缓冲溶液吸收后,生成稳定的羟甲基磺酸加成化合物,在样品溶液中加入氢氧化钠使加成化合物分解,释放出二氧化硫与盐酸副玫瑰苯胺、甲醛作用,生成紫红色络合物,其颜色深浅与SO_2含量成正比,最大吸收波长为577 nm,可用分光光度计测定吸光度,从而确定气样中二氧化硫的浓度。

(二)仪器与用具

(1)吸收管:10 mL多孔玻板吸收管,用于短时间采样;50 mL多孔玻板吸收管,用于24 h连续采样。

(2)空气采样器:用于短时间采样的普通空气采样器,流量范围0~1 L/min,采气流量0.4 L/min时,误差小于±5%,应具有保温装置。用于24 h连续采样的采样器应具备恒温、恒流、计时、自动控制开关的功能,流量范围0.1~0.5 L/min。

(3)空盒气压表、计时钟、温度计。

(4)橡胶管:内径6 mm。

(5)分光光度计及配套比色皿;10 mL具塞比色管。

(6)容量瓶、移液管、试剂瓶等实验室常用用品。

(7)恒温水浴器:广口冷藏瓶内放置圆形比色管架,插一支长约 150 mm、0 ~ 40 ℃的酒精温度计,其误差应不大于 0.5 ℃。

(三)试剂

除非另有说明,分析时均使用符合国家标准要求的分析纯试剂和无亚硝酸根的蒸馏水或同等程度的水。

(1)碘酸钾(KIO_3),优级纯,经 110 ℃干燥 2 h。

(2)1.5 mol/L 氢氧化钠溶液:称取 6.0 g NaOH,溶于 100 mL 水中。

(3)环己二胺四乙酸二钠溶液,c(CDTA - 2Na) = 0.5 mol/L:

称取 1.82 g 反式 1,2 - 环己二胺四乙酸(CDTA),加入氢氧化钠溶液(2)6.5 mL,用水稀释至 100 mL。

(4)甲醛缓冲吸收贮备液:

吸取 36% ~38% 的甲醛溶液 5.5 mL,CDTA - 2Na 溶液(3)20.00 mL;称取 2.04 g 邻苯二甲酸氢钾,溶于少量水中;将三种溶液合并,再用水稀释至 100 mL,贮于冰箱可保存 1 年。

(5)甲醛缓冲吸收液:将甲醛缓冲吸收贮备液(4)稀释 100 倍而成,临用现配。

(6)6.0 g/L 氨基磺酸钠溶液:

称取 0.60 g 氨基磺酸(H_2NSO_3H),置于 100 mL 容量瓶中,加入 4.0 mL 氢氧化钠溶液(2),定容至标线,摇匀。此溶液密封保存可用 10 d。

(7)碘贮备液,$c(1/2I_2)$ = 0.10 mol/L:

称取 12.7 g 碘(I_2)于烧杯中,加入 40 g 碘化钾和 25 mL 水,搅拌至完全溶解,用水稀释至 1 000 mL,贮存于棕色细口瓶中。

(8)碘溶液,$c(1/2I_2)$ = 0. 010 mol/L:

量取碘贮备液(7)50 mL,用水稀释至 500 mL,贮于棕色细口瓶中。

(9)5 g/L 淀粉溶液:

称取 0.5 g 可溶性淀粉,用少量水调成糊状,慢慢倒入 100 mL 沸水中,继续煮沸至溶液澄清,冷却后贮于试剂瓶中,临用现配。

(10)碘酸钾基准溶液,$c(1/6KIO_3)$ = 0.1 000 mol/L:

准确称取经 110 ℃干燥 2 h 的碘酸钾(1)3.566 7 g 溶于水,移入 1 000 mL 容量瓶中,定容至标线,摇匀。

(11)盐酸溶液,c(HCl) = 1.2 mol/L:量取 100 mL 浓盐酸,加到 900 mL 水中。

(12)硫代硫酸钠贮备液,$c(Na_2S_2O_3)$ = 0.10 mol/L:

称取 25.0 g 硫代硫酸钠($Na_2S_2O_3 \cdot 5H_2O$),溶于 1 000 mL 新煮沸但已冷却的水中,加入 0.2 g 无水碳酸钠,贮于棕色细口瓶中,放置一周后备用。如溶液呈现混浊,必须过滤。

(13)硫代硫酸钠标准溶液,$c(Na_2S_2O_3)$ = 0.010 00 mol/L(待标定):

取 50 mL 硫代硫酸钠贮备液(12)置于 500 mL 容量瓶中,用新煮沸但已冷却的水稀释至标线,摇匀。使用前用碘酸钾基准溶液(10)标定。

(14)乙二胺四乙酸二钠盐(EDTA - 2Na)溶液,ρ(EDTA - 2Na) = 0.50 g/L:

称取0.25 g 乙二胺四乙酸二钠盐[$C_{10}H_{14}N_2O_8Na_2 \cdot 2H_2O$]溶于500 mL 新煮沸但已冷却的水中，临用时现配。

(15)亚硫酸钠溶液，$\rho(Na_2SO_3) = 1$ g/L(待标定)：

称取0.2 g 亚硫酸钠(Na_2SO_3)溶于200 mL EDTA－2Na 溶液(14)中，缓缓摇匀以防充氧，使其溶解。放置2～3 h 后标定。此溶液每毫升相当于320～400 μg 二氧化硫。

(16)二氧化硫标准贮备溶液(标定时配置)：

吸取2 mL 待标定的亚硫酸钠溶液(15)，加到一个已装有40～50 mL 甲醛缓冲吸收液(5)的100 mL 容量瓶中，并用甲醛吸收液稀释至标线、摇匀。此溶液即为二氧化硫标准贮备溶液，在4～5 ℃下冷藏，可稳定6 个月。

(17)二氧化硫标准溶液，$\rho(SO_2) = 1.00$ μg/mL：

用甲醛缓冲吸收液(5)将二氧化硫标准贮备溶液(16)稀释成每毫升含1.0 μg 二氧化硫的标准溶液。此溶液用于绘制标准曲线，在4～5 ℃下冷藏，可稳定1 个月。

(18)0.20 g/100 mL 副玫瑰苯胺[1]贮备液：商用0.2% 对品红溶液。

(19)0.05 g/100 mL PRA 溶液：

吸取25 mL PRA 贮备液(18)于100 mL 容量瓶中，加30 mL 85% 的浓磷酸，12 mL 浓盐酸，定容，摇匀，放置过夜后使用。避光密封保存。

(20)盐酸－乙醇清洗液：

由三份(1＋4)盐酸和一份95% 乙醇混合配制而成，用于清洗比色管和比色皿。

(四)测定分析过程

1. 标定

1)硫代硫酸钠标准溶液(12)

吸取三份20 mL 碘酸钾基准溶液(10)分别置于250 mL 碘量瓶中，加入70 mL 新煮沸但已冷却的水，加1 g 碘化钾，振摇至完全溶解后，再加10 mL 盐酸溶液(11)，立即盖好瓶塞，摇匀。于暗处放置5 min 后，用待标定的硫代硫酸钠标准溶液(13)滴定溶液至浅黄色，加入2 mL 淀粉溶液(9)，继续滴定至蓝色刚好消失，记录用量。反应式如下：

$$KIO_3 + 5KI + 6HCl = 6KCl + 3I_2 + 3H_2O$$

$$I_2 + 2Na_2S_2O_3 = 2NaI + Na_2S_4O_6 \text{(连四硫酸钠，无色)}$$

硫代硫酸钠标准溶液的浓度 c_1 按式(7-1)计算：

$$c_1 = \frac{0.1000 \times 20.00}{V} \tag{7-1}$$

式中 c_1——硫代硫酸钠标准溶液的浓度，mol/L；

V——滴定所耗硫代硫酸钠标准溶液的用量，mL。

2)亚硫酸钠溶液(15)

取6 个250 mL 的碘量瓶(A1、A2、A3、B1、B2、B3)，其中A1、A2、A3 用于空白实验。在A1、A2、A3 内各加入25 mL 乙二胺四乙酸二钠盐溶液(14)。

[1] 副玫瑰苯胺：简称PRA，也称副品红或对品红，自配溶液时，副品红的纯度应达到质量检验的指标。

在 B1、B2、B3 内加入 25 mL 亚硫酸钠溶液(15)，分别加入 50 mL 碘溶液(8)和 1 mL 冰乙酸，盖好瓶盖，摇匀。

A1、A2、A3、B1、B2、B3 六个瓶子于暗处放置 5 min 后，用上述标定获取的硫代硫酸钠标准溶液(13)滴定至浅黄色，加 5 mL 淀粉溶液(9)，继续滴定至蓝色刚好褪去为终点。记录滴定硫代硫酸钠标准溶液的体积。平行滴定所用硫代硫酸钠溶液的体积之差应不大于 0.05 mL，取其平均值。

二氧化硫标准贮备溶液(16)的质量浓度(μg/mL)按式(7-2)计算：

$$\rho(SO_2) = \frac{(V_0 - V) \times c_2 \times 32.02 \times 1\,000}{25} \times \frac{2}{100} \tag{7-2}$$

式中　$\rho(SO_2)$——二氧化硫标准贮备溶液的质量浓度，μg/mL；

V_0——空白滴定所耗硫代硫酸钠标准溶液(13)的平均体积，mL；

V——二氧化硫标准溶液滴定所耗硫代硫酸钠标准溶液(13)的平均体积，mL；

c_2——硫代硫酸钠标准溶液(13)的浓度，mol/L；

32.02——二氧化硫($\frac{1}{2}SO_2$)的摩尔质量。

标定出准确浓度后，立即用甲醛缓冲吸收液(5)稀释为含二氧化硫 10 μg/mL 的标准贮备溶液，临用时再用甲醛缓冲吸收贮备液(4)稀释为含二氧化硫 1 μg/mL 的标准使用液，5 ℃保存。10 μg/mL 的二氧化硫标准溶液贮备液可稳定6 个月；1 μg/mL 的标准使用液可稳定 1 个月。

2. 采样

(1)采样前用皂膜流量计校准空气采样器流量，操作方法见附录三。

(2)当进行短时间(1 h 之内)采样时，吸取 10 mL 吸收液于多孔玻板吸收管中，用橡胶管把吸收管的玻璃球端支管与空气采样器的入口相连接。

当进行连续 24 h 采样时，用内装 50 mL 吸收液的多孔玻板吸收瓶与采样器连接。

为进行现场空白测定，同时要将装有吸收液的采样管带到采样现场，除不采气外，其他环境条件与样品相同。

(3)打开采样器电源用手指堵住吸收管进气端，观察乳胶管和流量计浮子，如出现管子发瘪的迹象、流量计浮子回零，说明气密性检验合格。

(4)短时间采样：调节流量计浮子固定在 0.5 L/min 的刻度(根据校准情况确定)采空气 45 ~ 60 min(浓度高时，可适当缩短采样时间)。

连续 24 h 采样：调节流量计浮子固定在 0.2 L/min 的刻度进行采样。

采样时吸收液温度保持在 23 ~ 29 ℃。可采用加热保温或冷水浴降温等办法维持吸收液温度为 23 ~ 29 ℃。在采样的同时，应记录现场温度、空气压力和采样起止时间等。

另外注意，样品在采集、运输和贮存过程中应避免阳光照射；放置在室(亭)内的 24 h 连续采样器，进气口应连接符合要求的空气质量集中采样管路系统，以减少二氧化硫进入吸收瓶前的损失。

若空气中 SO_2浓度较低，可用 5 mL 吸收液采样、测定，各种试剂用量减半。绘制标准曲线斜率时，标准系列溶液体积为 5 mL，则 SO_2 含量分别为 0、0.5 μg、1 μg、2 μg、3 μg、4 μg、5 μg。显色后总体积为 6 mL。

3. 绘制标准曲线

取 14 支 10 mL 具塞比色管，分 A、B 两组，每组 7 支，分别对应编号。A 组按表 7-7 配制校准溶液系列。

表 7-7　二氧化硫标准溶液系列

管号	0	1	2	3	4	5	6
二氧化硫标准溶液(17)(mL)	0	0.5	1	2	5	8	10
甲醛缓冲吸收液(5)(mL)	10	9.5	9	8	5	2	0
二氧化硫含量(μg)	0	0.5	1	2	5	8	10

在 A 组各管中分别加入 0.5 mL 氨基磺酸钠溶液(6)和 0.5 mL 氢氧化钠溶液(2)，混匀。

在 B 组各管中分别加入 1 mL PRA 溶液(19)。

将 A 组各管溶液迅速全部倒入对应编号并盛有 PRA 溶液的 B 管中❶，立即加塞混匀后放入恒温水浴中显色❷。

显色温度与室温之差应不超过 3 ℃，根据不同季节和环境条件按表 7-8 选择显色温度与显色时间。

表 7-8　显色温度与显色时间的选择

显色温度(℃)	10	15	20	25	30
显色时间(min)	40	25	20	15	5
稳定时间(min)	35	25	20	15	10
试剂空白吸收光度 A_0	0.03	0.035	0.04	0.05	0.06

在波长 557 nm 处，用 10 mm 比色皿，以水为参比溶液测量吸光度。

以空白校正(扣除零浓度标准使用液)后的吸光度为纵坐标、对应 SO_2 的含量为横坐标，用最小二乘法统计回归方程或绘制标准曲线(可用 excel 回归)。

吸光度对二氧化硫含量(μg)的回归方程式或标准曲线为

$$y = bx + a \tag{7-3}$$

式中　y——标准溶液吸光度 A 与试剂空白吸光度 A_0 之差，$A - A_0$；

x——二氧化硫含量，μg；

b——回归方程的斜率(由斜率倒数可求得校准因子：$B_s = 1/b$)；

a——回归方程的截距。

❶ 因为显色反应需在酸性溶液中进行，故应将含样品(或标准)溶液、氨磺酸钠溶液(A 管)迅速倒入强碱性的 PRA 使用溶液(B 管)中，使混合液瞬间呈酸性，以利显色反应的进行。

❷ 水浴面高度要超出比色管中溶液的液面高度，特别在 25 ~ 30 ℃ 条件下，严格控制显色温度和显色时间是实验成败的关键。

4. 测定样品

样品溶液中如有混浊物,应离心分离除去。样品放置 20 min 以使臭氧分解。

短时间采集的样品:将吸收管中的样品溶液移入 10 mL 比色管中,用少量甲醛缓冲吸收液(5)洗涤吸收管,洗液并入比色管中并稀释至标线。加入 0.5 mL 氨磺酸钠溶液(6),混匀,放置 10 min 以除去氮氧化物的干扰。以下步骤同校准曲线的绘制。

连续 24 h 采集的样品:将吸收瓶中样品移入 50 mL 容量瓶(比色管)中,用少量甲醛缓冲吸收液(5)洗涤吸收瓶后再倒入容量瓶(比色管)中,并用甲醛缓冲吸收液(5)稀释至标线。吸取适当体积的试样(视浓度高低而决定取 2 ~ 10 mL)于 10 mL 比色管中,再用甲醛缓冲吸收液(5)稀释至标线,加入 0.5 mL 氨磺酸钠溶液(6),混匀,放置 10 min 以除去氮氧化物的干扰,以下步骤同校准曲线的绘制。

如样品吸光度超过校准曲线上限,则可用零浓度标准使用液稀释,在数分钟内再测量其吸光度。稀释倍数不能大于 6。

(五)结果计算与表示

环境空气(样品)中二氧化硫的质量浓度(mg/m^3)按下式计算:

$$\rho(SO_2) = \frac{A - A_0 - a}{b \times V_r} \times \frac{V_t}{V_a} \tag{7-4}$$

式中　$\rho(SO_2)$——测定样品中二氧化硫的质量浓度,mg/m^3;

A——样品溶液的吸光度;

A_0——试剂空白溶液的吸光度;

b——校准曲线的斜率;

a——校准曲线的截距(一般要求小于 0.005);

V_t——样品溶液的总体积,mL;

V_a——测定时所取溶液的体积,mL;

V_r——换算成参比状态下(298.15 K,1 013.25 hPa)的采样体积,L。

计算结果精确到小数点后三位。

在测定每批样品时,至少要加入一个已知 SO_2 浓度的控制样品同时测定,以保证计算因子的可靠性。

(六)注意事项

(1)采样时应注意检查采样系统的气密性、流量,用皂膜流量计校准流量,做好采样记录。

(2)标准溶液和试样溶液操作条件应保持一致。

(3)显色剂的加入方式要正确。

(4)六价铬能使紫红色络合物褪色,产生负干扰,故应避免用硫酸 - 铬酸洗液洗涤所用玻璃器皿,若已用此洗液洗过,则需用(1 + 1)盐酸溶液浸洗,再用水充分洗涤。

(5)用过的具塞比色管及比色皿应及时用酸洗涤,否则红色难以洗净。具塞比色管用(1 + 4)盐酸溶液洗涤,比色皿用(1 + 4)盐酸加 1/3 体积乙醇混合液洗涤。

(6)空白实验吸收液与采样用吸收液应为同一批药品配制。

(7)NaOH 固体试剂及溶液易吸收空气中的二氧化硫,使试剂空白值升高,应密封保存。显色用各试剂溶液配制后最好分装成小瓶用，操作中注意保持各溶液的纯净，防止“交叉污染”。

(8)副品红含杂质会引起试剂空白值增高，使方法灵敏度降低。

(七)思考题

(1)多孔玻板吸收管的作用是什么？

(2)配置标准系列溶液时应注意哪些问题？如果 SO_2标准溶液的浓度偏高，是否会使实验结果产生偏差？

(3)实验过程存在哪些干扰？应如何消除？

实训二　二氧化硫的测定

——四氯汞盐吸收－副玫瑰苯胺分光光度法

该方法是国内广泛采用的测定环境空气中 SO_2的方法。与甲醛吸收的方法相比，具有灵敏度高、选择性好等优点，但吸收液毒性较大，操作时应按规定做好防护，检测后的残渣残液应做妥善的安全处理。

当使用 5 mL 吸收液，采样体积为 30 L 时，测定空气中 SO_2的检出限为 0.005 mg/m^3，测定下限为 0.020 mg/m^3，测定上限为 0.18 mg/m^3。

当使用 50 mL 吸收液，采样体积为 288 L 时，测定空气中 SO_2的检出限为 0.005 mg/m^3，测定下限为 0.020 mg/m^3，测定上限为 0.19 mg/m^3。

(一)测定原理

用氯化钾(KCl)和氯化汞($HgCl_2$)配制成四氯汞钾溶液，气样中的二氧化硫用该溶液吸收，生成稳定的二氯亚硫酸盐络合物，该络合物再与甲醛和盐酸副玫瑰苯胺作用，生成紫色络合物，其颜色深浅与 SO_2含量成正比，可用分光光度法于波长 575 nm 处测定。

(二)仪器与用具

同本节实训一。

(三)试剂

除非另有说明，分析时均使用符合国家标准要求的分析纯试剂和蒸馏水或同等程度的水。

(1)碘酸钾(KIO_3)，优级纯，经 110 ℃干燥 2 h。

(2)冰乙酸(CH_3COOH)。

(3)0.04 mol/L 四氯汞钾(TCM)吸收液：

称取 10.9 g 氯化汞、6.0 g 氯化钾和 0.07 g 乙二胺四乙酸二钠盐(EDTA－2Na)溶于水中，稀释至 1 L。此溶液在密闭容器中贮存，可稳定 6 个月。如发现有沉淀，不可再用。

(4)2.0 g/L 甲醛溶液：

量取 1 mL 36%～38%(质量分数)甲醛溶液，用水稀释至 200 mL，临用现配。

(5)6.0 g/L 氨基磺酸铵溶液：

称取 0.60 g 氨基磺酸(H_2NSO_3H)，置于 100 mL 容量瓶中，加水定容至标线，临用现配。

(6)碘贮备液,$c(1/2I_2)$ =0.10 mol/L:

称取12.7 g碘(I_2)于烧杯中,加入40 g碘化钾(KI)和25 mL水,搅拌至完全溶解,用水稀释至1 000 mL,贮存于棕色细口瓶中。

(7)碘溶液,$c(1/2I_2)$ =0.010 mol/L:

量取碘贮备液(6)50 mL,用水稀释至500 mL,贮存于棕色细口瓶中。

(8)5.0 g/L淀粉溶液:

称取0.5 g可溶性淀粉于150 mL烧杯中,用少量水调成糊状,慢慢倒入100 mL沸水中,继续煮沸至溶液澄清,冷却后贮于试剂瓶中。临用现配。

(9)碘酸钾基准溶液,$c(1/6\ KIO_3)$ =0.100 0 mol/L:

准确称取3.566 7 g碘酸钾(1)溶于水,移入1 000 mL容量瓶中,定容至标线,摇匀。

(10)盐酸溶液,$c(HCl)$ =1.2 mol/L:

量取100 mL浓盐酸,加到900 mL水中。

(11)硫代硫酸钠标准贮备液,$c(Na_2S_2O_3)$ =0.10 mol/L:

称取25.0 g硫代硫酸钠($Na_2S_2O_3 \cdot 5H_2O$),溶于1 000 mL新煮沸但已冷却的水中,加入0.2 g无水碳酸钠,贮于棕色细口瓶中,放置一周后备用。如溶液呈现混浊,必须过滤。

(12)硫代硫酸钠标准溶液(待标定),$c(Na_2S_2O_3) \approx 0.01$ mol/L:

取50 mL硫代硫酸钠标准贮备液(11)置于500 mL容量瓶中,用新煮沸但已冷却的水稀释至标线,摇匀。使用前用碘酸钾基准溶液(9)标定。

(13)乙二胺四乙酸二钠盐(EDTA－2Na)溶液,ρ(EDTA－2Na) =0.50 g/L:

称取0.25 g乙二胺四乙酸二钠盐[$C_{10}H_{14}N_2Na_2O_8 \cdot 2H_2O$]溶于500 mL新煮沸但已冷却的水中。临用时现配。

(14)亚硫酸钠溶液(待标定),$\rho(Na_2SO_3)$ =1 g/L:

称取0.2 g亚硫酸钠(Na_2SO_3),溶于200 mL EDTA－2Na(13)溶液中,缓缓摇匀以防充氧,使其溶解。放置2～3 h后标定。此溶液每毫升相当于320～400 μg二氧化硫。

(15)二氧化硫标准贮备液(标定时配置):

取2 mL亚硫酸钠溶液(14)加到一个已装有40～50 mL四氯汞钾吸收液(3)的100 mL容量瓶中,并用四氯汞钾吸收液(3)稀释至标线、摇匀。

(16)二氧化硫标准溶液,$\rho(SO_2)$ =2.00 μg/mL:

用四氯汞钾吸收液将二氧化硫标准贮备液(15)稀释成每毫升含2 μg二氧化硫的标准溶液。此溶液用于绘制标准曲线,在4～5 ℃下冷藏,可稳定20 d。

(17)3 mol/L磷酸溶液:量取41 mL 85%(ρ =1.69 g/mL),用水稀释至200 mL。

(18)2 mg/mL的盐酸副玫瑰苯胺贮备液:商用0.2%对品红溶液。

(19)盐酸副玫瑰苯胺(PRA)使用液,ρ(PRA) =0.16 mg/mL:

吸取PRA贮备液(18)20 mL于250 mL容量瓶中,加入200 mL磷酸溶液(17),用水稀释至标线。至少放置24 h方可使用,存于暗处,可稳定9个月。

（四）测定分析过程

1. 标定

1）硫代硫酸钠标准溶液（12）

标定方法同本节实训一。

2）亚硫酸钠溶液（14）

标定方法同本节实训一。

2. 采样

采样过程同本节实训一。

短时间采样：用内装 5 mL 四氯汞钾吸收液（3）的多孔玻板吸收管，以 0.5 L/min 流量采气 10～30 L，吸收液温度保持在 10～16 ℃。

连续 24 h 采样：用内装 50 mL 四氯汞钾吸收液（3）的多孔玻板吸收管，以 0.2 L/min 流量采气 288 L，吸收液温度保持在 10～16 ℃。

同时将装有吸收液的采样管带到采样现场，除不采气外，其他环境条件与样品相同。

3. 绘制标准曲线

取 8 支 10 mL 具塞比色管，按表 7-9 配制校准溶液系列。

表 7-9 二氧化硫标准溶液系列

管号	0	1	2	3	4	5	6	7
二氧化硫标准溶液（16）（mL）	0	0.6	1	1.4	1.6	1.8	2.2	2.7
四氯汞钾吸收液（3）（mL）	5	4.4	4	3.6	3.4	3.2	2.8	2.3
二氧化硫含量（μg）	0	1.2	2	2.8	3.2	3.6	4.4	5.4

各管加入 0.5 mL 氨基磺酸铵溶液（5），摇匀。再加入 0.5 mL 甲醛溶液（4）及 1.5 mL 对品红使用液摇匀。当室温为 15～20 ℃时，显色 30 min；当室温为 20～25 ℃时，显色 20 min；当室温为 25～30 ℃时，显色 15 min。用 10 mm 比色皿，在波长 575 nm 处，以水为参比测量吸光度。以空白校正后各管的吸光度为纵坐标、二氧化硫的含量为横坐标，用最小二乘法建立校准曲线的回归方程。方法同本节实训一。

4. 测定样品

样品溶液中如有混浊物，则应离心分离除去。样品放置 20 min 以使臭氧分解。

将吸收管中的样品溶液全部移入 10 mL 比色管中，用少量水洗涤吸收管，洗液并入比色管中，使总体积 5 mL，加 0.5 mL 氨基磺酸铵溶液（5），摇匀，放置 10 min 以除去氮氧化物的干扰，以下步骤同标准曲线的绘制。

如样品吸光度超过校准曲线上限，则可用零浓度标准使用液稀释，在数分钟内再测量其吸光度。稀释倍数不能大于 6。

（五）结果计算与表示

环境空气（样品）中二氧化硫的质量浓度（mg/m^3）按下式计算：

$$\rho(SO_2) = \frac{A - A_0 - a}{b \times V_r} \times \frac{V_t}{V_a} \tag{7-5}$$

式中　$\rho(SO_2)$——测定样品中二氧化硫的质量浓度，mg/m^3；

A——样品溶液的吸光度；

A_0——试剂空白溶液的吸光度；

b——校准曲线的斜率；

a——校准曲线的截距；

V_t——样品溶液的总体积，mL；

V_a——测定时所取溶液的体积，mL；

V_r——换算成参比状态下(298.15 K，1 013.25 hPa)的采样体积，L。

计算结果精确到小数点后三位。

在测定每批样品时，至少要加入一个已知 SO_2浓度的控制样品同时测定，以保证计算因子的可靠性。

（六）注意事项

(1)四氯汞钾溶液为剧毒试剂，使用时应小心，如溅到皮肤上，立即用水冲洗，使用过的废液要集中回收处理，以免污染环境。

(2)温度、酸度、显色时间等因素影响显色反应，最好用恒温水浴控制显色温度，标准溶液和试样溶液操作条件应保持一致。

(3)对品红试剂必须提纯后方可使用，否则其中所含杂质会引起试剂空白值增高，使方法灵敏度降低。已有经提纯合格的 0.2% 对品红溶液出售。

(4)六价铬能使紫红色络合物褪色，产生负干扰，故应避免用硫酸－铬酸洗液洗涤所用玻璃器皿，若已用此洗液洗过，则需用(1+1)盐酸溶液浸洗，再用水充分洗涤。

(5)用过的具塞比色管及比色皿应及时用酸洗涤，否则红色难以洗净。具塞比色管用(1+4)盐酸溶液洗涤，比色皿用(1+4)盐酸加 1/3 体积乙醇混合液洗涤。

(6)此法测定 SO_2时，干扰物为氮氧化物、臭氧、锰、铁、铬等。NO_x使紫色络合物褪色，需加入氨基磺酸铵消除干扰；采样后放置片刻，臭氧可自行分解；加入磷酸和乙二胺四乙酸二钠盐(EDTA－2Na)可消除铁的干扰，用磷酸代替盐酸配置副玫瑰苯胺溶液，可以掩蔽金属离子的干扰。

(7)配制二氧化硫溶液时加入 EDTA 溶液可使亚硫酸根稳定。

(8)显色剂的加入方式要正确。

(9)在检测后的四氯汞钾废液中，每升约加 10 g 碳酸钠至中性，再加 10 g 锌粒。在黑布罩下搅拌 24 h 后，将上清液倒入玻璃缸，滴加饱和硫化钠溶液，至不再产生沉淀。弃去溶液，将沉淀物转入适当容器里。此法可以除去废液中 99% 的汞。

（七）思考题

(1)四氯汞盐吸收与甲醛吸收测定环境空气中 SO_2的主要区别是什么？

(2)四氯汞钾属于剧毒试剂，测定操作时应如何防护？

实训三　氮氧化物（一氧化氮和二氧化氮）的测定

——盐酸萘乙二胺分光光度法

该方法适用于环境空气中氮氧化物、二氧化氮和一氧化氮的测定。方法的检出限为0.12 μg/10 mL吸收液。当吸收液总体积为10 mL、采样体积为24 L时，检出限为0.005 mg/m^3；当吸收液总体积为50 mL、采样体积为288 L时，检出限为0.003 mg/m^3；当吸收液总体积为10 mL、采样体积为12～24 L时，环境空气中氮氧化物的测定范围为0.020～2.5 mg/m^3。

（一）测定原理

用冰乙酸、对氨基苯磺酸和盐酸萘乙二胺配成吸收液。采样时，空气中的二氧化氮被串联的第一支吸收瓶中的吸收液吸收并反应生成粉红色偶氮染料。空气中的一氧化氮不与吸收液反应，通过氧化管时被酸性高锰酸钾溶液氧化为二氧化氮，被串联的第二支吸收瓶中的吸收液吸收并反应生成粉红色偶氮染料。生成的偶氮染料在波长540 nm处的吸光度与二氧化氮的含量成正比。分别测定第一支吸收瓶和第二支吸收瓶中样品的吸光度，计算两支吸收瓶内二氧化氮和一氧化氮的质量浓度，二者之和即为氮氧化物的质量浓度（以NO_2计）。

（二）仪器与用具

（1）吸收瓶[1]：10 mL、25 mL、50 mL多孔玻板吸收瓶（见图7-1），液柱高度不能低于80 mm。

（2）氧化瓶：5 mL、10 mL或50 mL的氧化瓶（见图7-2），液柱高度不能低于80 mm。

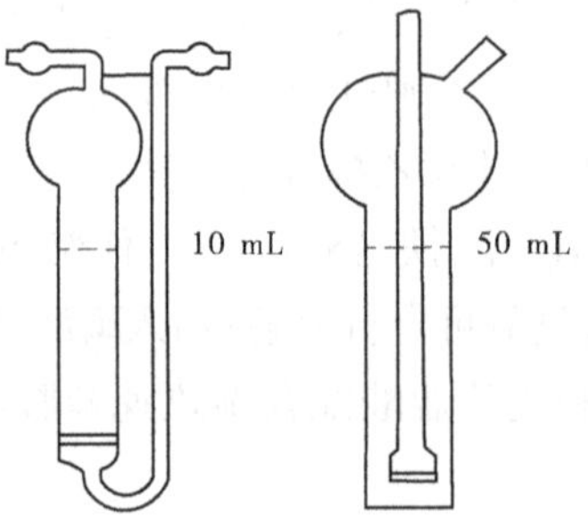

图7-1　多孔玻板吸收瓶

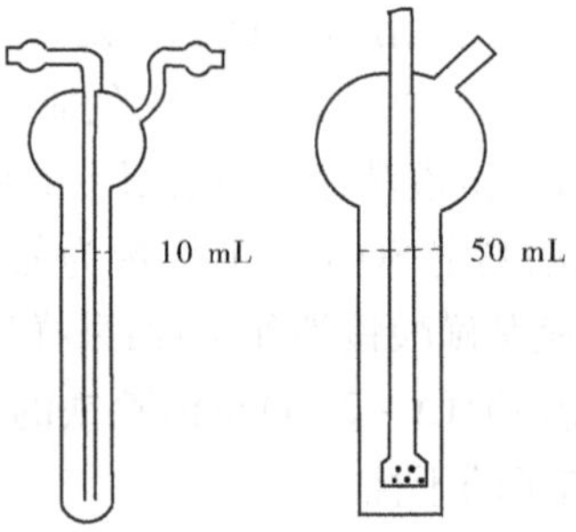

图7-2　氧化瓶

（3）空气采样器：流量范围0.1～1 L/min，采气流量0.4 L/min时，相对误差小于±5%。

（4）恒温、半自动连续空气采样器：采样流量为0.2 L/min时，相对误差小于±5%，能将吸收液温度保持在(20±4)℃。采样连接管线为硼硅玻璃管、不锈钢管、聚四氟乙烯管或硅胶管，内径约为6 mm，尽可能短些，任何情况下不得超过2 m，配有朝下的空气入口。

[1] 图7-1所示出较为适用的两种多孔玻板吸收瓶。使用棕色吸收瓶或采样过程中吸收瓶外罩黑色避光罩。新吸收瓶或使用后的吸收瓶，应用(1+1) HCl浸泡24 h以上，用清水洗净。

(5)空盒气压表、计时钟、温度计。

(6)橡胶管:内径 6 mm。

(7)分光光度计及配套比色皿;10 mL 具塞比色管。

(8)容量瓶、移液管、棕色试剂瓶及其他实验室常用工具。

(三)试剂

除非另有说明,分析时均使用符合国家标准要求的分析纯试剂和无亚硝酸根的蒸馏水或同等程度的水。

(1)冰乙酸。

(2)盐酸羟胺溶液,ρ = 0.2 ~ 0.5 g/L。

(3)硫酸溶液,$c(1/2H_2SO_4)$ = 1 mol/L:

取 15 mL 浓硫酸(ρ20 = 1.84 g/mL),徐徐加到 500 mL 水中,搅拌均匀,冷却备用。

(4)酸性高锰酸钾溶液,$\rho(KMnO_4)$ = 25 g/L:

称取 25 g 高锰酸钾于 1 000 mL 烧杯中,加入 500 mL 水,稍微加热使其全部溶解,然后加入 1 mol/L 硫酸溶液(3)500 mL,搅拌均匀,贮于棕色试剂瓶中。

(5)N -(1 - 萘基)乙二胺盐酸盐贮备液,$\rho(C_{10}H_7NH(CH_2)_2NH_2 \cdot 2HCl)$ = 1.00 g/L:

称取 0.5 g N -(1 - 萘基)乙二胺盐酸盐于 500 mL 容量瓶中,用水溶解稀释至刻度。此溶液贮存于密封棕色瓶中冷藏,可稳定保存 3 个月。

(6)显色液:

称取 5 g 对氨基苯磺酸[$NH_2C_6H_4SO_3H$]溶解于 200 mL 40 ~ 50 ℃热水中,冷却至室温后全部转移至 1 000 mL 容量瓶中,加入 50 mL N -(1 - 萘基)乙二胺盐酸盐贮备液(5)和 50 mL 冰乙酸,用水稀释至刻度。此溶液贮存于密闭的棕色瓶中,在 25 ℃以下暗处存放可稳定 3 个月。若溶液呈现淡红色,应弃之重配。

(7)吸收液:

使用时将显色液(6)和水按 4∶1(体积比)比例混合而成。该吸收液吸光度不超过 0.005(540 nm,1 cm 比色皿,以水为参比),否则应检查水、试剂纯度或显色液的配制和贮存方法。

(8)亚硝酸钠标准贮备液,$\rho(NO_2^-)$ = 250 μg/mL:

准确称取 0.375 g 亚硝酸钠[$NaNO_2$,优级纯,使用前在(105 ± 5)℃干燥恒重]溶于水,移入 1 000 mL 容量瓶中,用水稀释至标线。此溶液贮于密闭棕色瓶中于暗处存放,可稳定保存 3 个月。

(9)亚硝酸钠标准使用溶液,$\rho(NO_2^-)$ = 2.5 μg/mL:

准确吸取亚硝酸钠标准贮备液(8)1.00 mL 于 100 mL 容量瓶中,定容至标线。临用前配制。

(四)测定分析过程

1. 采样

(1)采样前用皂膜流量计校准空气采样器流量,采样流量的相对误差应小于 ±5%。操作方法详见附录三。

(2)短时间采样(1 h之内):

分别吸取10 mL吸收液于两支多孔玻板吸收瓶中,另外吸取5～10 mL酸性高锰酸钾溶液于氧化瓶中,瓶内液柱高度不低于80 mm。用尽量短的硅橡胶管将氧化瓶串联在两支吸收瓶之间,然后用橡胶管把吸收瓶的玻璃球端支管与硅胶干燥瓶连接,最后与空气采样器的入口相连接(见图7-3)。

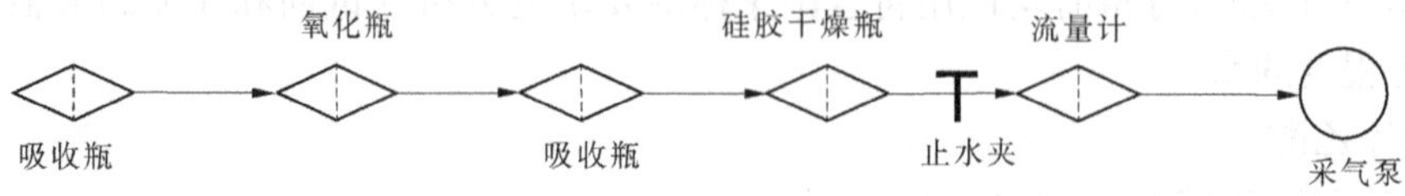

图7-3　手工采样示意图

长时间采样(24 h):

取两支大型多孔玻板吸收瓶,分别吸取25 mL或50 mL吸收液(液柱高度不低于80 mm),另外吸取50 mL酸性高锰酸钾溶液于氧化瓶中,瓶内液柱高度不低于80 mm。用尽量短的硅橡胶管将氧化瓶串联在两支吸收瓶之间,再依次用橡胶管连接硅胶干燥瓶与恒温、半自动空气采样器(见图7-4)。

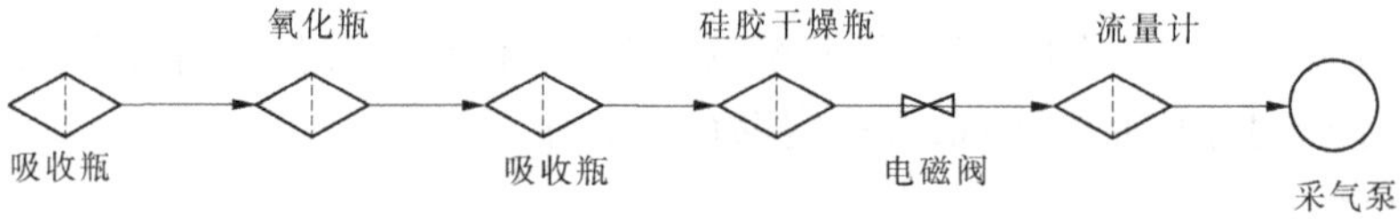

图7-4　连续自动采样示意图

(3)打开采样器电源,用手指堵住吸收管进气端,观察乳胶管和流量计浮子,如管子呈现发瘪的迹象、流量计浮子回零,说明气密性检验合格。

(4)短时间采样:调节流量计浮子固定在0.4～0.5 L/min的某一刻度(根据校准情况确定)采空气60 min(或至吸收液呈浅玫瑰红色)。

长时间采样:吸收液恒温在(20±4)℃,调节流量计浮子固定在0.2～0.3 L/min的某一刻度(根据校准情况确定)采气288 L。

长时间采样过程中,若氧化管中有明显的沉淀物析出,则应及时更换。一般情况下,内装50 mL酸性高锰酸钾溶液的氧化瓶可使用15～20 d(隔日采样)。同时采样过程注意观察吸收液颜色变化,避免因氮氧化物质量浓度过高而穿透。

(5)采样结束时,为防止溶液倒吸,应在采样泵停止抽气的同时,闭合连接在采样系统中的止水夹或电磁阀上。

(6)采集样品的同时,要将装有吸收液的吸收瓶带到采样现场,与样品在相同的条件下保存、运输,直至送交实验室分析,运输过程中应注意防止沾污。每次采样至少做2个现场空白测试。

(7)采样、样品运输和存放应采取避光措施。气温超过25 ℃时,长时间(8 h以上)运输及存放样品应采取降温措施。采样后应尽快分析。在采样的同时,应记录现场温度、空气压力和采样起止时间等。

2. 样品保存

样品采集、运输及存放过程中应避光保存，样品采集后要尽快分析。若不能及时测定，应将样品于低温暗处存放，样品在30 ℃暗处存放，可稳定8 h；在20 ℃暗处存放，可稳定24 h；于0 ~4 ℃冷藏，至少可稳定3 d。

3. 绘制标准曲线

取6支10 mL具塞比色管，按表7-10配制亚硝酸盐标准溶液系列。

表7-10　标准系列的配制

管号	0	1	2	3	4	5
亚硝酸钠标准使用溶液(9)(mL)	0	0.4	0.8	1.2	1.6	2
水(mL)	2	1.6	1.2	0.8	0.4	0
显色液(6)(mL)	8	8	8	8	8	8
NO_2^- 质量浓度(μg/mL)	0	0.1	0.2	0.3	0.4	0.5

根据表7-10分别移取相应体积的亚硝酸钠标准使用溶液(9)，加水至2 mL，加入显色液(6)8 mL。

向各管中加亚硝酸钠标准使用溶液时，都以均匀、缓慢的速度加入，曲线的线性较好。

将各管溶液混匀后，于暗处放置20 min(室温低于20 ℃时放置40 min以上)，用10 mm比色皿于波长540 nm处，以水为参比测定吸光度，扣除0号管的吸光度以后，对应NO_2^-的质量浓度，用最小二乘法计算标准曲线的回归方程。方法同二氧化硫的测定。

标准曲线斜率控制在0.960 ~0.978吸光度·mL/μg，截距控制在0 ~0.005(以5 mL体积绘制标准曲线时，标准曲线斜率控制在0.180 ~0.195吸光度·mL/μg，截距控制在±0.003)。

4. 空白实验

实验室空白实验：取实验室内未经采样空白吸收液(与采样用吸收液同一批配制)，用10 mm比色皿，在波长540 nm处，以水为参比测定吸光度。实验室空白吸光度A_0在显色规定条件下波动范围不超过±15%。

现场空白：与实验室空白实验相同方法测定吸光度。将现场空白和实验室空白的测量结果相对照，若现场空白与实验室空白相差过大，查找原因，重新采样。

5. 样品测定

采样后于暗处放置20 min(室温20 ℃以下放置40 min以上)后，用水将采样瓶中吸收液的体积补充至标线，混匀，于波长540 nm处，以水为参比，用10 mm比色皿测定样品溶液的吸光度，同时测定空白样品的吸光度。根据标准曲线或回归方程计算样品中NO_2的质量浓度。

若样品吸光度超过标准曲线的上限，应用空白实验溶液进行定量稀释，再测其吸光度，并记录结果。

（五）结果计算与表示

（1）环境空气（样品）中二氧化氮的质量浓度（mg/m^3）：

$$\rho_{NO_2} = \frac{(A_1 - A_0 - a) \times V \times D}{b \times f \times V_r} \tag{7-6}$$

（2）环境空气（样品）中一氧化氮的质量浓度（mg/m^3）：

以二氧化氮（NO_2）计，按下式计算：

$$\rho_{NO} = \frac{(A_2 - A_0 - a) \times V \times D}{b \times f \times V_r \times k} \tag{7-7}$$

以一氧化氮（NO）计，按下式计算：

$$\rho'_{NO} = \frac{\rho_{NO} \times 30}{46} \tag{7-8}$$

（3）环境空气中氮氧化物的质量浓度（mg/m^3）以 NO_2 计，按下式计算：

$$\rho_{NO_x} = \rho_{NO_2} + \rho_{NO} \tag{7-9}$$

以上各式中　A_0——实验室空白的吸光度；

A_1、A_2——串联的第一支和第二支吸收管（瓶）中样品溶液的吸光度；

b——标准曲线的斜率，吸光度 · mL/μg；

a——标准曲线的截距；

V——采样用吸收液体积，mL；

V_r——换算为参比状态（1 013.25 hPa，298.15 K）的采样体积，L；

f❶——Saltzman 实验系数，0.88（当空气中 NO_2 质量浓度高于 0.72 mg/m^3 时取 0.77）；

k——NO 氧化为 NO_2 的氧化系数，0.68；

D——样品的稀释倍数，若空气中 NO_2 浓度较低，则不用稀释。

（六）注意事项

（1）吸收液必须是无色的，如显微红色，可能有 NO_2^- 的污染，应检查蒸馏水和所用试剂质量。另外，日光照射也能使吸收液显色，因此在采样、运输及保存过程中，须采取避光（装在黑色塑料袋内）措施。

（2）空白实验吸收液与采样用吸收液应为同一批药品配制。

（3）亚硝酸钠（固体）应妥善保存，或分装成小瓶实验，防止被空气氧化为硝酸钠。氧化成硝酸钠或呈粉末状的试剂都不能直接配制标准溶液。若无颗粒状亚硝酸钠试剂，可用高锰酸钾容量法标定出亚硝酸钠贮备液的准确浓度后，再稀释成每毫升含 5.0 μg 亚硝酸根的标准溶液。

（4）在 20 ℃时，标准曲线的斜率 b 为（0.190 ± 0.003）吸光度/ NO_2^-（5 μg/mL），要求截距 $a \leq 0.008$，性能好的分光光度计的灵敏度高，斜率略高于 0.193。温度低于 20 ℃时，标准曲线斜率降低。如果斜率达不到要求，应检查亚硝酸钠试剂的质量及标准溶液的配置，重新配置标准溶液；如果截距达不到要求，应检查蒸馏水及试剂质量，重新配置吸

❶ 因为 NO_2（气）不是全部转化为 NO_2^-（液），故在计算结果时应除以转换系数。

收液。

(5)氧化管变绿时,应及时更换。

(6)空气中二氧化硫质量浓度为氮氧化物质量浓度的30倍时,对二氧化氮的测定产生负干扰。

(7)空气中过氧乙酰硝酸酯(PAN)对二氧化氮的测定产生正干扰。

(8)空气中臭氧质量浓度超过0.25 mg/m^{3}时,对测定产生负干扰。采样时在采样瓶入口端串接一段15~20 cm长的硅橡胶管,可排除干扰。

(七)思考题

(1)如果吸收液已变色,继续使用会对使用产生什么影响?

(2)盐酸萘乙二胺分光光度法测定NO_x时,哪些因素对测定结果产生干扰?如何消除干扰?

实训四　一氧化碳的测定

——非分散红外法

现行国家标准测定一氧化碳的手工方法是《空气质量 一氧化碳的测定 非分散红外法》(GB 9801—88)和《公共场所卫生检验方法 第2部分:化学污染物》(GB/T 18204.2—2014)。2018年7月生态环境部下发了征求《环境空气 一氧化碳的测定 非分散红外法》国家环境保护标准意见的函,该方法适用于空气环境连续自动监测,用来预报环境空气质量指数,但在无法实现自动监测的情况下,用于手动监测的GB 9801—88依然还有必要。该方法测定简便、快速,不破坏被测物质,能连续自动监测。方法测定范围为0~62.5 mg/m^3,最低检出浓度为0.3 mg/m^3。

(一)测定原理

除He、Ne等单原子分子和N_2、O_2、Cl_2等双原子分子外,CO、CO_2、CH_4、NH_3、SO_2等几乎所有的分子都能吸收红外线,不同物质的吸收波长不同,且最大吸收峰的波长范围较窄,而且物质对红外线的吸收程度与物质的量有关。因此,可利用不同物质对红外线的不同吸收作用进行该物质的测定。

CO对红外线有吸收作用,非分散红外法是通过CO对红外光的特征吸收进行定量分析。样品气体进入仪器,在前吸收室吸收4.67 μm谱线中心的红外辐射能量,在后吸收室吸收其他辐射能量。两室因吸收能量不同,破坏了原吸收室内气体受热产生相同振幅的压力脉冲,变化后的压力脉冲通过毛细管加在差动式薄膜微音器上,被转化为电容量的变化,通过放大器再转变为与浓度成比例的直流测量值。

非分散红外吸收CO测定仪的工作原理如图7-5所示,其组成部件主要有红外光源、切光片、气室、光检测器,相应的供电、放大、显示和记录用的电子线路和部件。从红外光源发出能量相等的两束平行光,被同步电机M带动的切光片交替切断,调制成断续的交变光,减少信号源漂移。然后,其中一束通过滤波室(内充CO_2和水蒸气,用以清除干扰光)、参比室(内充不吸收红外光的气体,如氮气),投射到检测室,这束光称为参比光束,其CO特征吸收波长光强度不变。另一束光称为测量光束,通过滤波室、测量室投射到检测室。检测室用一金属膜片（厚5～10 μm）分割成容积相等的上、下两室，均充等浓度CO气体，当红外光束射入检测室，被CO气体吸收，可使气体温度升高，内部压力升高。在金属薄膜一侧还固定一圆形金属片，距薄膜0.05～0.08 mm，二者组成一个电容器。这种检测器称为电容检测器或薄膜微音器。由于射入检测室的参比光束强度大于测量光束强度，使两室中气体的温度产生差异，导致下室中的气体膨胀压力大于上室，使金属薄膜偏向固定金属片一方，从而改变了电容器两级间的距离，也就改变了电容量，由其变化值即可得出气样中CO的浓度值。采用电子技术将电容量变化转变成电位变化，经放大及信号处理后，由批示表和记录仪显示和记录测量结果。

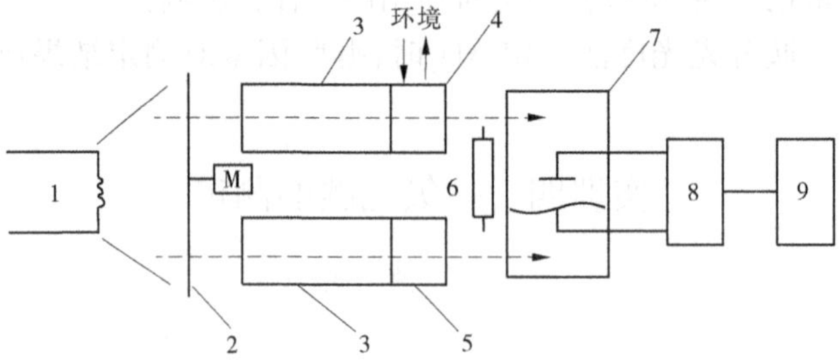

1—红外光源；2—切光片；3—滤波室；4—测量室；5—参比室；
6—调零挡板；7—检测室；8—放大及信号处理系统；9—批示表及记录仪

图7-5　非分散红外吸收CO测定仪的工作原理

（二）分析仪器与用具

（1）一氧化碳非分散红外气体分析仪。仪器主要性能指标如下：

测量范围：0～62.5 mg/m^3；重现性：≤0.5%（满刻度）；零点漂移：≤±2%满刻度/4 h；跨度漂移：≤±2%满刻度/4 h；线性偏差：≤±1.5%满刻度；启动时间：30 min至1 h；抽气流量：0.5 L/min；响应时间：指针指示或数字显示到满刻度的90%的时间<15 s。

（2）记录仪：0～10 mV。

（3）流量计：0～1 L/min。

（4）采气袋、止水夹、双联球。

（5）氮气：要求其中CO浓度一致，或是制备霍加拉特加热管除去其中CO。

（6）一氧化碳标定气：浓度应选在仪器量程的60%～80%。

（三）试剂

（1）变色硅胶：于120 ℃下干燥2 h。

（2）无水氯化钙：分析纯。

（3）高纯氮气：纯度99.99%。

（4）霍加拉特氧化剂：10～20目颗粒。主要成分为氧化锰（MnO）和氧化铜（CuO），作用是将空气中的CO氧化成CO_2，用于仪器调零。此氧化剂在100 ℃以下的氧化效率应达到100%。为保证其氧化效率，在使用存放过程中应保持干燥。

（5）一氧化碳标准气体：贮于铝合金瓶中。

(四)测定分析过程

1. 准备

准备好聚乙烯薄膜采气袋,若带仪器现场采样,则需先进行仪器调零和标定,并带好电源线,准备好监测分析用仪器药品等。

2. 仪器启动和调零

开机接通电源预热,稳定30 min至1 h后,将高纯氮气连接在仪器进气口,启动仪器内装泵抽入纯氮气,用流量计控制流量为0.5 L/min,调节仪器校准零点,或将空气经霍加拉特氧化管(加热至90~100 ℃)和干燥管后进入仪器进气口,用流量计控制流量为0.5 L/min,调节仪器校准零点。

3. 校准仪器

在仪器进气口通入流量为0.5 L/min的CO标准校正气(可从制气厂买到)校正,待仪器指示值稳定后,调节仪器灵敏度电位器,使仪器指示值与标准气的浓度相符,即记录器指针调在CO浓度的相应位置。重复2~3次,使仪器处在正常工作状态。

4. 采样

用聚乙烯薄膜采气袋,抽取现场空气冲洗3~4次,采气0.5 L或1.0 L,用止水夹密封进气口,带回实验室分析。同时记录采样地点、采样日期和时间、采气袋编号。

5. 测定样品

将空气样品的聚乙烯薄膜采气袋接在仪器的进气口,出口放空,打开仪器的泵开关,便可将样气抽入仪器内,待仪器读数稳定后,从显示器上直接读得被测气体CO的浓度值。

如果将仪器带到现场,可直接通入气样,测定现场空气中一氧化碳的浓度。

为消除水蒸气、悬浮颗粒物的干扰,测定时,样气需经变色硅胶或无水氯化钙过滤管除去水蒸气,经玻璃纤维滤膜除去颗粒物;也可采用串联式红外线检测器,可以大部分消除以上非待测组分的干扰。

(五)结果计算与表示

一氧化碳体积浓度(ppm)可按下式换算成标准状态下质量浓度(mg/m^3):

$$\rho_{CO} = 1.25 \times n \tag{7-10}$$

式中　ρ_{CO}——样品气体中CO的质量浓度,mg/m^3;

1.25——标准状态下CO由体积浓度换算为质量浓度的换算系数;

n——仪器指示的格数,即CO的浓度,ppm。

此公式为通用经验公式,适合于城市气压、温度变化不大的情况。

(六)注意事项

(1)仪器启动后,必须预热,稳定后再进行测定。具体操作按仪器说明书规定进行。

(2)标准气和仪器的稳定性对结果有很大影响。为使结果更准确,应保持标准气的不确定度小于2%,仪器的稳定性误差小于4%。

(3)消除CO_2和水蒸气的干扰:CO的红外吸收峰在4.5 μm附近,CO_2的红外吸收峰在4.3 μm附近,水蒸气的红外吸收峰在3 μm和6 μm附近,而且空气中CO_2和水蒸气的浓度远大于CO的浓度,因此干扰CO的测定。可采用制冷剂或将气样通过干燥剂除去水蒸气，用窄带光学滤光片或气体滤波室将红外辐射限制在 CO 的吸收范围内，消除 CO_2 的干扰。

（七）思考题

非分散红外吸收法测定环境空气中 CO 时，主要干扰因素是什么？如何消除干扰？

实训五　臭氧的测定

——靛蓝二磺酸钠分光光度法

该方法适用于环境空气中臭氧的测定及相对封闭环境（如室内、车内等）空气中臭氧的测定。当采样体积为 30 L 时，空气中臭氧的检出限为 0.010 mg/m³，测定下限为 0.040 mg/m³。当采样体积为 30 L 时，吸收液质量浓度为 2.5 μg/mL 或 5.0 μg/mL 时，测定上限分别为 0.50 mg/m³ 或 1.00 mg/m³。当空气中臭氧质量浓度超过该上限时，可适当减小采样体积。

（一）测定原理

空气中的臭氧在磷酸盐缓冲剂存在下，与吸收液中蓝色的靛蓝二磺酸钠等摩尔反应，褪色生成靛红二磺酸钠，在 610 nm 处测量吸光度，根据蓝色减退的程度可定量测定空气中臭氧的浓度。

（二）仪器与用具

（1）多孔玻板吸收管：内装 10 mL 吸收液，以 0.50 L/min 流量采气，玻板阻力应为4 ~ 5 kPa，气泡分散均匀。

（2）空气采样器：流量范围 0 ~ 1.0 L/min。用皂膜流量计校准采样前后采样系统的流量，相对误差应小于 ±5%。

（3）分光光度计：能在 610 nm 处测量吸光度，带 20 mm 比色皿。

（4）生化培养箱或恒温水浴：温控精度为 ±1 ℃。

（5）水银温度计：精度为 ±0.5 ℃。

（6）具塞比色管：10 mL。

（7）实验室常用玻璃仪器。

（三）试剂

除非另有说明，均使用符合国家标准的分析纯化学试剂，实验用水为新制备的去离子水或蒸馏水。

（1）溴酸钾标准贮备溶液，$c(1/6KBrO_3)=0.100\ 0$ mol/L：

准确称取 1.391 8 g 溴化钾（优级纯，180 ℃烘 2 h），置烧杯中，加入少量水溶解，移入 500 mL 容量瓶中，用水稀释至标线。

（2）溴酸钾 - 溴化钾标准溶液，$c(1/6KBrO_5)=0.010\ 0$ mol/L：

吸取 10.0 mL 溴酸钾标准贮备溶液（1）于容量瓶中，加入 1.0 g 溴化钾（KBr），用水稀释至标线。

（3）硫代硫酸钠标准贮备液，$c(Na_2S_2O_3)=0.100\ 0$ mol/L。

（4）硫代硫酸钠标准工作溶液，$c(Na_2S_2O_3)=0.005\ 00$ mol/L：

临用前，取硫代硫酸钠标准贮备液(3)用新煮沸并冷却到室温的水准确稀释 20 倍而成。

(5)硫酸溶液：1 + 6(V/V)。

(6)淀粉指示剂溶液，$\rho = 2.0$ g/L：

称取 0.20 g 可溶性淀粉，用少量水调成糊状，慢慢倒入 100 mL 沸水中，煮沸至溶液澄清。

(7)磷酸盐缓冲吸收液，$c(KH_2PO_4 - Na_2HPO_4) = 0.050$ mol/L：

称取 6.8 g 磷酸二氢钾(KH_2PO_4)和 7.1 g 无水磷酸氢二钠(Na_2HPO_4)溶于水，稀释至 1 000 mL。

(8)靛蓝二磺酸钠($C_{16}H_{18}Na_2O_8S_2$)，简称 IDS，分析纯、化学纯或生化试剂。

(9)IDS 标准贮备液(待标定)：称取 0.25 g 靛蓝二磺酸钠(8)溶解于水，移入 500 mL 棕色容量瓶中，用水稀释至标线，摇匀，在室温暗处放置 24 h 后标定。此溶液于 20 ℃以下暗处存放可稳定两周。

(10)IDS 标准工作溶液：将标定后的 IDS 标准贮备液(9)用磷酸盐缓冲吸收液(7)，逐级稀释成每毫升相当于 1.0 μg 臭氧的 IDS 标准工作溶液。此溶液于 20 ℃以下暗处存放，可稳定一周。

(11)IDS 吸收液：取适量 IDS 标准贮备液(9)，根据空气中臭氧质量浓度的高低，用磷酸盐缓冲吸收液(7)稀释成每毫升相当于 2.5 μg 或 5.0 μg 臭氧的 IDS 吸收液，此溶液于 20 ℃以下暗处可保存一个月。

(四)测定分析过程

1. 标定

准确吸取 20 mL IDS 标准贮备液(9)于 250 mL 碘量瓶中，加入 20 mL 溴酸钾 - 溴化钾标准溶液(2)，再加入 50 mL 水，盖好瓶塞，放入(16 ± 1)℃生化培养箱或水浴中，至溶液温度与水浴温度平衡时[1]：加入 5 mL 硫酸溶液(5)，立即盖好瓶塞、混匀并开始计时，于 16 ℃ ± 1 ℃水浴中，于暗处放置 35 min ± 1.0 min 后，加入 1.0 g 碘化钾(KI)，立即盖好瓶塞，轻轻摇匀至完全溶解，在暗处放置 5 min 后，用硫代硫酸钠标准工作溶液(4)滴定至棕色刚好褪去呈淡黄色，加入 5 mL 淀粉指示剂溶液(6)，继续滴定至蓝色消褪，终点为亮黄色。记录所消耗的硫代硫酸钠标准工作溶液(4)的体积。两次平行滴定所用硫代硫酸钠标准工作溶液的体积之差不得大于 0.1 mL 。

每毫升靛蓝二磺酸钠溶液相当于臭氧的质量浓度 ρ(μg/mL)由下式计算：

$$\rho = \frac{c_1V_1 - c_2V_2}{V} \times 12.00 \times 10^3 \tag{7-11}$$

式中　ρ——每毫升靛蓝二磺酸钠溶液相当于臭氧的质量浓度，μg/mL；

c_1——溴酸钾 - 溴化钾标准溶液(2)的浓度，mol/L；

V_1——加入溴酸钾 - 溴化钾标准溶液的体积，mL；

---

[1] 达到平衡的时间与温差有关，可以预先用相同体积的水代替溶液，加入碘量瓶中，放入温度计观察达到平衡所需要的时间。

c_2——滴定时所用硫代硫酸钠标准溶液的浓度，mol/L；

V_2——滴定时所用硫代硫酸钠标准溶液的体积，mL；

V——IDS 标准贮备液(9)的体积，mL；

12.00——臭氧的摩尔质量(1/4 O_3)，g/mol。

2. 采样

(1)采样前用皂膜流量计校准空气采样器流量，操作方法见附录三。

(2)吸取两支(10.0 ± 0.02)mL IDS 吸收液(11)于多孔玻板吸收管中，用尽量短的一小段硅橡胶管连接起来，罩上黑布套，橡胶管把串联好的吸收管的玻璃球端支管与空气采样器的入口相连接。

(3)打开采样器电源用手指堵住吸收管进气端，观察乳胶管和流量计浮子，如管子有发瘪的迹象、流量计浮子回零，说明气密性检验合格。

(4)调节流量计浮子固定在0.5 L/min 左右，采气 10 ~ 60 min(视浓度高低而定，高时可减少采样时间)即 5 ~ 30 L。在采样的同时，应记录现场温度、空气压力和采样起止时间等。

(5)当第一支吸收管中的吸收液褪色约 60% 时(与现场空白样品比较)，应立即停止采样。当确信空气中臭氧质量浓度较低，不会穿透时，可用棕色玻板吸收管采样。

样品在采集、运输及存放过程中应严格避光。样品于室温暗处存放至少可稳定 3 天。

3. 现场空白样品

用同一批配制的 IDS 吸收液(11)，装入多孔玻板吸收管中，带到采样现场。除不采集空气样品外，其他环境条件保持与采集空气的采样管相同。每批样品至少带两个现场空白样品。

4. 绘制校准曲线

取 6 支 10 mL 具塞比色管，按表 7-11 配制标准色列。

表 7-11　臭氧标准溶液色列

管号	0	1	2	3	4	5
IDS 标准工作溶液(10)(mL)	10	8	6	4	2	0
磷酸盐缓冲吸收液(7)(mL)	0	2	4	6	8	10
臭氧质量浓度(μg/mL)	0	0.2	0.4	0.6	0.8	1.0

各管摇匀，在波长 610 nm 处，用 20 mm 比色皿，以水为参比溶液测量吸光度。以臭氧质量浓度为横坐标、以校准系列中 0 浓度管的吸光度(A_0)与各标准色列管的吸光度(A)之差($A_0 - A$)为纵坐标，用最小二乘法计算校准曲线的回归方程或绘制校准曲线：

$$y = bx + a \tag{7-12}$$

式中　y——空白样品的吸光度 A_0 与各标准色列管的吸光度 A 之差，$A - A_0$；

x——臭氧质量浓度，μg/mL；

b——回归方程的斜率，吸光度 · mL/μg；

a——回归方程的截距。

5. 测定样品

在吸收管的入口端串接一个玻璃尖嘴，用吸耳球将吸收前、后两支吸收管中的溶液挤入到一个25 mL或50 mL棕色容量瓶中，第一次尽量挤净，然后每次用少量磷酸盐缓冲溶液，反复多次洗涤吸收管，洗涤液一并挤入容量瓶中，再滴加少量水至标线，按绘制标准曲线步骤测量样品的吸光度。

6. 空白测定

将上述带到现场的空白样品，按样品的测定步骤测定零空气样品的吸光度。

（五）结果计算与表示

空气（样品）中臭氧的质量浓度ρ（mg/m^3）按下式计算：

$$\rho(O_3) = \frac{(A - A_0 - a) \times V}{b \times V_r} \qquad (7\text{-}13)$$

式中　$\rho(O_3)$——空气中臭氧的质量浓度，mg/m^3；

A——样品溶液的吸光度；

A_0——现场空白样品吸光度的平均值；

b——校准曲线的斜率；

a——校准曲线的截距；

V——样品溶液总体积，mL；

V_r——换算成参比状态（298.15 K，1 013.25 hPa）的采样体积，L。

所得结果精确至小数点后三位。

（六）注意事项

（1）采样时应注意检查采样系统的气密性，用皂膜流量计校准流量，做好采样记录。

（2）标准溶液和试样溶液操作条件应保持一致。

（3）空白实验吸收液与采样用吸收液应为同一批药品配制。

（4）显色剂的加入方式要正确。

（5）空气中存在NO_2时，会使臭氧的测定结果偏高，约为NO_2质量浓度的60%。

（6）空气中二氧化硫、硫化氢、过氧乙酰硝酸酯（PAN）和氟化氢的质量浓度高于750 $\mu g/m^3$、110 $\mu g/m^3$、1 800 $\mu g/m^3$、2.5 $\mu g/m^3$时，干扰臭氧的测定。

（7）空气中氯气、二氧化氯的存在使臭氧的测定结果偏高。但在一般情况下，这些气体的质量浓度很低，不会造成显著误差。

（8）市售IDS不纯，必须进行标定。用溴酸钾－溴化钾标准溶液标定IDS的反应，需要在酸性条件下进行，加入硫酸溶液后反应开始，加入碘化钾后反应终止。为了避免副反应使反应定量进行，必须严格控制培养箱或水浴温度[（16±1）℃]和反应时间[（35±1.0）min]。一定要等到溶液温度与培养箱或水浴温度达到平衡时再加入硫酸溶液，并立即盖塞，开始计时。滴定过程中应避免阳光照射。

（9）IDS吸收液的体积影响测量的准确度，装入采样管中吸收液的体积必须准确，最后用移液管加入；采样后向容量瓶中转移吸收液应尽量完全（少量多次冲洗）；装有吸收液的采样管，在运输、保存和取放过程中应防止倾斜或倒置，避免吸收液损失。

（七）思考题

（1）如果空气中存在二氧化氮，则会对结果产生什么影响？

（2）IDS 溶液标定时，如何避免副反应的影响？

实训六　臭氧的测定

——紫外光度法

该方法主要用于环境空气中臭氧的瞬时测定，也适用于环境空气的自动监测。测定环境空气中臭氧的浓度范围为 0.003 ~ 2 mg/m^3。

（一）测定原理

当空气样品以恒定的流速通过除湿器和颗粒物过滤器进入紫外臭氧分析仪的气路系统时分成两路：一路为样品空气，一路通过选择性臭氧涤除器成为零空气，样品空气和零空气在电磁阀的控制下交替进入样品吸收池或分别进入样品吸收池和参比池，臭氧对 253.7 nm 波长的紫外光有特征吸收。设零空气通过吸收池时被光检测器检测的光强度为 I_0，样品空气通过吸收池时被检测的光强度为 I，则 I/I_0 为透光率。仪器的微处理系统根据朗伯－比尔定律公式（7-14），由透光率计算臭氧浓度。

$$\ln(I/I_0) = -a\rho d \tag{7-14}$$

式中　I/I_0——样品的透光率，即样品空气和零空气的光强度之比；

ρ——采样温度压力条件下臭氧的质量浓度，μg/m^3；

d——吸收池的光程，m；

a——臭氧在 253.7 nm 处的吸收系数，$a = 1.44 \times 10^{-5}$ m^2/μg。

（二）分析仪器与用具

1. 环境臭氧分析仪

紫外吸收池：紫外吸收池应由不与臭氧起化学反应的惰性材料制成，并具良好的机械稳定性。吸收池温度控制精度为 ±0.5 ℃，吸收池中样品空气压力控制精度为 ±0.2 kPa。

紫外光源灯：如低压汞灯，其发射的紫外单色光集中在 253.7 nm，而 185 nm 的光（照射氧产生臭氧）通过石英窗屏蔽去除。光源灯发出的紫外辐射应足够稳定，能够满足分析要求。

紫外检测器：能定量接收波长 253.7 nm 处辐射的 99.5%。其电子组件和传感器的响应稳定，能满足分析要求。

带旁路阀的涤除器[1]：其活性组分能在环境空气样品流中选择性地去除臭氧。

采样泵：安装在气路的末端，抽吸空气流过臭氧分析仪，并能保持流量在 1 ~ 2 L/min 条件下运转。

流量控制器：紧接在采样泵的前面，可适当调节流过臭氧分析仪的空气流量。

---

[1] 空气样品经过臭氧涤除器进入吸收池由光检测器测出 I，臭氧涤除器的平均寿命由生产厂家给出，而实际寿命由采样环境来定。当臭氧涤除器对环境中的臭氧反应明显降低、线性检验精度 >1% 时，应更换臭氧涤除器。

空气流量计：安装在紫外吸收池的后面，流量范围为1～2 L/min。

温度指示器：能测量紫外吸收池中样品空气的温度，准确度为±0.5 ℃。

压力指示器：能测量紫外吸收池内样品空气的压力，准确度为±0.2 kPa。

臭氧分析仪示意图见图7-6。

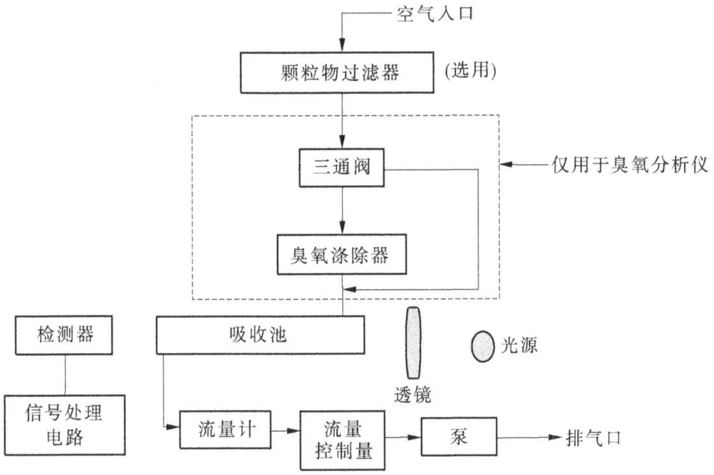

图7-6　环境臭氧分析仪示意图

2. 紫外校准光度计

紫外校准光度计的构造和原理与环境臭氧分析仪相似，准确度优于±0.5%，重复性相对偏差小于±1%。没有内置去除臭氧的涤除器，提供的零空气需与臭氧发生器的零空气为同一来源。

紫外校准光度计用于校准臭氧的传递校准或环境臭氧分析仪，只能通入清洁、干燥、过滤过的校准气体，不可以直接采集空气。只能放在干净的专用的实验室内，必须固定避免震动。

3. 紫外臭氧分析仪

构造与环境臭氧分析仪相同，由于作为臭氧传递标准使用，不可同时用于测定环境空气。

4. 带配气装置的臭氧发生器

与零气源连接后，能够产生稳定的接近系统上限浓度的臭氧（0.5 μmol/mol或1.0 μmol/mol），能够准确控制进入臭氧发生器的零空气的流量，至少可以对发生的初始臭氧浓度进行4级稀释，发生的臭氧浓度用紫外校准光度计或经过上一级溯源的紫外臭氧分析仪测量。该仪器用于对环境臭氧分析仪进行多点校准和单点校准。

5. 输出多支管

输出管线的材质采用不与臭氧起化学反应的惰性材料，如硅硼玻璃、聚四氟乙烯等。要保证管线内外的压力相同，管线应有足够的直径和排气口。为防止空气倒流，排气口在不使用时应封闭。

典型的臭氧校准系统气路示意图见图7-7。

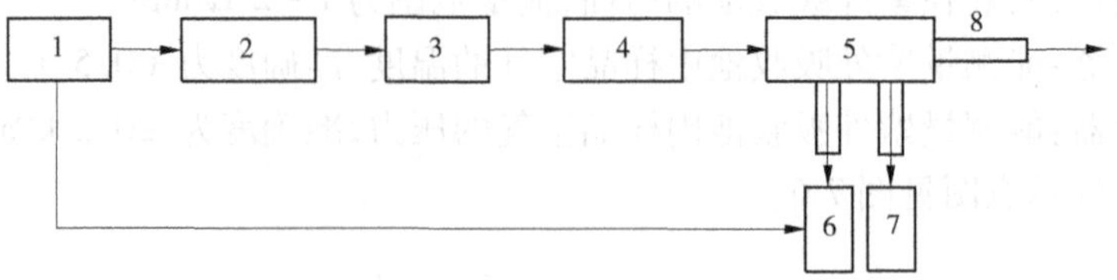

1—零空气；2—流量控制器；3—流量计；4—臭氧发生器；5—输出多支管；
6—紫外校准光度计接口；7—环境臭氧分析仪或其他传递标准接口；8—排气口

图 7-7　典型的臭氧校准系统气路示意图

（三）试剂和材料

（1）采样管线：采用玻璃、聚四氟乙烯等不与臭氧起化学反应的惰性材料。

（2）颗粒物过滤器：过滤器由滤膜及其支撑物组成，其材质应选用聚四氟乙烯等不与臭氧起化学反应的惰性材料，滤膜孔径为 5 μm。

通常新滤膜需要在工作环境中适应 5 ~ 15 min 后再使用。滤膜要根据使用情况进行更换，一片滤膜最长使用时间不得超过 14 d。当发现在 5 ~ 15 min 内臭氧含量递减 5% ~ 10% 时，应立即更换滤膜。

（3）零空气：指不含有臭氧、氮氧化物及任何能使臭氧分析仪产生紫外吸收的空气，可以由零气发生装置产生，也可以由零气钢瓶提供。如果使用合成空气，氧的含量应为合成空气的 20.9% ±2% 。

（四）测定分析过程

1. 传递标准的校准

传递标准的校准方法有两种，即用紫外校准光度计校准传递标准和用紫外校准光度计校准臭氧分析仪类型的传递标准，在这里重点介绍前者。

（1）按图 7-7 连接零空气、臭氧发生器和紫外校准光度计，通电使整个校准系统预热和稳定 48 h。

（2）零点校准。调节进入臭氧发生器的零空气流量，使其产生不同浓度的臭氧，零空气流量必须超过接在输出多支管上的校准仪与分析仪的总需要量的 20%，并适当超过排气口的大气压力，以保证无环境空气抽入多支管的排出口。让分析仪和校准仪同时采集零空气直至获得稳定的响应值（零空气需稳定输出 15 min）。必要时调节校准仪和分析仪的零点电位器使读数为零或进行零补偿。记录紫外校准光度计的输出值（I_0）。

（3）跨度调节。调节臭氧发生器，使产生所需要的最高摩尔分数的臭氧（0.5 μmol/mol 或 1.0 μmol/mol）稳定后（一般臭氧需稳定输出 15 min），记录紫外校准光度计的输出值（I）。按下式计算输出多支管中臭氧的质量浓度：

$$\rho_0 = \frac{101.325}{P} \times \frac{T + 273.15}{273.15} \times \frac{-\ln(I/I_0)}{1.44 \times 10^{-5}} \times \frac{1}{d} \tag{7-15}$$

式中　ρ_0——标准状态下臭氧的质量浓度，$\mu g/m^3$；

d——紫外臭氧校准光度计吸收池的光程，m；

I/I_0——含臭氧空气的透光率，即样品空气和零空气的光强度之比；

1.44×10^{-5}——臭氧在253.7 nm处的吸收系数，$m^2/\mu g$；

P——光度计吸收池压力，kPa；

T——光度计吸收池温度，℃。

注：若有紫外臭氧校准仪直接输出臭氧的浓度值，可省略该计算步骤。

必要时，调节臭氧发生器的跨度电位器，使其指示的输出读数接近或等于计算的浓度值。若跨度调节和零点调节相互关联，则应重复上述步骤(2)、(3)，再检查零点和跨度，直至不做任何调节，仪器的响应值均符合要求。

(4)多点校准。调节进入臭氧发生器的零空气流量，在仪器的满量程范围内，至少发生4个臭氧浓度(不包括零点浓度和满量程点)，对每个浓度点分别测定、记录，并计算其稳定的输出值(ρ_i)。

以紫外校准光度计的输出值对应臭氧浓度的稀释率绘图。按式(7-16)计算多点校准的线性误差：

$$E_i=\frac{\rho_0-\rho_i/R}{A_0}\times100\% \tag{7-16}$$

式中　E_i——各浓度点的线性误差(%)；

ρ_0——初始臭氧质量浓度或摩尔分数，mg/m^3或$\mu mol/mol$；

R——稀释率，等于初始浓度流量除以总流量。

为评估校准的精密度，应重复该校准步骤；各浓度点的线性误差必须小于±3%，否则应检查流量稀释的准确度。

2. 环境臭氧分析仪的校准

按图7-7连接零空气、臭氧发生器、环境臭氧分析仪和经过上一级溯源的紫外臭氧分析仪或其他传递标准，按与上述(1)~(4)相同的步骤，进行零点调节、跨度调节和多点校准，并分别记录环境臭氧分析仪的输出值。

以传递标准的参考值对应臭氧分析仪的响应值绘制校准曲线。校准曲线的斜率应在0.95~1.05，截距应小于满量程的±1%，相应系数应大于0.999。

3. 测定样品

在有温度控制的实验室安装臭氧分析仪，以减少温度变化对仪器的影响；然后接通电源，打开仪器主电源开关，仪器至少预热1 h。按生产厂家的操作说明正确设置各种参数，包括UV光源灯的灵敏度、采样流速；激活电子温度和压力补偿功能等。待仪器稳定后连接气体采样管线，向仪器中导入零空气和样气，检查零点和跨度，进行现场测定。可将臭氧分析仪与记录仪、数据记录器、计算机等装置连接，通过合适的记录装置记录臭氧浓度。由于空气中的颗粒物可能会在采样管路中累积，破坏臭氧使得测定结果偏低。为了保持管路清洁，可在采样管前端安装颗粒物过滤器。

(五)数据处理与结果表示

臭氧分析仪能够测量吸收池内样品空气的温度和压力，根据测得的数据，按下式计算参比状态(298.15 K，1 013.25 hPa)下臭氧的质量浓度：

$$\rho_r=\rho\times\frac{101.325}{P}\times\frac{t+273.15}{298.15} \tag{7-17}$$

式中 ρ_r——参比状态下臭氧的质量浓度，mg/m³；

ρ——仪器读数，采样温度、压力条件下臭氧的质量浓度，mg/m³；

P——光度计吸收池压力，hPa；

t——光度计吸收池温度，℃。

(六)注意事项

(1)本方法需要使用有毒的气体臭氧，实验室内臭氧的极限质量浓度为200 μg/m³。过剩的臭氧应排入活性炭洗涤器或室外并远离采样入口。

(2)测定过程应避免颗粒物、湿气对仪器光路、气路的污染，通常可加颗粒物过滤器去除颗粒物的影响。

(3)来源不同的零空气可能含有不同的残余物质，从而产生不同的紫外吸收。因此，向紫外光度计提供的零空气必须与校准臭氧浓度时臭氧发生器所用的零空气为同一来源。

(4)为了缩短样品空气在管线中的停留时间，应尽量采用短的采样管线。实验证明，如果样品空气在管线中停留时间少于5 s，臭氧损失小于1%。

(5)环境臭氧分析仪每次运行之前应检查一次零点、跨度和操作参数；在仪器连续运行期间，每两周检查一次零点、跨度和操作参数；用于校准环境臭氧分析仪的传递标准，至少每6个月用紫外光度校准计校准一次；环境臭氧分析仪应每6个月进行一次多点校准；至少每年用臭氧标准参考光度计(SRP)校准紫外校准光度计一次。

(6)应每隔6个月更换一次零气发生装置的涤除器，更换后，应运行多点校准。

(7)对环境臭氧分析仪至少每半年用工作标准进行流量标定1次；用作臭氧传递标准的流量控制装置应至少每年送有资质的部门进行质量检验和标准传递1次。

(8)当空气中二氧化氮和二氧化硫的体积分数为0.5×10^{-6}(质量浓度分别为0.94 mg/m³和1.3 mg/m³)时，对臭氧的干扰分别约为其浓度的0.2%和0.8%(约相当于2 μg/m³和8 μg/m³臭氧)。

(七)思考题

(1)区别测定环境空气中臭氧的紫外光度法与靛蓝二磺酸钠分光光度法？

(2)如何确认零空气的质量？

(3)样品空气在采样管线中停留期间，一氧化氮与臭氧会发生某种程度的反应，如何进行一氧化氮的校正？

(4)紫外光度法测定臭氧的干扰有哪些？

实训七　氟化物的测定

——滤膜采样/氟离子选择电极法

该方法适用于环境空气中气态和颗粒态氟化物的测定。当采样流量50 L/min，采样时间1 h时，检出限为0.5 μg/m³，测定下限为2.0 μg/m³；当采样流量16.7 L/min，采样时间24 h时，检出限为0.06 μg/m³，测定下限为0.24 μg/m³。

(一)测定原理

用磷酸氢二钾溶液浸渍的滤膜采样时,环境空气中的气态氟化物和颗粒态氟化物被固定或阻留在滤膜上,采样后用盐酸溶液浸溶滤膜上的氟化物,用氟离子选择电极法测定,溶液中氟离子活度的对数与电极电位呈线性关系,可测定出空气中氟化物的小时浓度和日平均浓度。

(二)仪器与用具

(1)一般实验室常用仪器和设备。

(2)聚乙烯烧杯:100 mL。

(3)带盖聚乙烯瓶:50 mL、100 mL、1 000 mL。

(4)大气采样器:小流量采样器,量程范围 10 ~ 60 L/min。采样头可以放置直径为 90 mm 的滤膜,有效直径为 80 mm,采样头配有两层聚乙烯/不锈钢支撑滤膜网垫,两层网垫间有 2 ~ 3 mm 的间隔圈相隔。采样器配有电子流量计和流量计补偿系统,具有自动计算累计体积的功能。流量为 50 L/min 时,采样泵可克服 20 kPa 的压力负荷。

(5)离子活度计或精密酸度计:分辨率为 0.1 mV。

(6)氟离子选择电极:测量氟离子浓度范围 10^{-5} ~ 10^{-1} mol/L。也可选用与离子活度计或酸度计配套的氟离子选择电极和参比电极一体式复合电极。

(7)参比电极:甘汞电极/银 - 氯化银电极。

(8)磁力搅拌器:具聚乙烯包裹的搅拌子。

(9)超声波清洗器:频率 40 ~ 60 kHz。

(10)乙酸 - 硝酸纤维微孔滤膜:孔径为 5 μm,直径与采样头配套。

(11)磷酸氢二钾浸渍滤膜:用镊子夹取乙酸 - 硝酸纤维微孔滤膜放入磷酸氢二钾浸渍液中,浸湿后沥干(每次用少量浸渍液,以能没过滤膜为准,浸渍 4 ~ 5 张滤膜后,更换新的浸渍液),将浸渍后的滤膜摊放在铺有无灰级定性滤纸的聚乙烯或不锈钢托盘上(不能直接用玻璃板或搪瓷板摊放),于 40 ℃以下烘干 30 min 至 1 h,至完全干燥,装入塑料盒(袋)中,密封后放入密闭容器中备用。

(三)试剂

除另有说明外,均为分析纯试剂,所用水为新制备的去离子水。

(1)盐酸:$\rho(HCl) = 1.19$ g/mL。

(2)乙酸:$w(CH_3COOH) \geq 99.5\%$。

(3)氟化钠(NaF):优级纯,于 110 ℃烘干 2 h 放在干燥器中冷却至室温。

(4)盐酸溶液:$c(HCl) = 2.5$ mol/L。

取 1 000 mL 水,量取 20.8 mL 盐酸(1)溶于一定量水中,再用水稀释至 1 L。

(5)氢氧化钠溶液:$c(NaOH) = 5.0$ mol/L。

称取 100.0 g 氢氧化钠(NaOH),溶于水,冷却后稀释至 500 mL。

(6)氢氧化钠溶液:$c(NaOH) = 1.0$ mol/L。

量取 200 mL 氢氧化钠溶液(5),加水稀释至 1 L。

(7)磷酸氢二钾浸渍液:$\rho(K_2HPO_4 \cdot 3H_2O) = 76.0$ g/L。

称取 76.0 g 磷酸氢二钾($K_2HPO_4 \cdot 3H_2O$)溶于水,移入 1 000 mL 容量瓶中,用水定

容至标线，摇匀。

（8）总离子强度调节缓冲溶液（TISAB）：

①总离子强度调节缓冲溶液（TISAB Ⅰ）：称取58.0 g氯化钠（NaCl），10.0 g柠檬酸钠（$Na_3C_6H_5O_7 \cdot 2H_2O$），量取50 mL乙酸（2），加水500 mL。溶解后，加氢氧化钠溶液（5）135 mL，调节溶液pH为5.2，转移到1 000 mL容量瓶中，加水定容至标线，摇匀。

②总离子强度调节缓冲溶液（TISAB Ⅱ[1]）：称取142 g六次甲基四胺（$C_6H_{12}N_4$）和85.0 g硝酸钾（KNO_3）、9.97 g钛铁试剂（$C_6H_4Na_2O_8S_2 \cdot H_2O$），加水溶解，调节pH至5～6，转移到1 000 mL容量瓶中，用水稀释至标线，摇匀。

（9）氟标准贮备溶液：$\rho(F^-)$ = 500 μg/mL。

准确称取1.105 0 g氟化钠（3），溶解于水中，移入100 mL容量瓶中。用水定容至标线，摇匀。贮于聚乙烯瓶中，4 ℃以下冷藏，可保存6个月，临用时取出，放至室温时使用；也可直接购买市售有证标准溶液。

（10）氟标准使用液：$\rho(F^-)$ = 10 μg/mL。

移取10 mL氟标准贮备溶液（9）至500 mL容量瓶中，用水稀释至标线，摇匀。临用现配。贮于聚乙烯塑料瓶中。

（四）测定分析过程

1. 绘制标准曲线

取6个50 mL容量瓶，按表7-12配制标准系列，也可根据实际样品浓度配制，不得少于6个点。

表7-12　氟化钠标准溶液系列

标准系列编号	1	2	3	4	5	6
氟标准使用液（10）（mL）	0.5	1.0	2.0	5.0	10.0	20.0
盐酸溶液（4）（mL）	10	10	10	10	10	10
氢氧化钠溶液（5）（mL）	5	5	5	5	5	5
TISAB溶液（8）（mL）	10	10	10	10	10	10
氟（F^-）含量（μg）	5	10	20	50	100	200

分别移取氟标准使用液（10）0.5 mL、1.0 mL、2.0 mL、5.0 mL、10.0 mL、20.0 mL于6个50 mL容量瓶中，依次加入盐酸溶液（4）10 mL、氢氧化钠溶液（5）5 mL、TISAB溶液（8）10 mL，用水定容至标线，混匀。氟离子含量依次为5 μg、10 μg、20 μg、50 μg、100 μg、200 μg。

将标准系列溶液转移至100 mL聚乙烯杯中，清洗干净的氟离子选择电极及参比电极或复合电极插入制备好的待测液中测定。插入电极前不要搅拌溶液，以免在电极表面附

[1] 当试样成分复杂，偏酸（pH≈2）或者偏碱（pH≈12），可用TISAB Ⅱ配方。

着气泡,影响测定的准确度。测定从低浓度到高浓度逐个进行,开启磁力搅拌器,搅拌数分钟,搅拌时间应一致,搅拌速度要适中、稳定。待读数稳定后(每分钟电极电位变化小于0.2 mV)停止搅拌,静置后读取电位响应值,同时记录测定时的温度(溶液温度控制在15 ~35 ℃,保证氟离子选择电极工作正常)。

以氟含量(μg)的对数为横坐标,其对应测出的电位值(mV)为纵坐标,建立标准曲线;或在半对数坐标纸上,以对数坐标表示氟含量(μg),以等距坐标表示毫伏值,绘制标准曲线。

2. 采样

(1)按照图7-8所示安装滤膜,在第二层支撑滤膜网垫上放置一张磷酸氢二钾浸渍滤膜,中间用2 ~3 mm厚的滤膜垫圈隔开,再放置第一层支撑滤膜网垫,在第一层支撑滤膜网垫上放置第二张磷酸氢二钾浸渍滤膜。按照颗粒物采样方式采样,1 h均值测定时,以50 L/min流量采集,至少采样45 min;24 h均值测定时,以16.7 L/min流量采集,至少采样20 h。

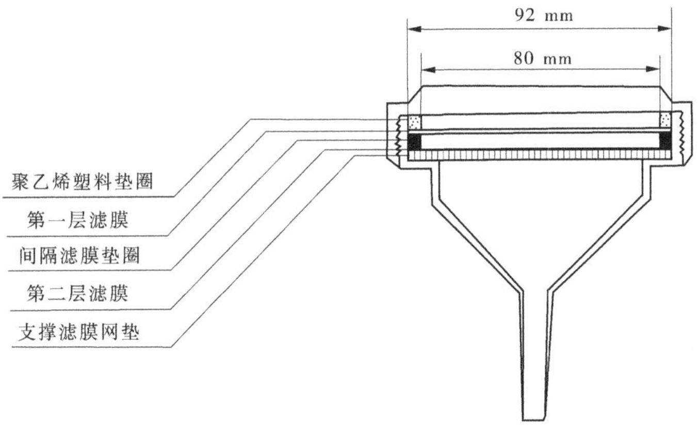

图7-8　滤膜采样头装置

同时根据使用的仪器性能设计做好采样记录(包括开始和结束时的采样时间、流量或采样体积、风向、风速、气温、气压、采样点、样品编号等)。

(2)若需分别测定环境空气中气态和颗粒态氟化物,则在第二层支撑滤膜网垫上放置一张磷酸氢二钾浸渍滤膜,采集气态氟化物;在第一层支撑滤膜网垫上放置柠檬酸浸渍滤膜,采集颗粒态氟化物。

(3)采样后,用干净镊子将样品膜取出,对折放入塑料袋(盒)中,密封好,带回实验室,贮存在密闭容器中,必须在40 d内完成分析。

3. 全程序空白样品(现场空白)

采样同时,取与样品采集同批次浸渍后的空白滤膜(两张)带到现场,将空白滤膜安装在采样头上不进行采样,空白滤膜在采样现场暴露时间与样品滤膜从滤膜盒(袋)取出直至安装到采样头的时间相同,随后取下空白滤膜,并随样品一起运回实验室分析。空白与样品在相同的条件下保存,运输。

要求每次采样至少做2个现场空白。

4. 试样制备

将两张样品滤膜剪成小碎块(约为5 mm×5 mm),放入50 mL带盖聚乙烯瓶中,加盐酸溶液(4)20.00 mL,摇动使滤膜充分分散并浸湿后,在超声波清洗器中提取30 min,取出。待溶液温度冷却至室温,再加入氢氧化钠溶液(6)5.00 mL、水15.00 mL及TISAB溶液(8)10.00 mL,总体积50.00 mL,混匀后转移至100 mL聚乙烯烧杯中待测定。

全程序空白试样制备与样品滤膜制备过程一致。

5. 实验室空白试样制备

取与样品采集同批次浸渍的磷酸氢二钾浸渍滤膜两张,按照与试样制备相同的步骤制备空白样品(水加入量14.5 mL)。在制备好的空白样品中加入氟标准使用液(10)0.5 mL(5.0 μg),总体积50.00 mL,混匀后转移至100 mL聚乙烯烧杯中待测定。

6. 样品测定

处理好的试样测定方法与绘制校准曲线相同。读取毫伏值后,根据回归方程式计算氟含量或从标准曲线上查得氟含量。样品测定应与校准曲线绘制同时进行,测定样品时的温度与绘制校准曲线时的温度之差不应超过±2 ℃。

7. 空白值测定

空白值的不稳定会直接影响测定结果的准确性,每批乙酸-硝酸纤维滤膜都应做空白实验。

1)实验室空白

将处理好的实验室空白试样,按与样品测定相同的步骤测定实验室空白试样。实验室空白试样的氟含量为空白试样测定值(μg)减去标准氟加入量(5.0 μg),取测定的平均值作为实验室空白试样的氟含量。

2)现场空白

将带到现场的、未经采样的、处理好的空白滤膜按上述实验室空白测定方法进行测定。

3)空白对比分析

将现场空白和实验室空白滤膜的测量结果进行对比分析,若现场空白大于2.0 μg,实验室空白大于1.4 μg,需查找原因,重新采样。

(五)结果计算与表示

1. 结果计算

试样中氟化物的含量m(μg)按下式计算:

$$\lg m = \frac{E - E_c}{S_c} \tag{7-18}$$

式中　m——试样中氟化物的含量,μg;

E——试样的电位值,mV;

E_c——标准曲线的截距,mV;

S_c——标准曲线的斜率,mV。

环境空气(样品)中氟化物的含量$\rho(F^-)$(μg)按下式计算:

$$\rho(F^-) = \frac{m - m_0}{V_0} \tag{7-19}$$

式中　$\rho(F^-)$——样品中氟化物的质量浓度，$\mu g/m^3$；

m——按“样品测定”测得的试样的氟含量，μg；

m_0——按“空白值测定”测得的实验室空白试样平均氟含量，μg；

V_0——参比状态（298.15 K，1 013.25 hPa）下的采样体积，m^3。

2. 结果表示

1 h 均值测定，当测定结果小于 10.0 $\mu g/m^3$时，结果保留小数点后一位；当测定结果大于或等于 10.0 $\mu g/m^3$时，结果保留三位有效数字。

24 h 均值测定，当测定结果小于 10.0 $\mu g/m^3$时，结果保留小数点后两位；当测定结果大于或等于 10.0 $\mu g/m^3$时，结果保留三位有效数字。

（六）注意事项

（1）盐酸具有强挥发性和腐蚀性，试剂配制过程应在通风橱内进行；操作时应按要求佩戴防护器具，避免接触皮肤和衣物。

（2）Ca^{2+}、Mg^{2+}、Fe^{3+}、Al^{3+}等金属离子易与氟离子形成络合物，对结果产生负干扰。在该标准实验条件下，加入总离子强度调节缓冲溶液，Ca^{2+}、Mg^{2+}、Fe^{3+}的浓度均不超过 50 mg/L、Al^{3+}不超过 2 mg/L 时不干扰测定。

（3）采样前应对采样器流量进行检查校准，流量示值误差不超过 ±2%；采样起始到结束的流量变化不超过 ±10%。

（4）每批次样品分析应建立新的标准曲线，标准曲线的相关系数≥0.999；温度在 20～25 ℃时，氟离子浓度每改变 10 倍，电极电位变化应满足 −58.0 mV ±2.0 mV。

（5）注意氟离子电极的保管、预处理和使用。不得用手指触摸电极的膜表面，试剂中氟的测定浓度最好不要大于 40 mg/L。如果电极的膜表面被有机物等沾污，必须清洗干净后才能使用。清洗可用甲醇、丙酮等有机试剂，亦可用洗涤剂。例如，可将电极浸入温热的稀洗涤剂（1 份洗涤剂加 9 份水），保持 3～5 min。必要时，可再放入另一份稀洗涤剂中。然后用水冲洗，再在（1＋1）的盐酸中浸 30 s，最后用水冲洗干净，用滤纸吸去水分。

（6）取用滤膜的实验过程中应佩戴防静电的一次性手套，并用不锈钢或聚四氟乙烯的镊子进行操作。

（7）测定过程中应避免使用玻璃器皿。

（七）思考题

（1）如何消除滤膜采样/氟离子选择电极法测定环境空气中氟化物的干扰？

（2）滤膜采样/氟离子选择电极法测定环境空气中氟化物对滤膜有何要求？

实训八　氟化物的测定

——石灰滤纸采样氟离子选择电极法

测定环境空气中氟化物的石灰滤纸采集氟离子选择电极法，简称 LTP 法，该方法采样不需动力，简单易行，采样时间长，适用于环境空气中氟化物长期平均污染水平的测定。

当采样时间为一个月时,方法的测定下限为0.18 μg/(dm^2·d)。

(一)测定原理

采用浸渍过$Ca(OH)_2$溶液的滤纸采样,空气中的氟化物(氟化氢、四氟化硅等)与$Ca(OH)_2$反应,生成氟化钙或氟硅酸钙被固定在滤纸上。用总离子强度调节缓冲液浸提后,以氟离子选择电极法测定,获得石灰滤纸上氟化物的含量。

(二)仪器与用具

(1)石灰滤纸法标准采样装置(见图7-9)。

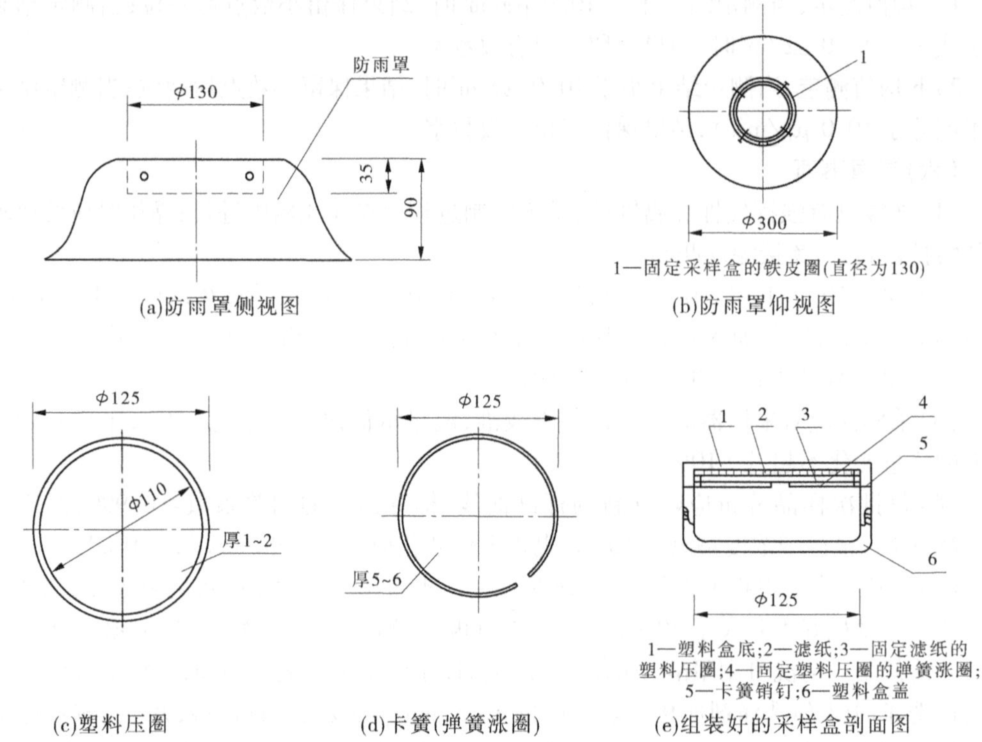

图7-9　采样装置图　(单位:mm)

①采样盒:外径130 mm,内径126 mm,高25 mm(不包括盖)的平底塑料盒,具盖。盒内具有塑料环状垫圈(外径125 mm,内径110 mm)和固定滤纸片用的塑料焊条(或弹簧圈)。

②防雨罩:盆口直径300 mm、高90 mm的防雨罩,盆底用铁皮焊直径130 mm、高35 mm的圈,用于安装采样盒。

(2)氟离子选择电极。

测定浓度范围:10^{-5}~10^{-1} mol/L;曲线斜率:在t ℃下,为$(54+0.2t)$mV。

(3)甘汞电极:盐桥溶液为饱和氯化钾。

(4)小型超声波清洗器。

(5)磁力搅拌器:具聚乙烯包裹的搅拌子。

(6)离子活度计或精密酸度计:分辨率为0.1 mV。

（7）聚乙烯塑料杯：100 mL。

（8）聚乙烯塑料瓶：100 mL、1 000 mL。

（9）定性滤纸：Φ12.5 cm。

（10）石灰滤纸：用两个大培养皿（直径约 15 cm 以上）各放入少量石灰悬浊液，将直径 12.5 cm 定性滤纸放入第一个培养皿中浸透、沥干，再放入第二个培养皿中浸透、沥干（浸渍 5～6 张滤纸后，换新的石灰悬浊液），然后摊放在大张定性滤纸上（应在干净、无氟的条件下进行），于 60～70 ℃烘干，装入塑料盒（袋）中，密封好放入干燥器中备用（干燥器中不加干燥剂）。

（三）试剂

所用试剂除另有说明外，均为使用符合国家标准的分析纯化学试剂，实验用水为新制备的去离子水或蒸馏水。

（1）高氯酸：72%，优级纯。

（2）氢氧化钠溶液 $c(NaOH)=2.5$ mol/L：称取 100.0 g 优级纯氢氧化钠，溶于水，冷却后稀释至 1 000 mL。

（3）氢氧化钠溶液 $c(NaOH)=5.0$ mol/L：称取 100.0 g 优级纯氢氧化钠，溶于水，冷却后稀释至 500 mL。

（4）石灰悬浊液的制备：称取 56 g 氧化钙，加 250 mL 水，在搅拌下缓慢加入高氯酸（1）250 mL，加热至产生白烟。冷却后再加水 200 mL，加热蒸发至产生白烟，重复三次，如有沉淀物，用玻璃砂芯漏斗（G3）过滤。在搅拌下向所得透明滤液加入氢氧化钠溶液（2）1 000 mL，得到氢氧化钙悬浊液。静置沉降后，倾出上清液，再用水重复洗涤 5～6 次，最后加水至 5 000 mL，质量分数约为 1%，密闭保存，用时摇匀。

（5）总离子强度调节缓冲溶液（TISAB）：

①总离子强度调节缓冲溶液（TISAB Ⅰ）：称取 58.0 g 氯化钠，10.0 g 柠檬酸钠，量取冰乙酸 50 mL，加水 500 mL。溶解后，加 5.0 mol/L 氢氧化钠溶液（3）约 135 mL，调节溶液 pH 为 5.2，加水定容至 1 000 mL，摇匀。

②总离子强度调节缓冲溶液（TISAB Ⅱ）（同实训七）。

（6）氟化钠标准贮备液 $\rho(NaF)=1\ 000$ μg/mL：称取 0.221 0 g 氟化钠（优级纯，于 110 ℃烘干 2 h，放在干燥器中冷却至室温），溶解于水中，移入 100 mL 容量瓶。用水定容至标线，摇匀。贮于聚乙烯瓶中，在冰箱中可保存半年，临用时取出，待温度升至室温时使用。

（7）氟化钠标准溶液：将氟化钠标准贮备液（6）用水稀释成 2.5 μg/mL、5.0 μg/mL、10.0 μg/mL、25.0 μg/mL、50.0 μg/mL、100.0 μg/mL 的标准溶液，临用现配。上述试剂溶液均应贮于聚乙烯塑料瓶中。

（四）测定分析过程

1. 绘制标准曲线

取 6 个 100 mL 聚乙烯塑料杯，按表 7-13 加入配制的标准系列。也可根据实际样品浓度配制，不得少于 6 个点。分别取 2 mL 六种标准使用溶液（7），依次加入 TISAB 溶液 25 mL、水 23 mL，氟含量依次为 5 μg、10 μg、20 μg、50 μg、100 μg、200 μg。

表 7-13　氟化钠标准系列

杯号	1	2	3	4	5	6
氟化钠标准使用液(μg/mL)	2.5	5.0	10.0	25.0	50.0	100.0
标准使用液取样量(mL)	2	2	2	2	2	2
TISAB 溶液(mL)	25	25	25	25	25	25
水(mL)	23	23	23	23	23	23
氟含量(μg)	5	10	20	50	100	200

将离子活度计接通,预热约 30 min,并按要求将清洗好的氟离子选择电极及甘汞电极插入制备好的待测液中。插入电极前不要搅拌溶液,以免在电极表面附着气泡,影响测定的准确度。测定从低浓度到高浓度逐个进行。在磁力搅拌器上搅拌数分钟,磁力搅拌时间应一致,并且搅拌速度要适中、稳定。待读数稳定后(每分钟电极电位变化小于 0.2 mV)停止搅拌,静置后读取毫伏值,同时记录测定时的温度(溶液温度控制在 15 ~ 35 ℃,保证氟离子选择电极正常工作)。

以氟含量的对数 $\log C$ 为 x,其对应测出的毫伏值为 y,输入计算器或电脑进行统计,建立回归方程 $y = bx + a$,要求相关系数 r 的绝对值大于 0.999,斜率符合 $(54 + 0.2t)$ mV;或在半对数坐标纸上,以对数坐标表示氟含量(μg),以等距坐标表示毫伏值,绘制校准曲线。标准曲线应在测得样品的同时绘制。

2. 采样

取一张石灰滤纸,平铺在平底塑料采样盒底部,用环状塑料卡圈压好滤纸边,再用具有弹性的塑料焊条或卡簧沿盒边压紧(盒上可安装铆钉卡住焊条)。将滤纸牢牢地固定,盖好盖,携至采样点。

采样点之间距离一般为 1 km 左右,距污染源近时,采样点之间距离可缩小,远离污染源的采样点之间距离可加大。采样点应设在较空旷的地方,避开局部小污染源(如烟囱等)。采样装置可固定在离地面 3.5 ~ 4 m 的采样架上;在建筑物密集的地方,可安装在楼顶,与基础面相对高度应大于 1.5 m。

采样时,将装好石灰滤纸的采样盒的盒盖取下,装入采样防雨罩的底部铁圈内,固定好,使石灰滤纸面向下,暴露在空气中,采样时间为 7 d 到 1 个月。做好采样记录[记录放样品地点、样品编号及放样、取样时间(月、日、时)等]。收取样品时,从防雨罩取出采样盒,加盖密封,带回实验室。

采集后的样品贮存在实验室空干燥器内,在 40 d 内分析。

3. 空白实验

每批石灰滤纸都应做空白实验。

抽取 4 ~ 5 张未采样的石灰滤纸,剪成小碎块(约为 5 mm × 5 mm),放入 100 mL 聚乙烯塑料杯中,加入 10.0 μg/mL 的氟化钠标准溶液 0.50 mL,依次加入 TISAB 溶液 25 mL、水 24.5 mL,按与校准曲线绘制同样的方法读取毫伏值,根据回归方程计算氟含量或从标准曲线上查得氟含量,空白石灰滤纸的氟含量为测定值(μg)减去加入的标准氟含量 5

μg。取其平均值为空白石灰滤纸的氟含量（每张空白石灰滤纸的氟含量不应超过1 μg）。

4. 试样制备

取出石灰滤纸样品，剪成小碎块（约为 5 mm×5 mm），放入 100 mL 聚乙烯塑料杯中，加 25 mL TISAB（5）及 25 mL 水，在超声波清洗器中提取 30 min，取出放置过夜（加盖，防止放置时污染），待测。

5. 样品测定

测定方法与绘制标准曲线相同。读取毫伏值后，根据回归方程式计算氟含量或从标准曲线上查得氟含量。测定样品时温度与绘制标准曲线时温度之差不应超过 ±2 ℃。

（五）结果计算与表示

环境空气（样品）中氟化物的含量为

$$\rho(F^-) = \frac{W - W_0}{S \cdot n} \tag{7-20}$$

式中　$\rho(F^-)$——空气中氟化物的含量，μg/（dm^2·d）；

W——石灰滤纸样品的氟含量，μg；

W_0——空白石灰滤纸平均氟含量，μg；

S——样品滤纸暴露在空气中的面积，dm^2；

n——样品滤纸在空气中的放置天数，应精确至 0.1 d。

所得结果用 3 位有效数字表示。

（六）注意事项

（1）测定样品时温度与绘制校准曲线时温度之差不应超过 ±2 ℃。

（2）注意氟离子电极的保管、预处理和使用。不得用手指触摸电极的膜表面，试样中氟的测定浓度不要大于 40 mg/L。如果电极的膜表面被有机物等沾污，必须先清洗干净后才能使用。清洗可用甲醇、丙酮等有机试剂，亦可用洗涤剂。

（3）每批石灰滤纸都应做空白实验，并且空白石灰滤纸的氟含量每张应小于 1 μg。

（4）浸渍液中有 Si^{4+}、Fe^{3+}、Al^{3+} 存在，质量浓度不超过 20 mg/L 时，产生的干扰可采用加入总离子强度调节缓冲液来消除。

（七）思考题

（1）当电极的膜表面被有机物等沾污时，如何清洗电极？

（2）如何消除干扰的影响？

实训九　苯并[a]芘的测定

——高效液相色谱法

该方法适用于环境空气和无组织排放监控点空气颗粒物（$PM_{2.5}$、PM_{10}或 TSP 等）中苯并[a]芘的测定。用二氯甲烷提取，定容体积为 1.0 mL 时，方法检出量为 0.008 μg，测定下限为 0.032 μg；用 5.0 mL 乙腈提取时，方法检出量为 0.040 μg，测定下限为 0.160 μg。

当采样体积为 144 m^3（标准状态下），用二氯甲烷提取，定容体积为 1.0 mL 时，方法检出限为 0.1 ng/m^3，测定下限为 0.4 ng/m^3；当采样体积为 6 m^3（标准状态下），用二氯甲烷提取,定容体积为1.0 mL时,方法的检出限为1.3 ng/m^3,测定下限为5.2 ng/m^3。

当采样体积为1 512 m^3(标准状态下),取滤膜的1/10,用二氯甲烷提取,定容体积为1.0 mL时,方法的检出限为0.1 ng/m^3,测定下限为0.4 ng/m^3;用5.0 mL乙腈提取时,方法的检出限为0.3 ng/m^3,测定下限为1.2 ng/m^3。

当采样体积为6 m^3(标准状态下),用二氯甲烷提取,定容体积为1.0 mL时,方法的检出限为1.3 ng/m^3,测定下限为5.2 ng/m^3。

(一)测定原理

用超细玻璃或石英纤维滤膜采集环境空气中的苯并[a]芘,用二氯甲烷或乙腈提取,提取液浓缩、净化后,采用高效液相色谱分离,荧光检测器检测,根据保留时间定性,外标法定量。

(二)仪器与用具

(1)高效液相色谱仪(HPLC):具有荧光检测器和梯度洗脱功能。

(2)色谱柱:4.6 mm×250 mm,填料为5.0 μm的ODS-C_{18}(十八烷基硅烷键合硅胶)色谱柱或其他性能相近的色谱柱。

(3)采样器:满足国家标准《环境空气颗粒物(PM_{10}和$PM_{2.5}$)采样器技术要求及检测方法》(HJ 93—2013)或《总悬浮颗粒物采样器技术要求及检测方法》(HJ/T 374—2007)中对采样器的要求。大流量采样器工作点流量为1.05 m^3/min;中流量采样器工作点流量为100 L/min;小流量采样器工作点流量为16.67 L/min。

(4)提取设备:低频超声波清洗器、索氏提取器或加压流体萃取仪等性能相当的提取设备。

(5)浓缩设备:氮吹浓缩仪、K-D浓缩仪或其他性能相当的设备。

(6)净化装置:固相萃取装置。

(7)超细玻璃或石英纤维滤膜:根据采样头选择相应规格的滤膜。滤膜对0.3 μm标准粒子的残留效率不低于99%,使用前在马弗炉于400 ℃加热5 h以上,冷却后保存于滤膜盒中。保证滤膜在采样前和采样后不受沾污,并在采样前处于平展状态。

(8)硅胶固相萃取柱:1 000 mg/mL,亦可根据杂质含量选择适宜容量的商业化固相萃取柱。

(9)有机相针式滤器:13 mm×0.45 μm,聚四氟乙烯或尼龙滤膜。

(10)一般实验室常用仪器设备。

(三)试剂

除另有说明均为符合国家标准的分析纯试剂,所用水为新制备的超纯水或蒸馏水。

(1)乙腈(CH_3CN):高效液相色谱纯。

(2)正己烷(C_6H_{14}):高效液相色谱纯。

(3)二氯甲烷(CH_2Cl_2):高效液相色谱纯。

(4)无水硫酸钠(Na_2SO_4):使用前于马弗炉450 ℃加热4 h,冷却,于磨口玻璃瓶中密封保存。

(5)二氯甲烷-正己烷混合溶液:3+7,临用现配。

(6)苯并[a]芘标准贮备液:ρ=100 μg/mL,溶剂为乙腈,直接购买市售有证标准溶液，参考标准溶液证书进行保存。

(7)苯并[a]芘标准中间液：ρ = 10.0 μg/mL。

准确移取1.00 mL苯并[a]芘标准贮备液(6)至10 mL容量瓶中，用乙腈(1)定容，混匀。4 ℃以下密封避光冷藏保存，保存期1年。

(8)苯并[a]芘标准使用液：ρ = 2.00 μg/mL。

准确移取1.00 mL苯并[a]芘标准中间液(7)至5 mL容量瓶中，用乙腈(1)定容，混匀。4 ℃以下密封避光冷藏保存，保存期6个月。

(四)测定分析过程

1. 采样

(1)用无锯齿镊子将滤膜放入洁净滤膜夹内，滤膜毛面朝向进气方向，将滤膜牢固压紧。将滤膜夹放入采样器中，设置采样时间等参数，启动采样器开始采样。

(2)采样结束后，用镊子取出滤膜，滤膜尘面向内对折，避免尘面接触无尘边缘，放入保存盒中避光密封保存，并迅速送回实验室，于20 ℃以下2个月内完成提取。

2. 样品的提取

采集好带回实验室的样品要进行提取，通常有4种提取方法。

1)超声波提取

除去滤膜边缘无尘部分，将滤膜分成n等份，取n分之一滤膜切碎，放入具塞瓶内，加入适量二氯甲烷(3)超声提取15 min，提取液用无水硫酸钠(4)干燥，转移至浓缩瓶中，重复提取三次，合并提取液，待浓缩、净化。通常整张直径9 cm的滤膜，每次需要加入35 mL提取溶剂。

如果采用乙腈(1)超声提取，将切碎的滤膜放入10 mL具塞瓶内，准确加入5.0 mL乙腈(1)超声提取15 min，静置，提取液用有机相针式滤器过滤，弃去1 mL初始液，滤液收集于样品瓶中待测。

滤膜取用量根据实际样品情况确定，必须保证所取滤膜浸没在液面之下。

2)索氏提取

将滤膜放入索氏提取器中，加入100 mL二氯甲烷(3)，回流提取至少40个循环。提取完毕，冷却至室温，取出底瓶，冲洗提取杯接口，清洗液一并转移至底瓶。提取液用无水硫酸钠(4)干燥，转移至浓缩瓶中，待浓缩、净化。

3)自动索氏提取

将滤膜放入自动索氏提取器中，加入100 mL二氯甲烷(3)，回流提取至少40个循环。提取完毕，冷却至室温，取出底瓶，冲洗提取杯接口，清洗液一并转移至底瓶。提取液用无水硫酸钠(4)干燥，转移至浓缩瓶中，待浓缩、净化。

4)加压流体萃取

将滤膜放入加压流体萃取池中，设定萃取温度100 ℃，压力1 500～2 000 psi(1 psi = 6.895 kPa)，静态萃取5 min，二氯甲烷(3)淋洗体积为60%池体积，氮气吹扫60 s，静态萃取至少2次。萃取液用无水硫酸钠(4)干燥，转移至浓缩瓶中，待浓缩、净化。

3. 样品的浓缩

二氯甲烷样品提取液在浓缩设备中于45 ℃以下浓缩，将溶剂完全转换为正己烷

(2),浓缩至 1 mL。待净化;如果不需要进一步净化,则可将溶剂转换为乙腈(1),定容至 1.0 mL,转移至样品瓶中待测。

4. 样品的净化

将硅胶固相萃取柱固定于净化装置。依次用 4 mL 二氯甲烷(3)、10 mL 正己烷(2)冲洗柱床,待柱内充满正己烷后关闭流速控制阀,浸润 5 min 后打开控制阀,弃去流出液。当液面稍高于柱床时,将浓缩后的样品提取液转移至柱内,用 1.0 mL 二氯甲烷 - 正己烷混合溶液(5)洗涤样品瓶 2 次,将洗涤液一并转移至柱内,接收流出液,用 8.0 mL 二氯甲烷 - 正己烷混合溶液(5)洗脱,待洗脱液流过净化柱后关闭流速控制阀,浸润 5 min,再打开控制阀,接收洗脱液至完全流出。

洗脱液按上述"样品的浓缩"方法浓缩,并将溶剂转换为乙腈(1),定容至 1.0 mL,转移至样品瓶中待测。

浓缩净化制备好的试样在 4 ℃以下避光保存,30 d 内完成分析。

5. 实验室空白试样制备

取与样品采集同批次空白滤膜,按照与试样制备相同的步骤制备实验室空白试样。

6. 仪器准备

按仪器操作要求开机,并准备好仪器参考条件:保持柱箱温度 35 ℃,荧光检测器的激发波长(λ_{ex})/发射波长(λ_{em})为 305 nm/430 nm。梯度洗脱程序见表 7-14,其中流动相 A 为乙腈,流动相 B 为水。

表 7-14　梯度洗脱程序

时间(min)	流动相流速(mL/min)	A%	B%
0	1.2	65	35
27	1.2	65	35
41	1.2	100	0
45	1.2	65	35

7. 建立标准曲线

分别移取适量苯并[a]芘标准使用液(8),用乙腈(1)稀释,制备标准系列,质量浓度分别为 0.025 μg/mL、0.050 μg/mL、0.100 μg/mL、0.500 μg/mL、1.00 μg/mL、2.00 μg/mL。

将标准系列溶液依次注入高效液相色谱仪,按照仪器参考条件分离检测,得到各不同浓度的苯并[a]芘的色谱图。以浓度为横坐标,以其对应的峰高或峰面积为纵坐标,绘制标准曲线。

苯并[a]芘标准色谱图见图 7-10。

8. 试样测定

按照与标准曲线绘制相同的仪器条件进行试样测定,记录色谱峰的保留时间和峰高或峰面积。当试样浓度超出标准曲线的线性范围时,用乙腈稀释后,再进行测定。

9. 空白值测定

按照与试样测定相同的仪器条件进行空白试样的测定,且每批样品(≤20 个)至少带

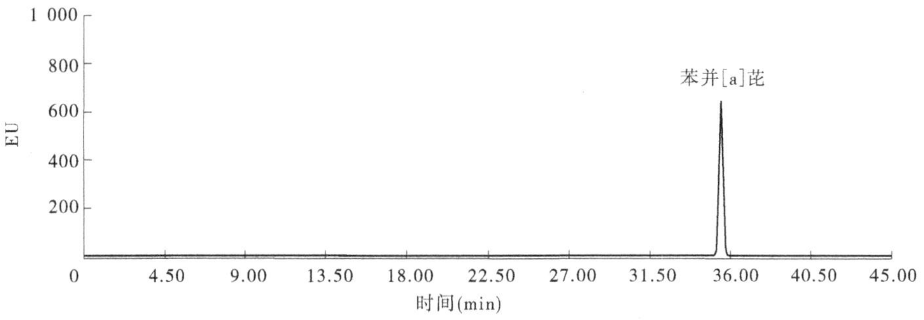

图 7-10　苯并[a]芘标准色谱图

1 个实验室空白,苯并[a]芘的测定值不得高于方法检出限。

(五)结果计算与表示

1. 定性分析

依据保留时间定性,与标准曲线中间点保留时间相比,变化不得超过 ±10 s。

2. 定量分析

根据化合物的峰高或峰面积,采用外标法定量。

3. 结果计算

样品中的苯并[a]芘的质量浓度(ρ)按下式计算:

$$\rho = \frac{\rho_i \times V \times 1\ 000}{V_s \times (1/n)} \tag{7-21}$$

式中　ρ——样品中苯并[a]芘的质量浓度,ng/m^3;

ρ_i——由标准曲线得到试样中苯并[a]芘的质量浓度,μg/mL;

V——试样体积,mL;

V_s——实际采样体积,m^3;

$1/n$——分析用滤膜在整张滤膜中所占的比例。

测定结果的小数点后保留位数与检出限一致,且最多保留三位有效数字。

(六)注意事项

(1)苯并[a]芘属于强致癌物,样品处理过程应在通风橱中进行,并按规定要求佩戴防护用具,避免接触皮肤和衣物。

(2)建立标准曲线的相关系数≥0.999,否则要重新绘制标准曲线;样品测定期间每日至少测定 1 次曲线中间点浓度的标准溶液,苯并[a]芘的测定值和标准值的相对误差应在 ±15% 以内,否则要建立新的标准曲线。

(3)每批样品(≤20 个)测定 1 个空白加标,回收率控制范围为 80% ~120% 。

(4)每批样品(≤20 个)测定 1 个实验室等分样,测定结果大于或等于测定下限时,相对偏差应在 15% 以内。

(5)当样品基质复杂干扰测定时,采用硅胶固相萃取柱去除或减少干扰。

(七)思考题

(1)苯并[a]芘属于强致癌物,分析测定中应如何防护?

(2)每次分析结束后,应如何清洗色谱柱?

(3)如何消除干扰的影响?

实训十　总烃、甲烷和非甲烷总烃的测定

——直接进样-气相色谱法

在该方法中,总烃指在标准规定的测定条件下,在气相色谱仪的氢火焰离子化检测器上有响应的气态有机化合物的总和;非甲烷总烃则指在标准规定条件下,从甲烷中扣除甲烷以后其他气态有机化合物的总和,结果以碳计。

该方法适用于环境空气中总烃、甲烷和非甲烷总烃的测定,也适用于污染源无组织排放监控点空气中总烃、甲烷和非甲烷总烃的测定。

当进样体积为1.0 mL时,总烃、甲烷的检出限为0.06 mg/m^3(以甲烷计),测定下限均为0.24 mg/m^3;非甲烷总烃的检出限为0.07 mg/m^3(以碳计),测定下限为0.28 mg/m^3。

(一)测定原理

将气体样品直接注入具氢火焰离子化检测器的气相色谱仪,分别在总烃柱和甲烷柱上测定样品中的总烃和甲烷含量,两者之差即为非甲烷总烃含量。同时以除烃空气代替样品,测定氧在总烃柱上的响应值,以扣除样品中的氧对总烃测定的干扰。

(二)仪器与用具

(1)采样容器:全玻璃材质注射器,容积不小于100 mL,清洗干燥后备用;气袋材质为氟聚合物薄膜气袋,低吸附性和低气体渗透率,不释放干扰物质,容积不小于1 L,使用前用烃空气清洗至少3次。

(2)真空气体采样箱:由进气管、真空箱、阀门和抽气泵等部分组成,样品经过的管路材质应不与被测组分发生反应。

(3)气相色谱仪:具双氢火焰离子化检测器(FID)。

(4)进样器:带1 mL定量管的进样阀或1 mL气密玻璃注射器。

(5)色谱柱:

填充柱:甲烷柱,不锈钢或硬质玻璃材质,2 m×4 mm,内填充粒径180~250 μm(80~60目)的GDX-502或GDX-104担体;总烃柱,不锈钢或硬质玻璃材质,2 m×4 mm,内填充粒径180~250 μm(80~60目)的硅烷化玻璃微珠。

毛细管柱:甲烷柱,30 m×0.53 mm×25 μm多孔层开口管分子筛柱或其他等效毛细管柱;总烃柱,30 m×0.53 mm脱活毛细管空柱。

(6)一般实验室常用仪器和设备。

(三)材料与试剂

除另有说明外,分析时均使用符合国家标准的分析纯试剂,所用水为新制备的超纯水或蒸馏水。

(1)除烃空气:总烃含量(含氧峰)≤0.40 mg/m^3(以甲烷计);或在甲烷柱上测定,除氧峰外无其他峰。

可直接购买,或用除烃空气装置在实验室制作,详见附录四。

(2)甲烷标准气体:10.0 μmol/mol,平衡气为氮气;也可向具备资质的生产商定制合适浓度的标准气体。

(3)氮气:纯度≥99.999%。

(4)氢气:纯度≥99.99%。

(5)空气:用净化管净化。

(6)标准气体稀释气:高纯氮气或除烃氮气,纯度≥99.999%,按样品测定步骤测试,总烃测定结果应低于该方法检出限。

(四)分析测定过程

1.采样

用容积不小于100 mL全玻璃材质注射器在人的呼吸带高度处抽取现场空气反复抽吸3~4次后采样,以玻璃注射器满刻度采集空气样品,用惰性密封头密封;或用气袋采集样品,将用除烃空气(1)清洗3次的采气袋带到现场,用真空气体采样箱将空气样品引入气袋,至最大体积的80%左右,立刻密封。

采集好样品的玻璃注射器应小心轻放,防止破损,保持针头端向下状态放入样品箱内,带回实验室分析。样品应常温避光保存,采样完成后尽快分析。注射器保存的样品,放置时间不超过8 h;气袋保存的样品,放置时间不超过48 h,若仅测定甲烷,应在7 d内完成。

2.现场空白

将注入除烃空气的采样容器带至采样现场,与同批次采集的样品一起送回实验室分析。运输与保存方法与样品一致。

3.仪器准备

按仪器操作规程开机,色谱柱的一端接到仪器进样口上;另一端不接检测器,用低流速(约10 mL/min)载气通入,柱温升至110 ℃老化24 h,然后将色谱柱接入色谱系统,待基线走平直为止。仪器参考条件如下:

(1)温度:柱温80 ℃、检测器温度200 ℃、进样口温度100 ℃。

(2)气体流量:燃烧气氢气(4)流量约30 mL/min,助燃气空气(5)流量300 mL/min。根据仪器的具体情况可做适当调整。

(3)载气流量:氮气(3)填充柱流量15~25 mL/min;毛细管柱流量为8~10 mL/min。根据色谱柱的阻力调节柱前压。

(4)毛细管柱尾吹气:氮气(3)流量15~25 mL/min,不分流进样。

4.校准曲线制作

1)校准系列制备

用100 mL注射器(预先放入一片硬质聚四氟乙烯小薄片)或1 L气袋为容器,按1:1的体积比,用标准气体稀释气(6)将甲烷标准气体(2)逐级稀释,配置5个浓度梯度的校准系列,该校准系列浓度分别是0.625 μmol/mol、1.25 μmol/mol、2.50 μmol/mol、5.00 μmol/mol、10.0 μmol/mol。

2)校准系列测定

仪器稳定后,由低浓度到高浓度依次抽取1.0 mL校准系列,注入气相色谱仪的总烃柱和甲烷柱，每个浓度重复3次，取峰高的平均值，即得系列标准气体的峰面积。在该方法给出的色谱分析参考条件下，毛细管柱上的标准色谱峰图见图7-11，填充柱上的标准色谱峰图见图7-12。

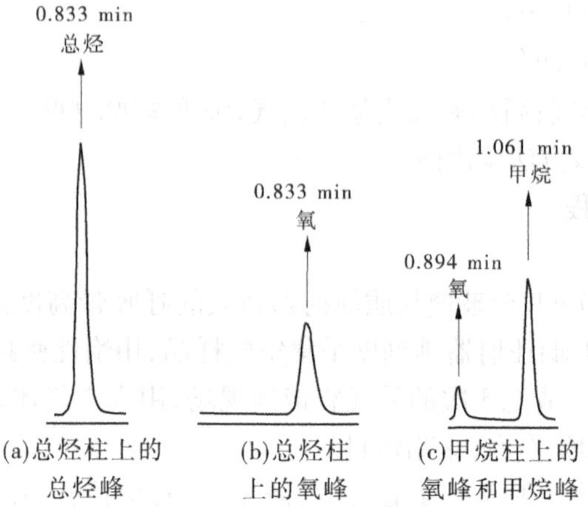

图7-11　总烃、甲烷和氧在毛细管柱上的标准色谱峰图

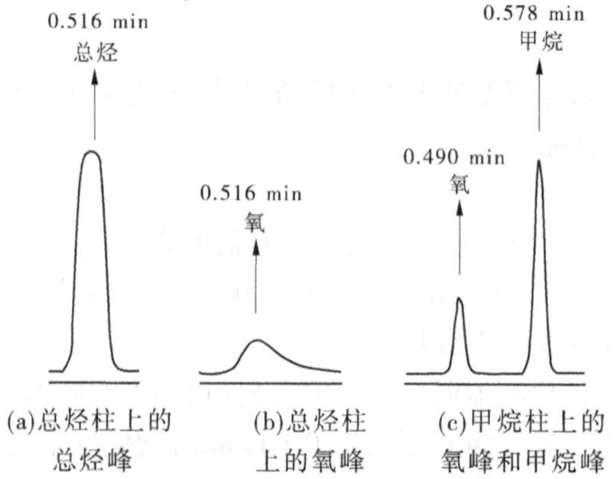

图7-12　总烃、甲烷和氧在填充柱上的标准色谱峰图

3）校准曲线制作

以甲烷和总烃的浓度（μmol/mol）为横坐标，以其对应的峰面积为纵坐标，分别绘制总烃、甲烷的校准曲线。计算总烃、甲烷的校准曲线线性回归方程相关参数。

5. 样品测定

1）总烃和甲烷测定

取下样品进气口的密封塞后连接到色谱仪的气体进样口，经1.0 mL定量管定量进样，按照与绘制校准曲线相同的操作步骤和分析条件，重复三次，测定样品的总烃和甲烷峰面积，总烃峰面积应扣除氧峰面积后参与计算。总烃色谱峰后出现的其他峰，应一并计入总烃峰面积。

2）氧峰面积的测定

按照与绘制校准曲线相同的操作步骤和分析条件，测定除烃空气（1）在总烃柱上的氧峰面积。

6. 空白测定

按照与绘制校准曲线相同的操作步骤和分析条件，测定采样时带去的未经采样的现场空白。

（五）数据处理与结果表示

（1）样品中总烃、甲烷的质量浓度 ρ（mg/m^3）按照下式进行计算：

$$\rho = \varphi \times \frac{16}{22.4} \tag{7-22}$$

式中　ρ——样品中总烃或甲烷的质量浓度（以甲烷计），mg/m^3；

φ——从校准曲线或对比单点校准点获得的样品中总烃或甲烷的浓度（总烃计算时应扣除氧峰面积），μmol/mol；

16——甲烷的摩尔质量，g/mol；

22.4——标准状态下（273.15 K，1 013.25 hPa）下气体的摩尔体积，L/mol。

（2）样品中非甲烷总烃的质量浓度 ρ_{NMHC}（mg/m^3）按照下式计算：

$$\rho_{NMHC} = (\rho_{THC} - \rho_M) \times \frac{12}{16} \tag{7-23}$$

式中　ρ_{NMHC}——样品中非甲烷总烃的质量浓度（以碳计），mg/m^3；

ρ_{THC}——样品中总烃的质量浓度（以碳计），mg/m^3；

ρ_M——样品中甲烷的质量浓度（以碳计），mg/m^3；

12——碳的摩尔质量，g/mol；

16——甲烷的摩尔质量，g/mol。

当测定结果小于 1 mg/m^3 时，保留至小数点后两位；当测定结果大于或等于 1 mg/m^3 时，保留三位有效数字。

（六）注意事项

（1）采样容器使用前应充分洗净，经气密性检查合格，置于密闭采样箱中以避免污染。

（2）样品返回实验室时，应平衡至环境温度后再进行测定。样品应在当天分析。

（3）测定复杂样品后，当发现分析系统内有残留时，可通过提高柱温等方式去除，以分析除烃空气（1）确认。

（4）采样容器采样前应使用除烃空气（1）清洗，然后进行检查。每 20 个或每批次（少于 20 个）应至少取 1 个注入除烃空气（1），室温下放置不少于实际样品保存时间后，按样品测定步骤分析，总烃测定结果应低于检出限。

（5）重复使用的气袋，在采样前需进行检查，总烃测定结果应低于检出限。

（6）校准曲线的相关系数应大于或等于 0.995。

（7）运输空白样品总烃测定结果应低于检出限。

（8）每批样品应至少分析 10% 的实验室内平行样，其测定结果相对偏差应不大于 20%。

(9) 每批次分析样品前后，应测定校准曲线范围内有证标准气体，结果的相对误差应不大于10%。

(七) 思考题

(1) 如何检验除烃空气是否达到要求？

(2) 影响色谱峰稳定的因素有哪些？

(3) 实验中为什么应注意进样和取样的准确？

实训十一　臭气的测定

——三点比较式臭袋法

该方法是目前测定恶臭的方法，2019年6月生态环境部发布了《环境空气和废气 臭气的测定 三点比较式臭袋法》的意见征求稿，对原标准进行了修订。本书介绍的方法主要参考新修订的方法，该法适用于各类恶臭源以不同形式排放的气体样品和环境空气样品臭气浓度的测定。方法不受恶臭物质种类、种类数目、浓度范围及所含成分浓度比例的限制。同时，方法参照了《恶臭污染环境监测技术规范》(HJ 905—2017)和《恶臭嗅觉实验室建设技术规范》(HJ 865—2017)的相关规定。

(一) 测定原理

先将三只无臭袋中的二只充入无臭空气，另一只则按一定稀释比例充入无臭空气和被测恶臭气体样品供嗅辨员嗅辨，当嗅辨员正确识别有臭气袋后，再逐级进行稀释、嗅辨，直至稀释样品的臭气浓度低于嗅辨员的嗅觉阈值。每个样品由若干名嗅辨员同时测定，最后根据嗅辨员的个人阈值和嗅辨小组成员的平均阈值，求得臭气浓度。

(二) 条件与仪器

(1) 恶臭嗅觉实验室。

要远离异味污染源及噪声源，如与其他实验室相邻，应有效隔离，并设置独立的进出通道。室外臭气浓度最大值应小于10。

恶臭嗅觉实验室至少具备采样准备室、样品配制室、嗅辨室三个功能区，集中紧凑且互不干扰。室内有通风净化装置，温度在17～25 ℃，相对湿度在40%～70%。

(2) 嗅辨员(专门考试挑选和培训过)。

嗅辨员应为18～45岁，不吸烟、嗅觉器官无疾病，嗅辨员考核合格者，资格认定有效期为5年。

(3) 判定师。

具备嗅辨员资格的环境监测人员，考核通过。

(4) 真空瓶。

容量10 L、3 L、1.5 L。真空瓶大口端，用2号硅橡胶塞密封，密封塞带有真空表。真空瓶的进气口为球形接口，用硅橡胶导管和止气夹密封(见图7-13)。真空瓶采用硅硼玻璃制造，应具有2 kg/cm^2的抗压能力。

(5) 采样袋。

采用聚酯或氟聚合物等材质，规格有5 L、10 L、30 L等。

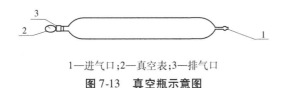

1—进气口;2—真空表;3—排气口

图 7-13　真空瓶示意图

(6)抽气真空泵。

抽气流速大于 30 L/min,可用隔膜泵或旋片式抽气泵,当流量计放在抽气泵出口端时,抽气泵应不漏气。

(7)真空表。

真空表量程 -0.1 ~0 MPa,最小分度值低于或等于 5 kPa,精度低于或等于 2.5 级。

(8)真空瓶与真空处理装置。

真空瓶与真空处理装置由真空瓶、抽气真空泵、真空表、气量计和连接管等组成(见图 7-14),气量计材质应选用无味材料,连接管应为聚四氟乙烯(PTFE)材质或其他无味无吸附短管。

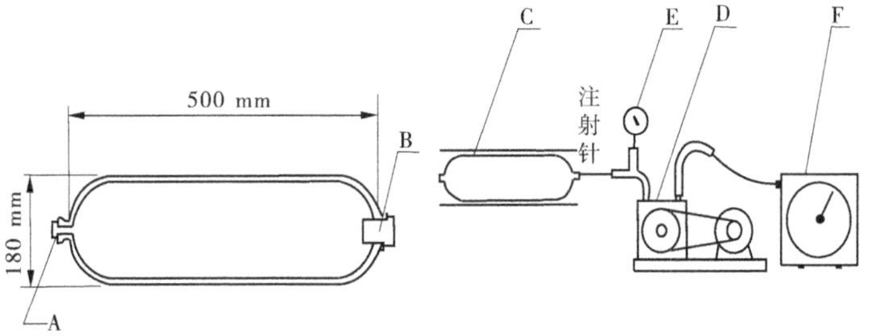

A—进气口硅橡胶塞;B—充填衬袋口硅橡胶塞;C—真空瓶;D—抽气真空泵;E—真空表;F—气量计

图 7-14　真空瓶与真空处理装置

(9)气袋采样系统。

气袋采样器由气袋采样箱、采样袋、抽气泵等组成(见图 7-15)。采样袋进气口与密封盖内接口连接,采样袋置于箱内,盖上密封盖,抽气泵向箱内抽气,因箱内负压作用,外部气体进入采样袋,流量计和针阀控制抽气流速。

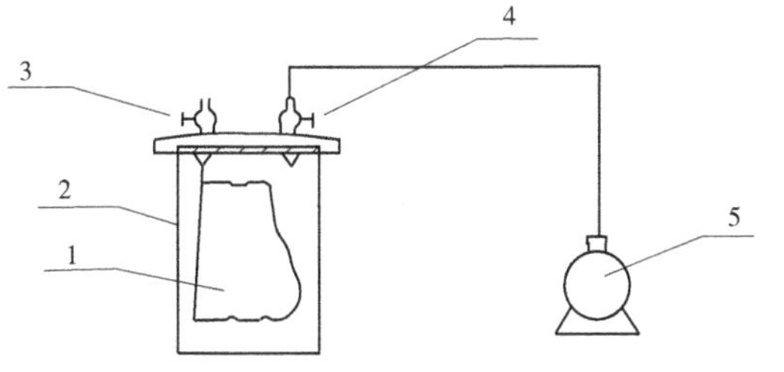

1—气袋;2—采样箱;3—进气口;4—排气口;5—抽气泵

图 7-15　气袋采样器示意图

气袋采样器应具有足够的气密性,能够形成 50 kPa 的负压。流量计量程为 0.4 ~4

L/min，精确度不低于 2.5%。

(10)采样袋连接头：不锈钢材质或硼硅玻璃材质。

(11)采样管：一般为不锈钢、硬质玻璃、石英、氟树脂或聚四氟乙烯材料。

(12)空压机：无油空压机，压缩空气流速应大于 30 L/min。

(13)无臭空气净化装置。由分气器、玻璃瓶、活性炭、分子筛、气体分散管、供气量调节阀和连接管等组成，见图 7-16。分气器、玻璃瓶和气体分散管均应采用硼硅玻璃材质。供气量调节阀材质应选用无味材料。连接管为 PTFE 材质或其他无味无吸附短管。

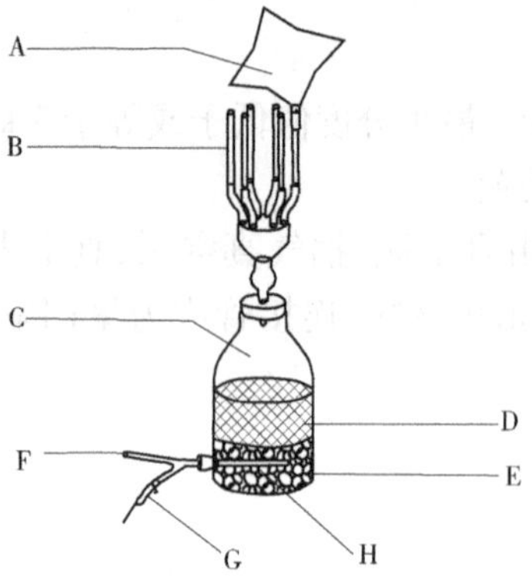

A—嗅辨袋；B—分气器；C—玻璃瓶；D—活性炭；E—分子筛；
F—进气口；G—供气量调节阀；H—气体分散管

图 7-16　无臭空气净化装置

(14)配气衬袋：样品分析时平衡采样瓶内压力，聚对苯二甲酸酯(PET)或聚氟乙烯(PVF)等无味材质。

(15)医用注射器：硼硅玻璃材质，300 mL 至 100 μL，型号根据实验而定。

(16)医用注射器针头：不锈钢材质，型号根据实验具体需要确定。

(17)嗅辨袋：容量 3 L，选用 PET 或 PVF 等无味材质，出口处附有内径 10 mm、外径 12 mm、长 6 cm 的玻璃管及硅橡胶塞，3 个为一组。

(18)嗅辨袋连接头：硼硅玻璃材质。

(19)橡胶管和橡胶塞：硅橡胶材质。

(20)配气系统连接管：PTFE 材质。

(21)天平：精度 0.1 mg。

(三)材料与试剂

除非另有说明，分析时均使用符合国家标准的分析纯试剂，实验用水为新制备的去离子水或蒸馏水。

(1)甲基环戊酮($C_6H_{10}O$)：无色至淡黄色液体，优级纯。

(2)β-苯乙醇($C_8H_{10}O$)：无色黏稠液体，优级纯。

(3)γ-十一碳酸内酯($C_{11}H_{20}O_2$)：无色至淡黄色黏性液体，优级纯。

(4)β-甲基吲哚(C_9H_9N)：白色结晶，优级纯。

(5)异戊酸($C_5H_{10}O_2$)：无色黏稠液体，优级纯。

(6)正丁醇(C_4H_9OH)标准气体:无色气体,使用高压罐储存,市售有证标准物质且在有效期内使用。正丁醇气体的摩尔分数为 60 μmol/mol。

(7)活性炭:选用食品医用级颗粒状活性炭(活性炭颗粒尺寸为 2.5 ~5 mm)或活性炭棉。

(8)分子筛:选用 5A 分子筛。

(9)标准臭液贮备液:用恒重的称量瓶分别称取 0.632 g(精确至 0.1 mg)甲基环戊酮,0.200 g(精确至 0.1 mg)β-苯乙醇,0.632 g(精确至 0.1 mg)γ-十一碳酸内酯,0.200 g(精确至 0.1 mg)β-甲基吲哚,0.200 g(精确至 0.1 mg)异戊酸,再向以上称量瓶中加入液体石蜡,继续称量至 20.000 g。用玻璃棒搅拌,使臭液纯品于液体石蜡中充分溶解、混匀,配制成为浓度分别为 $10^{-2.0}$ 的 β-苯乙醇,$10^{-2.0}$ 的异戊酸,$10^{-1.5}$ 的甲基环戊酮,$10^{-2.0}$ 的 β-甲基吲哚,$10^{-1.5}$ 的 γ-十一碳酸内酯标准臭液贮备液。将各贮备液转移至棕色瓶中密封保存,在冰箱 4 ℃条件下冷藏可保存半年。

(10)标准臭液使用液:使用 10 mL 或 1 mL 移液管分别移取标准贮备液甲基环戊酮 1.00 mL,β-苯乙醇 10.0 mL,γ-十一碳酸内酯 1.00 mL,β-甲基吲哚 1.00 mL 和异戊酸 1.00 mL,于 5 个 1 000 mL 棕色容量瓶中,以液体石蜡定容。混匀后分装成安瓿瓶,即配制成为所需浓度的标准臭液使用液。标准臭液在冰箱 4 ℃条件下冷藏可保存两年。

(四)测定分析过程

1. 采样

1)有组织排放源的采样

(1)真空瓶采样。

真空瓶采样系统由真空瓶、洗涤瓶❶、干燥过滤器和抽气泵等组成(见图 7-17)。

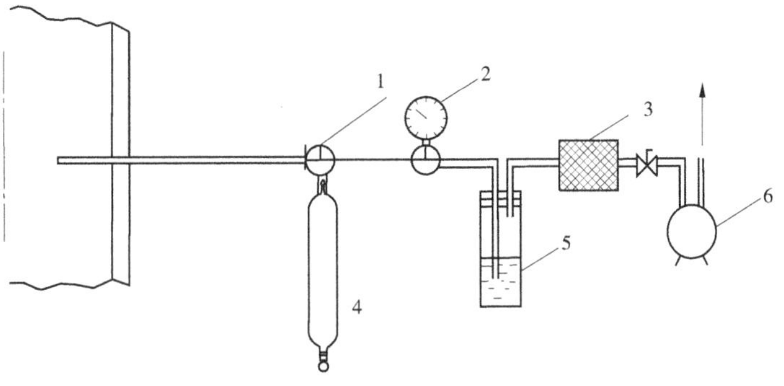

1—三通阀;2—真空压力表;3—干燥过滤器;4—真空瓶;5—洗涤瓶;6—抽气泵

图 7-17 真空瓶采样系统

①准备工作:将除湿定容后的真空瓶,在采样前抽真空至负压 1.0×10^5 Pa。观测并记录真空瓶内压力,至少放置 2 h,真空瓶压力变化不能超过规定负压 1.0×10^5 Pa 的 20%,否则不能使用,更换真空瓶。

❶ 当采集排放源强酸或强碱性气体时,应使用洗涤瓶。取 100 mL 的洗涤瓶,内装洗涤液,如待测气体系酸性,用 5 mol/L 氢氧化钠溶液洗涤气体,如系碱性则用 3 mol/L 硫酸溶液洗涤气体。

②系统漏气检查：按图 7-17 所示连接系统[1]。关上采样管出口三通阀，打开抽气泵抽气，使真空压力表负压上升到 13 kPa，关闭抽气泵一侧阀门，如压力在 1 min 内下降不超过 0.15 kPa，则视为系统不漏气。如发现漏气，要重新检查，安装，再次检漏，确认系统不漏气后方可采样。采样前，打开抽气泵以 1 L/min 流量抽气约 5 min，置换采样系统内的空气。

③接通采样管路，打开真空瓶旋塞，使气体进入真空瓶，然后关闭旋塞，将真空瓶取下。

④必要时记录采样的工况、环境温度、大气压力及真空瓶采样前瓶内压力。

(2)气袋采样。

气袋采样系统由气袋采样箱、采样袋、抽气泵等组成(见图 7-15)。

①将各部件按图 7-15 连接好。

②系统漏气检查：在抽气泵前加装一个真空压力表，其他操作同真空瓶采样系统。

③打开采样气体导管与采样袋之间阀门，启动抽气泵，抽取气袋采样箱成负压，气体进入采样袋，采样袋充满气体后，关闭采样袋阀门。

④采样前按上述操作，用被测气体冲洗采样袋 3 次。

⑤采样结束，从气袋采样箱取出充满样气的采样袋，送回实验室。

⑥必要时记录采样的工况、环境温度及大气压力。

2)无组织排放源及环境空气的采样

(1)气象参数监测。

气象参数监测包括环境温度、大气压力、主导风向和风速的测量，并与采样同步进行。当风向发生变化，风向变化标准偏差 $\pm S$ 发生明显偏离时，应及时调整监测点位。

(2)真空瓶采样。

①准备工作：同有组织排放源采样。

②现场采样：选择恶臭无组织排放源采样位置，要在恶臭气味最大时段进行采样。采样时打开真空瓶进气端胶管的止气夹或进气阀，使瓶内充入样品气体至常压，随即用止气夹封住进气口。

③采样记录的填写：包括采样日期、开始时间、样品编号、采样地点、环境温度、采样的真空瓶压力、真空瓶容量、采样点位示意图及恶臭污染状况的感官描述。

(3)气袋采样。

①实验室准备工作：检查并确保采样袋完好无损。

②现场采样：按图 7-18 所示，在气袋采样箱中先装上经排空后的采样袋。选择恶臭无组织排放源采样位置，要在恶臭气味最大时段进行采样。采样时打开进气截止阀，使恶臭气体迅速充满采气袋。开盖取出采样袋，将采集的样品运回实验室。

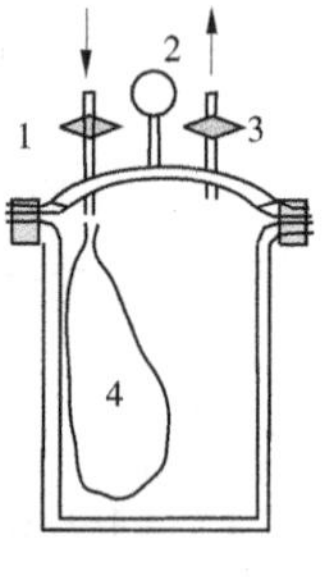

1—进气截止阀；2—负压表；
3—抽气截止阀；4—采样袋

图 7-18　气袋采样箱

③采样记录的填写：同上。

---

[1] 当管道内压力为负压时不能采用此系统采样，可将采样位置移至风机后的正压处。

2. 样品的保存与运输

(1)样品应编制唯一性的标识码,包括样品编号、采样时间、采样地点、点位、频次、监测项目。污染源样品还应注明排气筒的信息。

(2)样品采集后应对样品进行密封,环境样品与污染源样品在运输和保存过程中应分隔放置,并防止异味污染。

(3)真空瓶存放的样品应有相应的包装箱,防止光照和碰撞,气袋样品应避光保存。

(4)所有的样品均应在 17 ~ 25 ℃条件下进行保存。

(5)进行臭气浓度分析的样品应在采样后 24 h 内测定。

3. 样品的前处理

当有组织排放源样品浓度过高时,可对样品进行预稀释。

1)真空瓶采集的样品预稀释

将采样后的真空瓶放入实验室静置半小时达到温度平衡,再进行预稀释处理。稀释操作是在真空瓶进气口处连接气袋,从大口端硅橡胶导管处注入已知体积的无味空气或高纯氮气,迫使真空瓶中气体进入气袋,反复抽推注射器,使注入空气和样气混合均匀,获得稀释倍数为 K 的样品气体。稀释倍数 K 按式(7-24)计算。保证气路及注射器不漏气,管路不吸附。

$$K = \frac{V_1 + V_2}{V_1} \tag{7-24}$$

式中 V_1——真空瓶采集的样品气体积,L;

V_2——注入的空气体积,L;

K——样品的稀释倍数。

稀释后样品的实际浓度按式(7-25)计算:

$$C = C_f \times K \tag{7-25}$$

式中 C_f——样品的分析浓度,无量纲;

C——样品的实际浓度,无量纲。

2)气袋采集的样品预稀释

气袋采集的样品送到实验室静置半小时达到温度平衡,再进行预稀释处理。稀释操作是使用注射器抽取一定量样品气体 V_1,注入另一个空气袋内,再根据分析的需要注入 V_2 体积的空气或高纯氮气混合均匀,得到稀释样品气体,稀释倍数 K 按式(7-24)计算。

4. 样品分析前准备

1)实验员选取

配气人员 2 名,判定师从事配气工作,未参加当日臭气样品的现场采样。根据样品类型进行嗅辨小组选取,有组织源样品分析嗅辨小组由 4 名嗅辨员组成,环境和周界无组织源,样品分析嗅辨小组由 6 名嗅辨员组成。

2)聚酯衬袋选取与换装

应用真空瓶采样时,需换装聚酯衬袋,应用采样袋采样时,无须此步骤。

根据真空瓶容积,选取同等容积的衬袋;换装时,应取下真空瓶的瓶塞,迅速将带通气管瓶塞的衬袋装入真空瓶并塞紧瓶塞。

3)嗅辨袋的制备

采用注射器抽取法制备嗅辨袋,用注射器由真空采样瓶小塞处、采气管处抽取定量样品气,或直接从采样袋中抽取定量样品气,将抽取好样品气的注射器迅速插入充有洁净空气的嗅辨袋中,将样品气体推入嗅辨袋,使之充满,拔出注射器,晃动摇匀,完成嗅辨袋制备。

嗅辨袋可选用压力稀释法制备,借助压力来稀释样气,达到稀释混合的目的,加压的混合气分装嗅辨袋,完成嗅辨袋的制备。

5. 样品分析

1)分析稀释梯度

有组织源样品分析稀释梯度见表 7-15,环境及周界无组织源样品分析稀释梯度见表 7-16。

表 7-15　有组织源样品分析稀释梯度

稀释倍数(倍)	10	30	100	300	1 000	3 000	1 万	3 万	10 万	…
样品注入体积(mL)	300	100	30	10	3	1	0.3	0.1	0.03	…

表 7-16　环境及周界无组织源样品分析稀释梯度

稀释倍数(倍)	10	100	1 000	…
样品注入体积(mL)	300	30	3	…

2)初始稀释倍数确定

由判定师将臭气样品按稀释梯度配制一组嗅辨袋,进行嗅辨尝试,从中选择一个既能明显嗅出气味又不强烈刺激的嗅辨袋,以此嗅辨袋的稀释倍数作为实验初始稀释倍数。

3)嗅辨员嗅辨

嗅辨员对每组三只分别标有 A、B、C 号的气袋进行嗅辨比较,挑出注入臭气样品的气袋,将袋子的标号填写在嗅辨记录上。

4)嗅辨实验

(1)有组织源。

判定师将 12 只 3 L 嗅辨袋分成 4 组,每一组的 3 只袋上分别标明 A、B、C 号,将其中一只按初始稀释倍数,将样品气体定量注入充有洁净空气的嗅辨袋,其余两只仅充满洁净空气,然后将 4 组嗅辨袋发给 4 名嗅辨员嗅辨,每个臭气样品实验重复进行两次。

臭气样品嗅辨实验后,判定师将两次嗅辨结果进行 95% 置信区间的 t 检验,如 t 检验结果表明两次嗅辨结果无显著差异,则该稀释倍数嗅辨实验结束,如 t 检验结果表明两次嗅辨结果存在显著性差异,则再对该样品补充实验一次。选用通过 t 检验的两组数据进行臭气浓度的计算。

实验终止判定:在每次嗅辨实验过程中,4 名嗅辨员均出现过嗅辨结果错误时,则本次嗅辨实验结束。

(2)环境及周界无组织源。

判定师将 18 只 3 L 嗅辨袋分成 6 组,每一组的 3 只袋上分别标明 A、B、C 号,将其中一只按初始稀释倍数,将样品气体定量注入充有洁净空气的气袋,其余两只仅充满洁净空气,然后将 6 组气袋发给 6 名嗅辨员嗅辨,每个稀释倍数实验重复三次。

嗅辨员进行嗅辨后,嗅辨结果以嗅辨袋号(A、B、C) + 自信度(猜测和肯定)给出。当答案正确 + 肯定时,记为正确;答案正确 + 猜测时,记为不明确;答案错误时,记为错误。

判定师将 6 名嗅辨员三次实验共 18 个嗅辨结果代入式(7-26)计算 M 值。

$$M = \frac{1.00 \times a + 0.33 \times b + 0 \times c}{n} \tag{7-26}$$

式中　M——小组平均正解率;

a——答案正确的人次数;

b——答案为不明的人次数;

c——答案为错误的人次数;

n——解答总数(18 人次);

1.00、0.33、0——统计权重系数。

实验终止判定:当 M 值大于 0.58 时,则继续下一级稀释倍数实验,重复该过程直至当 M 值计算结果小于或等于 0.58 时,实验结束。其中 M_2 值为小于或等于 0.58 时稀释倍数的小组平均正解率,M_1 值为 M_2 值稀释倍数的上一级稀释倍数的小组平均正解率 M 值。

当初始稀释倍数 10 倍样品的 M 值小于或等于 0.58 时,则实验自动结束,样品臭气浓度以“ <10”或“ =10”表示。

(五)结果计算与表示

1. 有组织源臭气结果计算

(1)将嗅辨员每次嗅辨结果汇总至答案登记表,每人每次所得的正确答案以“O”表示,不正确答案以“ ×”表示,答案登记表见表 7-17。

表 7-17　有组织源臭气测定结果登记表

稀释倍数(a)		30	100	300	1 000	3 000	1 万	3 万	标准偏差	个人嗅阈值 X_i
对数值(lg$a$)		1.48	2.00	2.48	3.03	3.48	4.00	4.48		
嗅辨员	A1									
	B1									
	C1									
	D1									
	A2									
	B2									
	C2									
	D2									

(2)计算个人嗅阈值 X_i:

$$X_i = \frac{\lg a_1 + \lg a_2}{2} \tag{7-27}$$

式中　a_1——个人正解最大稀释倍数；

a_2——个人误解稀释倍数。

(3)平均嗅阈值 $\overline{X}$：

$$\overline{X} = \frac{\sum_{i=1}^{n} X_i}{n} \tag{7-28}$$

式中　$\overline{X}$——平均嗅阈值；

n——小组两次嗅辨嗅阈值结果个数。

(4)样品臭气浓度 y 计算：

$$y = 10^{\overline{X}} \tag{7-29}$$

式中　y——样品臭气浓度。

(5)t 检验公式：

$$t = \frac{\overline{X}_1 - \overline{X}_2}{\sqrt{\frac{S_{X_1}^2 + S_{X_2}^2 - 2\gamma S_{X_1} S_{X_2}}{n-1}}} \tag{7-30}$$

式中　$\overline{X}_1$——第一次嗅辨，小组嗅阈值均值；

$\overline{X}_2$——第二次嗅辨，小组嗅阈值均值；

$S_{X_1}^2$——第一次嗅辨，小组嗅阈值方差；

$S_{X_2}^2$——第二次嗅辨，小组嗅阈值方差；

γ——嗅辨小组两次嗅辨结果相关系数；

n——一次嗅辨嗅阈值结果个数。

2. 环境及周界无组织源臭气结果计算

(1)将嗅辨员每次嗅辨结果汇总至答案登记表，每人每次所得的正确答案以“O”表示，不正确答案以“×”表示，答案登记表见表 7-18。

表 7-18　环境及周界无组织源臭气测定结果登记表

稀释倍数		10			100			1 000		
次序		1	2	3	1	2	3	1	2	3
嗅辨员	A									
	B									
	C									
	D									
	E									
	F									
小组平均正解率(M)		a =___；b =___；c =___ M =________			a =___；b =___；c =___ M =________			a =___；b =___；c =___ M =________		

(2)根据测试求得的 M_1 和 M_2 值计算环境及周界无组织源样品的臭气浓度。

$$Y = t_1 \times 10^{\alpha \cdot \beta} \tag{7-31}$$

$$\alpha = \frac{M_1 - 0.58}{M_1 - M_2} \quad \beta = \lg \frac{t_2}{t_1} \tag{7-32}$$

式中　Y——臭气浓度；

t_1——小组平均正解率 M_1 时的稀释；

t_2——小组平均正解率 M_2 时的稀释。

3. 结果表示

对臭气样品分析计算中的中间参数(M、α、x_i、X)进行数据修约，修约至小数点后两位，臭气浓度报告结果的小数位只舍不入，取整数。

(六)注意事项

(1)真空瓶要尽量靠近排放管道，并应采用惰性管材(如聚四氟乙烯管等)作为采样管。

(2)排气温度较高时，应注意气袋的适用温度。

(3)新购进的实验材料需进行空白实验。以嗅辨员嗅觉实验结果进行判定，嗅辨实验结果 <10(无量纲)时，即认为实验材质无味，才可投入使用。

(4)臭气采样和分析实验结束后，对实验材料及时进行清洗或更换。使用后的真空瓶要进行清洗和管理，在下一次使用前需重复空白实验。

(5)嗅辨员计量考核使用市售有证标准臭液，实验室内部自认定考核可自行配制标准臭液使用液。

(6)用正丁醇对嗅辨员进行每月 1 天的管理测试，每天测试 3 次正丁醇阈值，正丁醇气体的摩尔分数为 60 μmol/mol。实际样品测试时，测一次备用嗅辨员的正丁醇阈值，与嗅觉灵敏度管理资料库中最近的 9 个嗅觉阈值测试结果一起进行嗅辨员嗅觉灵敏度检验，选取 10 个正丁醇嗅觉平均阈值浓度在 $20 \times 10^{-3} \sim 80 \times 10^{-3}$ μmol/mol，且对于正丁醇气体阈值标准偏差的反对数小于或等于 2.3 的嗅辨员，作为实验备用嗅辨员。

(7)方法使用的标准恶臭气体样品应妥善保管，严防泄漏造成恶臭污染。经嗅辨后的样品袋不得在嗅辨室内排气。

(8)稀释臭气样品所需的无臭清洁气体由空气净化器提供。与空气净化效果有关的通气速度、活性炭充填量、活性炭使用更换周期等均根据嗅辨员对净化气体有无气味的嗅辨检验结果来决定。与供气口连接的气袋充气管内径要稍大于气体净化器供气管外径，既保证气袋定量充满清洁空气，又可防止充气过量、过压导致气袋破裂。

(9)可采用无油空气泵向空气净化器供气，严禁使用含油或其他散发气味的供气设备。

(七)思考题

影响恶臭测试的因素有哪些?

习题与练习题

一、填空题

1. 目前国家标准规定的二氧化硫的测定方法主要有____________________和____________________。

2. 甲醛吸收法测定 SO_2 时，显色反应需在______________下进行。

3. 测定空气中 NO_x 时，采样用的吸收液应贮存在________________瓶内，如显________色应弃去重配。

4. NO_2 的气、液转换系数为__________。

二、选择题

1. 测定空气中氮氧化物时，吸收液能与____发生反应，生成玫瑰红色偶氮染料。

A. NO　　B. NO_2　　C. NO_2^-　　D. NO_3^-

2. 下列测定环境空气中 SO_2 的方法中，属国家标准方法的是____。

A. 甲醛吸收－盐酸副玫瑰苯胺分光光度法　　B. 紫外荧光法

C. 四氯汞盐吸收－盐酸副玫瑰苯胺分光光度法　　D. 定电位电解法

3. 下列测定环境空气中 NO_x 的方法中，属国家标准方法的是____。

A. 盐酸萘乙二胺分光光度法　　B. 化学发光法

C. 原电池库仑滴定法　　D. 定电位电解法

三、问答题

1. 简述分子状态污染物的主要类型。

2. 试分析一氧化碳中毒的机制。

3. 列举有致癌、致畸、致突变的有害气体污染物。

4. 试分析甲醛吸收与四氯汞盐吸收测定二氧化硫的优缺点。

5. 盐酸萘乙二胺分光光度法测定 NO_x 时，哪些因素对测定结果产生干扰？

6. 简述测定臭氧的方法及原理。

四、计算题

1. 已知某采样点的环境温度为 20 ℃，空气压力为 100 kPa，在采样流量为 5.0 L/min 时采样 2 h；在采样流量为 0.50 L/min 时采样 30 min。分别计算两种情况在参比状态下的采样体积（以 L 和 m^3 表示）。

2. 已知某采样点的环境温度为 27 ℃，空气压力为 100 kPa，现用溶液吸收法采样测定 SO_2 的日平均浓度，每隔 4 h 采样一次，每次采样 30 min，采样流量为 0.50 L/min，将 6 次气样吸收液定容至 50.0 mL，取 20.0 mL 用分光光度法测定，通过计算得知含有 2.5 μg SO_2。求该采样点空气在测定状态下的 SO_2 日平均浓度（以 mg/m^3 和 ppm 表示）。

3. 测定某采样点空气中的 NO_x 含量时，用装有 5 mL 吸收液的吸收管采样，采样流量为 0.50 L/min，采样时间为 0.5 h，用分光光度法测定，样品吸光度为 0.423，空白吸光度为 0.023，同时作标准曲线，其回归方程为 $Y = 0.19X + 0.023$，已知采样点的温度为 27 ℃，空气压力为 1 个标准大气压，求空气中 NO_x 的含量（用 mg/m^3 表示）。

第三篇　室内环境空气监测

第八章　室内空气污染概述

近年来,随着对室内环境保护意识的不断增强,人们迫切希望有一个安全、舒适、健康的生活空间。然而相当一部分居室和写字楼经过无序的装修、装饰后或在建设过程中疏于环境卫生管理,处于严重的室内污染之中,严重危及人们的身体健康。特别是在人类社会进入信息时代后,生活的转型使得人们停留在室内的时间越来越长,因此家庭、办公室等建筑的环境质量异常重要。室内环境空气是否有污染、室内空气质量如何,已成为人们十分关注的话题。室内空气污染是继煤烟型污染、光化学烟雾型污染之后的第三代空气污染问题。

室内环境是指人们工作、生活、社交及其他活动所处的相对封闭的空间,包括住宅、办公室、学校教室、医院、候车(机)室、交通工具及体育、娱乐等室内活动场所。《中国城市住宅室内空气质量2018年年度报告》数据显示,在第三方检测机构上门检测的住宅中,73%的家庭出现了装修污染超标。而根据跟踪数据来看,装修两年后,室内污染物超标的家庭仍占29%。

室内空气污染是由于室内引入能释放有害物质的污染源或室内环境通风不佳而导致室内空气中有害物质无论是从数量上还是种类上不断增加,并引起人的一系列不适症状,称此为室内空气受到污染。

第一节　室内空气污染来源及其特点

一、来源

室内存在着多种有害于健康的污染物,这些污染物来源于诸多方面。

人们生活向现代化迈进,室内装修已涉及千家万户,在使用种类繁多的各种新型建材时,把污染也引进了家。人们大量消费着各种名目的日用化学品(化妆品、洗涤剂、杀虫剂),这些化学品向室内散发着有害的污染物。另外,室内烹饪,人体代谢,人为活动及建筑为了节能而加强密封性,减少换空气量,加重了室内污染,这种种来源已致使室内空气污染高于室外数倍,使许多人不同程度地出现了不适症,眼、鼻、咽受刺激,头痛、疲劳、胸闷,更有甚者患病住院,这些严重影响了人们的正常生活与工作。因此,要提高公众的环保意识,要认识室内污染从何而来。

根据污染物的形成原因和进入室内的不同渠道,室内污染物主要来源于两个方面:一是来源于室内本身污染造成的;二是受室外污染影响,即位于临近工厂或交通道口的居民受到外界工厂、交通污染影响等。室内空气污染的主要来源见表 8-1。

表 8-1　室内空气污染来源

污染源		产生的污染物	危害
室内	建筑材料,砖瓦,混凝土,板材,石材,保温材料,涂料,胶黏剂	氨、甲醛、氡,放射性核素,石棉纤维,有机物	头昏、病变、肺尘埃沉着病,诱发冠心病、肺水肿及致癌
	清洁剂,除臭剂,杀虫剂,化妆品	苯及同系物,醇,氯仿,脂肪烃类,多种挥发有机物	致癌
	燃料燃烧	CO,NO_2,SO_2	呼吸道刺激,鼻、咽等疾病
	吸烟	CO,CO_2,NO_x,烷、烯烃,尼古丁,焦油,芳香烃等	呼吸系统疾病,癌症
	呼吸,皮肤、汗腺代谢活动	CO_2,NH_3,CO,甲醇,乙醇,醚	头昏、头痛,神经系统疾病
	室内微生物(来源于人体病源微生物及宠物)	结核杆菌,白喉,霉菌,螨虫,溶血性链球菌,金黄色葡萄球菌	各种传染疾病
	复印机,空调、家电	O_3、有机物	刺激眼睛,头痛、致癌
室外	工业污染物	SO_2、NO_x、TSP、HF	呼吸道、心肺病、氟骨病
	交通污染物	CO,HC	脑血管病
	光化学反应	O_3	破坏深部呼吸道
	植物	花粉、孢子、萜类化合物	哮喘,皮疹,皮炎,过敏反应
	环境中微生物真菌,酵母菌		各类皮肤传染病
	房基地	Rn	呼吸系统病、肺癌
	人为带入室内(工作服)	苯、Pb、石棉等	各污染物相关疾病

(一)室内建筑材料、装饰材料产生的污染

建筑材料和装饰材料都含有种类不同、数量不等的各种污染物。其中,大多数是具有挥发性的,可造成较为严重的室内空气污染,通过呼吸道、皮肤、眼睛等对室内人群的健康产生很大的危害。另有一些不具挥发性的重金属,如铅、铬等有害物质,当建筑材料受损后,剥落成粉尘后也可通过呼吸道进入人体,甚至儿童用手抠挖墙面而通过消化道进入人

体内，造成中毒。随着科技水平和人民生活水平的进一步提高，还将出现更多的建筑材料和室内装饰材料，会出现更多新的问题，应引起充分的重视。

（二）日用化学品污染

家用化学产品所带来的室内空气污染最突出的问题是，有些家庭常用的物品和材料中能释放出各种有机化合物（如苯、三氯乙烯、甲苯、氯仿和苯乙烯等），或者其本身含有害有毒物质（如铅、汞、砷等），给健康带来危害。

（三）厨房产生的污染

人们在采暖、烹饪中使用煤、天然气、液化石油气、煤气等为燃料，在燃料燃烧和炒菜产生的油烟中，含有 CO、CO_2、NO_x、SO_2等气体及未完全氧化的烃类——羟酸、醇、苯并呋喃及丁二烯和颗粒物。由于国内没有对液化石油气等气体燃料进行使用前的净化处理，加之一些灶具质量不过关，故燃烧中产生的废气量往往高于设计中的规定，而造成室内污染物往往是室外的几倍至几百倍。厨房是烹饪的作业场所，是室内的主要污染源。

（四）家用电器污染

自 20 世纪 70 年代末家电开始走入家庭至今，电视、电脑、冰箱、洗衣机、空调、热水器、微波炉等已成为每个家庭不可缺少的物品，家电在给家庭带来方便、快捷和乐趣的同时，也对室内环境造成了不良的影响，长期接触会患家电综合症。例如，电视机、电脑的屏幕表面和周围空气由于电子束的存在而产生静电，使灰尘、细菌聚集附着于人的皮肤表面而造成疾病；使用空调时关闭了门窗，为了节能而很少或根本不引进新风量，故因人员的活动及室内装修产生的污染及致病的微生物等不能及时清除，而逐渐在室内聚集，造成污染，影响人体健康，使人患上“空调病”；燃气、热水器造成室内 CO、CO_2、的污染，在燃烧时还能产生 NO_x、SO_2等污染物。

（五）室内人群活动产生的污染

人体活动中，由人体的新陈代谢带来的污染、吸烟导致的烟雾、饲养宠物、湿霉的墙体、不清洁的居室及烹饪，取暖使用化学日用品等造成的污染都属人为污染之列。

（六）公共场所中有害污染物

公共场所是指人们公共聚集之地，包括购物、休息、娱乐、体育锻炼、求医等公共福利事业的场所，其功能多样，服务对象不尽相同，且流动性大。各不同功能的场所，存在着不同的污染因素，其通过空气、水、用具传播疾病和污染室内环境，危及人体健康。

（七）来自室外的污染

工农业生产、交通运输等可产生大量二氧化硫、氮氧化物、铅尘、颗粒物等，这些污染物质通过门窗可进入室内，影响室内空气质量。大气中的植物花粉、孢子、动物毛屑、昆虫鳞片等生物变应原，有可能影响室内空气质量。

以上所述仅是几个主要方面的污染来源，实际上，室内空气污染物的来源是非常广泛的，而且一种污染物也可以有多种来源，同一种污染源也可产生多种污染物。对于环境卫生工作者来说，掌握其各种来源是十分必要的，只有准确了解各种污染物的来源、形成原因及进入室内的各种渠道，才能更有针对性、更有效地采取相应措施，切断接触途径，真正达到预防的目的。

二、特点

室内环境污染物由于其来源广泛，种类繁多，各种污染物对人体的危害程度是不同的，并且作为现代人生活工作的主要场所——室内环境，在现代的建筑设计中越来越考虑能源的有效利用，其与外界的通风换气是非常少的，在这种情况下室内和室外就变成两个相对不同的环境，因此室内环境污染有自身的特点，主要表现在以下几个方面。

（一）影响范围广

室内环境污染不同于特定的工矿企业环境，它包括居室环境、办公室环境、交通工具内环境、娱乐场所环境和医院疗养院环境等，故涉及的人群数量大，几乎包括了整个年龄组。

（二）接触时间长

人的一生中至少有一半的时间是完全在室内度过的，当人们长期暴露在有污染的室内环境中时，无疑污染物对人体的作用时间也相应的很长。

（三）污染物浓度高

很多室内环境特别是刚刚装修完毕的环境，从各种装修材料中释放出来的污染物浓度均很大，并且在通风换气不充分的条件下污染物不能排放到室外，大量的污染物长期滞留在室内，使得室内污染物浓度很高，严重时室内污染物浓度可超过室外几十倍之多。

（四）污染类型和污染物种类多

室内空气污染有物理污染、化学污染、生物污染、放射性污染等，特别是化学污染，其中不仅有无机物污染（如氮氧化物、硫氧化物、碳氧化物等），还有更为复杂的有机物污染，其种类可达到上千种，并且这些污染物又可以重新发生作用产生新的污染物。

（五）污染物排放周期长

对于从装修材料中排放出来的污染物（如甲醛），尽管在通风充足的条件下，它还是能不停地从材料孔隙中释放出来。有研究表明，甲醛的释放可达十几年之久，而对于放射性污染，其发生危害作用的时间可能更长。

（六）危害表现时间不一

有的污染物在短期内就可对人体产生极大的危害，而有的则潜伏期很长，比如对于放射性污染，有的潜伏期可达到几十年之久，直到人死亡都没有表现出来。

（七）健康危害不清

一些低浓度的室内空气污染的长期影响对人体作用机制及其阈值剂量不清楚，对人体的作用是微小的、缓慢的和迟发的。

第二节　室内空气污染物

从目前检测分析来看，室内空气污染物的主要来源是室内装饰材料及其家具引起的污染。国家卫生、建设和环保部门对室内装饰材料的抽查发现：具有毒气污染的材料占68%，这些装饰材料会挥发出300多种有机化合物，其中以甲醛、氨、苯系物、挥发性有机物及放射性气体氡最为严重，下面分别介绍这几种物质的性质及其危害。

一、甲醛

(一)甲醛的性质

甲醛(HCHO),又称蚁醛,是一种无色、具有特殊刺激性气味及挥发性的有机化合物,沸点很低,化学性质活泼。甲醛气体相对密度1.06(空气=1),略重于空气,易溶于水、醇和醚,其30%~40%的水溶液为福尔马林液。甲醛易聚合成多聚甲醛,受热易发生解聚作用,并在室温下可缓慢释放甲醛。甲醛的嗅阈值为0.06~1.2 mg/m^3,眼刺激阈值为0.01~1.9 mg/m^3。

(二)甲醛的来源

甲醛主要来源于人造木板。装修材料及家具中的胶合板、大芯板、中纤板、刨花板(碎料板)的黏合剂遇热、潮解时甲醛就释放出来,是室内最主要的甲醛释放源。此外,UF泡沫作为房屋防热、御寒的绝缘材料,在光和热的作用下会老化,释放甲醛。用甲醛做防腐剂的涂料、化纤地毯、化妆品等产品,也会产生甲醛。

人造板。甲醛因具有较强的黏合性及有加强板材硬度、防虫、防腐功能且价格便宜,故是目前首选作为室内装修的胶合板、细木工板、中密度纤维板、刨花板的原材料——以甲醛为主要成分的脲醛树脂。脲醛树脂还可作为建筑中的保温、隔热材料。板中残留的和未参与反应的甲醛会逐渐向周围环境释放,最长可达十几年,是形成室内空气中甲醛的主体。有人测定,100 cm^2胶合板,1 h可以释放3~18 μg甲醛。用脲甲醛泡沫绝缘材料,房屋中甲醛最高浓度可达8.2 mg/kg。用木制刨花板覆盖的地板经常释放甲醛,这类居室中甲醛浓度可达0.6 mg/kg。用木屑纤维板较多的新建住宅内甲醛浓度比已使用5年的住宅高2~5倍,新添置家具的居室空气中甲醛浓度也较高,家具多时可达0.1 mg/kg。

地毯等合成织物。地毯中的黏合剂及贴墙布、贴墙纸、塑料等室内装饰材料散发甲醛。为了改善合成纤维的性能,通常要用含有甲醛树脂整理剂进行整理。因而在整理后的织物上常常含有少量未参加反应的树脂整理剂。这些经过树脂整理的化纤织品,在使用和保存过程中有游离甲醛。据估算,1 kg合成织物可释放750 mg甲醛。

燃料、烟叶的不完全燃烧及藏书的释放。燃料燃烧可产生大量甲醛,厨房内若同时使用煤炉和液化石油气,则甲醛浓度大于0.4 mg/m^3。厨房内甲醛浓度日变化出现的峰型与做饭时间相关,另外香烟烟气中含甲醛14~24 mg/m^3。人们每吸一口烟(约40 mL)最多可吸入81 μg甲醛。有人吸烟时室内甲醛浓度比无人吸烟时高3倍左右。有人测定,一本2 cm厚的新书,一小时可释放出甲醛1 μg。藏书多、通风不好的图书馆,甲醛浓度明显高于室外,无炭的复写纸能释放大量的甲醛。

另外,化妆品、清洁剂、杀虫剂、防腐剂的使用中也能释放出甲醛。

(三)甲醛的危害

甲醛对人体健康影响表现在刺激眼睛和呼吸道,造成肺、肝、免疫功能异常,是病态建筑物综合症(SBS)明确的危险因素之一,是众多疾病的主要诱因。2017年10月27日,世界卫生组织国际癌症研究机构公布的致癌物清单中,甲醛位列一类致癌物。

室内空气中甲醛浓度为0.06~0.07 mg/m^3时,儿童会发生轻微气喘;达到0.1 mg/m^3时,有异味和不适感;达到0.5 mg/m^3时,可刺激眼睛,引起流泪;达到0.6 mg/m^3,可引起咽喉不适或疼痛；浓度更高时，可引起恶心呕吐，咳嗽胸闷，气喘甚至肺水肿；甲醛达到 30 mg/m^3 时，会立即致人死亡。

(四) 甲醛的中毒症状

轻度中毒：明显的眼部及上呼吸道黏膜刺激症状。主要表现为眼结膜充血、红肿，呼吸困难，呼吸声粗重，喉咙沙哑、讲话或干涩暗哑或湿腻。中毒者还能感受到自己呼吸声音加粗。轻度甲醛中毒症状的另一个具体表现为一至二度的喉咙水肿。

中度中毒：咳嗽不止、咯痰、胸闷、呼吸困难及干湿性破锣音。胸透 X 光时肺部纹理实质化，转变为散布的点状小斑点或片状阴影，即为医学上的机型支气管肺炎；喉咙水肿增重至三级。进行血气分析时会伴随轻、中度的低氧血症。

重度中毒：肺部及喉部情况出现恶化，出现肺水肿与四度喉水肿的病症，血气分析亦随之严重，为重度低氧血症。

(五) 甲醛的限量阈值及测定方法

我国《公共场所卫生指标及限值要求》(GB 37488—2019) 规定公共场所室内空气中甲醛的限值为 0.10 mg/m^3。《居室空气中甲醛的卫生标准》(GB/T 16127—1995) 规定甲醛的限值为 0.08 mg/m^3。《室内空气质量标准》(GB/T 18883—2002) 规定甲醛的限值为 0.10 mg/m^3。《民用建筑工程室内环境污染控制规范》(GB 50325—2010) 规定室内空气甲醛的限值为 0.07 mg/m^3(Ⅰ类建筑) 和 0.08 mg/m^3(Ⅱ类建筑)。

测定甲醛的方法有乙酰丙酮分光光度法、酚试剂分光光度法、AHMT(4-氨基 3 联氨 5-巯基-1,2,4-三氮杂茂) 分光光度法等化学方法及高效液相色谱法、气相色谱法和电化学法等仪器分析方法。国家标准推荐的方法主要是《空气质量 甲醛的测定 乙酰丙酮分光光度法》(GB/T 15516—1995) 和酚试剂分光光度法[《公共场所卫生检验方法 第 2 部分：化学污染物》(GB/T 18204.2—2014)]。

二、氨

氨是仅次于甲醛的第二大室内主要污染物，主要来源于混凝土防冻剂和生物性废物，另外理发店使用的烫发水中也含有氨。氨对人体的危害主要是对呼吸道、眼黏膜及皮肤有害，出现流泪、头痛、头晕等症状。

(一) 氨的性质

氨(NH_3) 为无色、有强烈刺激气味的气体。分子量 17.03；沸点 -33.5 ℃；熔点 -77.8 ℃；对空气的相对密度 0.596 2(空气 = 1)。1 L 氨的气体在标准状况下，质量为 0.770 8 g，也易被固化成雪状的固体，液态氨的相对密度(0 ℃时) 为 0.638。氨极易溶于水、乙醇和乙醚，当 0 ℃时每 1 L 水中能溶解 1 176 L 氨，即 907 g 氨。氨的水溶液由于形成氢氧化铵而呈碱性。氨可燃，燃烧时火焰稍带绿色；与空气混合的氨含量在 16.5%～26.8%(按体积) 时，能形成爆炸性气体。氨在高温时会分解成氮和氢，有还原作用。有催化剂存在时可被氧化成一氧化氮。

(二) 氨的来源

室内空气中氨主要有以下来源：

(1) 建筑施工中为了加快混凝土的凝固速度和冬季施工防冻，在混凝土中加入了高碱混凝土膨胀剂和含尿素与氨水的混凝土防冻剂等外加剂，这类含有大量氨类物质的外加剂在墙体中随着温度、湿度等环境因素的变化而还原成氨气从墙体中缓慢释放出来，造成室内空气中氨的浓度大量增加，特别是夏季气温较高，氨从墙体中释放速度较快，造成室内空气中氨浓度严重超标。

(2)木制板材。家具使用的加工木制板材在加压成型过程中使用了大量黏合剂，此黏合剂主要由甲醛和尿素加工聚合而成，它们在室温下易释放出气态甲醛和氨，造成室内空气中氨的污染。

(3)室内装饰材料。家具涂饰所用的添加剂和增白剂大部分都用氨水，它们在室温下易释放出气态氨，造成室内空气中氨的污染。但是，这种污染释放期比较快，不会在空气中长期大量积存，对人体的危害相对小一些。

(4)生物性废物。例如，粪便、尿、人呼出的气体和汗液等排放中含有氨；理发店的烫发水在使用过程中挥发出来的氨都会污染室内空气。

(三)氨的危害

碱性物质对组织的损害比酸性物质深而且严重。氨对口、鼻黏膜及上呼吸道有很强的刺激作用，其症状根据氨的浓度、吸入时间及个人感受性等而有轻重。一般来说，人对氨的嗅阈为(0.5~1.0)mg/m^3。

氨对接触的皮肤组织都有腐蚀和刺激作用。氨的溶解度极高，所以常被吸附在皮肤黏膜和眼结膜上，从而产生刺激和炎症；氨可以吸收皮肤组织中的水分，使组织蛋白变性，并使组织脂肪皂化，破坏细胞膜结构。氨对上呼吸道有刺激和腐蚀作用，可麻痹呼吸道纤毛和损害黏膜上皮组织，使病原微生物易于侵入，减弱人体对疾病的抵抗力。浓度过高时除腐蚀作用外，还可通过三叉神经末梢的反射作用而引起心脏停搏和呼吸停止。

氨通常以气体形式吸入人体，进入肺泡内的氨，少部分被二氧化碳所中和，余下被吸收至血液，少量的氨可随汗液、尿或呼吸排出体外。被吸入肺后的氨容易通过肺泡进入血液，与血红蛋白结合，破坏运氧功能。短期内吸入大量氨气后可出现流泪、咽痛、声音嘶哑、咳嗽、痰带血丝、胸闷、呼吸困难，可伴有头晕、头痛、恶心、呕吐、乏力等，严重者可发生肺水肿、成人呼吸窘迫综合症，同时可能发生呼吸道刺激症状。

有人调查，大型理发店中，因烫发水中的氨挥发到空气中，可使室内氨含量达 28.8 mg/m^3，以致使工作人员普遍反映有胸闷、咽干、咽疼、味觉和嗅觉减退、头痛、头昏、厌食、疲劳等感觉，部分人出现面部皮肤色素沉着、手指有溃疡等反应。

(四)氨在空气中的浓度限值及测定方法

《公共场所卫生指标及限值要求》(GB 37488—2019)规定，洗发店、美容店室内空气中氨浓度不应大于 0.5 mg/m^3；其他场所室内空气中氨浓度不应大于 0.205 mg/m^3；《室内空气质量标准》(GB/T 18883—2002)规定 1 h 浓度限值为 0.20 mg/m^3；《民用建筑工程室内环境污染控制规范》(GB 50325—2010)规定 Ⅰ 类民用建筑工程浓度限值为 0.15 mg/m^3，Ⅱ类民用建筑工程浓度限值为 0.20 mg/m^3。

室内空气中氨的测定方法有：靛酚蓝分光光度法(GB/T 18204—2014)、纳氏试剂分光光度法[《环境空气和废气 氨的测定 纳氏试剂分光光度法》(HJ 533—2009)]、次氯酸钠-水杨酸分光光度法[《环境空气 氨的测定 次氯酸钠-水杨酸分光光度法》(HJ 534—

2009)]、离子选择电极法[《空气质量 氨的测定 离子选择电极法》(GB/T 14669—93)]。国家标准《室内空气质量标准》(GB/T 18883—2002)推荐的方法为靛酚蓝分光光度法和纳氏试剂分光光度法。

三、氡

氡(Rn)是世界卫生组织确认的主要环境致癌物之一,由于氡不易被觉察地存在于人们的生活和工作的环境空气中,发病潜伏期长,因此氡被列为室内空气的主要检测项目之一。

(一)氡的性质

氡是由镭在环境中衰变而产生的自然界唯一的天然放射性惰性气体,无色无味,化学性质稳定。易溶于水和煤油、汽油等有机溶剂,特别是在脂肪中的溶解度比水高 120 倍,氡在人体中的毒性与这一特性有一定关系。氡易被活性炭、橡胶、硅胶、石蜡、黏土等吸附。氡共有 27 种同位素,通常所说的氡主要是指^{222}Rn,其半衰期 3.82 d,衰变过程中产生一系列新的放射性元素,并释放出 α、β、γ 射线。习惯上,将这些新的放射性核素称为氡子体。常温下氡及其子体在空气中形成放射性气溶胶而污染气体。吸入氡子体对人体产生危害的实际是氡的短寿命子体。

(二)氡的来源

室内环境空气中氡的来源很多,主要有以下几方面:

(1)房屋的岩石和土壤。

在地层深处含有铀、镭、钍的土壤、岩石中有高浓度的氡,这些氡通过地层断裂带进入土壤,并沿着地的裂缝扩散到室内。一般而言,低层住房室内氡含量较高。

(2)建筑材料。

建筑材料是室内氡的重要来源。例如,花岗岩、砖砂、矿石、水泥及石膏之类,特别是含有放射性元素的天然石材,易释放出氡。另外,建筑工业越来越多地使用工业废渣,如煤渣、砖矿渣、水泥等,放射性含量较高,使室内氡浓度增高,同时增加了外照射计量。

(3)生活饮用水。

一般的生活饮用水供用系统不会引起空气中氡浓度的增高,但由于氡易溶于水中,如果使用地下水或地热水,氡含量可能会较高。

(4)天然气。

天然气在燃烧过程中,氡气会全部释放在室内。因此,使用天然气也是室内氡的来源之一(天然气的氡浓度只占室内氡浓度的 1%)。

(5)室外空气。

室外空气中氡含量一般很低,不会增加室内氡的浓度。但在特殊地带,如铀矿山、温泉附近的局部地区,氡浓度往往会比较高,通过通风进入室内,并在室内积聚。

总而言之,室内氡浓度水平的高低主要取决于房屋地基地质结构和建筑装修材料中镭含量的高低、房屋的密封性、室内外空气的交换率、季节和气象条件等,受上述条件的影响,室内氡的浓度很不稳定,具有低浓度、高差异、大波动的特点。

(三)氡的危害

天然核素对人体的危害有内照射与外照射之分。内照射是核以食物、水、空气为媒介,摄入人体后自发衰变,放射出电离辐射;外照射是核素在衰变过程中,放射出电离辐射α、β、γ 射线直接照射人体。

Rn 及其子体对人体的危害是通过内照射进行的。Rn 本身虽然是惰性气体,但其衰变的子体极易吸附在空气中的细微粒上,Rn 及其子体被吸入人体后,由于氡的半衰期仅为 3.82 d,且在体内停留的时间较短,如在高氡工作场所测试时,经过半小时,人体吸入的氡与呼出的氡达到平衡,体内含氡不再增加,且离开现场 1 h 后,人体内氡浓度可被排除 90%,故在呼吸道内氡的剂量很小,危害会相对小些。然而氡子体——金属离子(同位素 Pb、Bi、Po)随呼吸进入人体后,氡子体会沉积在气管、支气管部位,部分深入到人体肺部,不断累积,并继续快速衰变产生很强的内照射,这是大支气管上皮细胞剂量的主要来源,大部分肺癌就在这个区段发生。氡子体在衰变的同时,放射出能量高的粒子,产生电离辐射杀死、杀伤人体细胞组织,被杀死的细胞可通过新陈代谢再生,但被杀伤的细胞就有可能发生变异,成为癌细胞,使人患有癌症。

氡及其子体在衰变时还会同时放出穿透力极强的 γ 射线,对人体造成外照射。长期生活在 γ 辐射场的环境中,就有可能对人的血液循环系统造成危害,如白细胞和血小板减少,严重的还会导致白血病。

人类受电离辐射损伤致病,最早被记录的要算高氡及其子体照射下的矿工患肺癌。科学研究表明,氡污染诱发肺癌的潜伏期大多都在 15 年以上,世界上有 1/5 的肺癌患者与氡有关。所以说,氡是导致人类肺癌的第二大"杀手",是除吸烟外引起肺癌的第二大因素,世界卫生组织把它列为使人致癌的 19 种物质之一。

(四)室内氡放射性含量限值及测定方法

氡污染来源于天然存在的放射性气体,完全避开氡的照射是不可能的,在符合室内氡标准的情况下,氡对人体的危害可忽略,即氡气浓度$<100\ Bq/m^3$(新房),而旧房氡气浓度$<200\ Bq/m^3$。《室内空气质量标准》(GB/T 18883—2002)规定,室内空气中氡的限值为 $400\ Bq/m^3$;《民用建筑工程室内环境污染控制规范》(GB 50325—2010)规定,Ⅰ类、Ⅱ类民用建筑工程氡限量均为 $100\ Bq/m^3$。

由于室内氡的浓度很不稳定,如果测量方法选择不当或操作不当,得到的结果会与实际情况有很大的出入,用这样的结果评价房屋中的氡水平会导致严重的偏离,甚至会造成不必要的损失。选择测定方法取决于测量的目的和被测场所的类型。测定氡的主要方法有活性炭盒法、闪烁室(瓶)法、径迹蚀刻法、双滤膜法和气球法等。

四、苯系物

苯系物,即芳香族有机化合物(MACHs),为苯及衍生物的总称,是人类活动排放的常见污染物,完全意义上的苯系物绝对数量可高达千万种以上,但一般意义上的苯系物主要包括苯、甲苯、乙苯、二甲苯、三甲苯、苯乙烯、苯酚、苯胺、氯苯、硝基苯等,其中,由于苯(benzene)、甲苯(toluene)、乙苯(ethylbenzene)、二甲苯(xylene)四类为其中的代表性物质,也有人简称苯系物为 BTEX。

（一）苯系物的性质

苯及同系物都为无色、有芳香气味、易挥发、易燃、燃点低的液体，主要理化性质见表 8-2。这些化合物微溶于水，易溶于乙醚、乙醇、氯仿和二硫化碳等有机溶剂，在空气中以蒸气状态存在。二甲苯有邻、间、对位三个异构体。一般，间位占 45%～70%，对位占 15%～25%，邻位占 10%～15%，三种异构体的理化特性极相似（见表 8-2）。

表 8-2　苯系物的理化性质

化合物	分子式	分子量	相对密度（20 ℃）	熔点（℃）	沸点（℃）	蒸气相对密度（对空气）
苯	C_6H_6	78.11	0.865	5.5	80.1	2.71
甲苯	$C_6H_5CH_3$	92.14	0.874	-94.9	110.6	3.14
乙苯	$C_6H_5C_2H_5$	106.17	0.867	-94.9	136.2	3.66
邻二甲苯	$C_6H_4(CH_3)_2$	106.17	0.870	-25.0	144.4	3.66
间二甲苯			0.868	-47.9	139.1	3.66
对二甲苯			0.861	13.2	138.5	3.66
异丙苯	C_9H_{12}	120.19	0.864(25 ℃)	-96.0	152.4	4.1
苯乙烯	C_8H_8	104.14	0.906	-30.6	145.2	3.6

（二）苯系物的来源

苯系物来源广泛，如汽车尾气，建筑装饰材料中的有机溶剂，日常生活中常见的胶黏剂、人造板家具等都是苯系化合物的污染来源。室内苯系物主要来自建筑装修的溶剂型木器涂料，新装修后的居室内苯及甲苯的浓度均很高，每立方米空气中可达到 1 000～2 000 μg，甚至更高。

按污染源性质和类别，苯系物来源于工业生产、汽车尾气、装修装饰材料（如油漆、板材、装饰材料等）、办公设备（如复印机、打印机、传真机、电脑等）、人为活动（如吸烟、烹饪、燃香等）等。

按其产生机制，苯系物还可分为挥发源（如油漆、胶合剂等）、燃烧源（如蚊香熏香、烟草烟雾等）和复合源（如烹调油烟、汽车尾气、打印机废气等）。产生机制的不同将导致苯系物产生浓度及污染特征不同。

（三）苯系物的危害

苯系物可在人类居住和生存环境中广泛检出，由于多数苯系物（如苯、甲苯等）具有较强的挥发性，在常温条件下很容易挥发到空气中形成挥发性有机（VOCs）气体，造成 VOCs 气体污染。另外，BTEX 作为有机溶剂被广泛应用于油漆、脱脂、干洗、印刷、纺织、合成橡胶等行业，其挥发物对人体健康产生直接危害，毒性不易被警觉，长期接触会对人体健康带来严重危害，已被国际癌症研究机构确认为有毒的致癌物质。我国已把苯系物作为环境空气及室内空气中监测的内容之一。

1.苯的危害

苯属中等毒类物质。急性中毒主要对中枢神经系统有毒害，重者会出现头痛、恶心、呕吐、神志模糊、知觉丧失、昏迷、抽搐等，严重者会因为中枢系统麻痹而死亡；吸入20‰的苯蒸气5~10 min会有致命危险。慢性中毒主要对造血组织及神经系统有损害，长期接触苯可以损害骨髓，使红血球、白细胞、血小板数量减少，并使染色体畸变，从而导致白血病，甚至出现再生障碍性贫血；有研究报告指出，苯在体内的潜伏期可长达12~15年。

妇女吸入过量苯后，会导致月经不调，卵巢缩小。孕期动物吸入苯后，会导致幼体的重量不足、骨骼延迟发育、骨髓损害。

苯对皮肤、黏膜有刺激作用，世界卫生组织国际癌症研究中心(IARC)已经确认苯属于1类致癌物。

2.甲苯的危害

甲苯属低毒类。急性中毒表现为眼及上呼吸道明显的刺激症状、眼结膜及咽部充血、头晕、头痛、恶心、呕吐、胸闷、四肢无力、步态蹒跚、意识模糊；重症者有躁动、抽搐、昏迷。慢性中毒主要是对中枢神经系统的损害，长期接触甲苯可发生神经衰弱综合症；肝肿大，女性月经异常；皮肤干燥、皲裂、皮炎等。

世界卫生组织国际癌症研究机构公布的致癌物清单中，甲苯属于3类致癌物。

3.乙苯的危害

乙苯对皮肤、黏膜有较强刺激性，高浓度有麻醉作用。急性中毒表现为轻度中毒，有头晕、头痛、恶心、呕吐、步态蹒跚、轻度意识障碍及眼和上呼吸道刺激症状；重者发生昏迷、抽搐、血压下降及呼吸循环衰竭；直接吸入可致化学性肺炎和肺水肿。慢性影响表现为眼及上呼吸道刺激症状、神经衰弱综合症；皮肤出现黏糙、皲裂、脱皮。

世界卫生组织国际癌症研究机构公布的致癌物清单中，甲苯属于2B类致癌物。

4.二甲苯

二甲苯的三种异构体的毒性略有差异，以间位最大，但均属低毒类物质。急性中毒对中枢系统和植物神经系统有麻醉和刺激作用，长期接触有神经衰弱综合症，女性有可能导致月经异常。皮肤接触常发生皮肤干燥、皲裂、皮炎。

世界卫生组织国际癌症研究机构公布的致癌物清单中，甲苯属于3类致癌物。

(四)苯系物的限量值及测定方法

在环境空气及室内空气监测中，主要测定的是苯、甲苯、乙苯、邻二甲苯、间二甲苯、对二甲苯、异丙苯和苯乙烯等化合物。《室内空气质量标准》(GB/T 18883—2002)规定，室内空气中苯的限值为0.11 mg/m^3，甲苯的限值为0.20 mg/m^3，二甲苯的限值为0.20 mg/m^3。《民用建筑工程室内环境污染控制规范》(GB 50325—2010)规定Ⅰ类民用建筑工程浓度限值苯为0.07 mg/m^3、甲苯和二甲苯均为0.15 mg/m^3；Ⅱ类民用建筑工程浓度限值苯为0.09 mg/m^3、甲苯和二甲苯均为0.20 mg/m^3。

苯系物的测定方法主要是气相色谱法。该方法可同时分别测定苯、甲苯和二甲苯，但是不能直接测定室内空气样品，必须用吸附剂进行浓缩，根据解吸方法不同，可以分为溶剂解吸和热解吸两种。由于溶剂解吸使用的二硫化碳溶剂，毒性较大，不利于分析人员的健康，应慎用，优先选用热解吸法。目前，国家标准规定的测定苯系物的方法有:《环境空气 苯系物的测定 固体吸附/热脱附-气相色谱法》(HJ 583—2010)和《环境空气 苯系物的测定 活性炭吸附/二硫化碳解吸-气相色谱法》(HJ 584—2010)。

五、挥发性有机物 VOCs

世界卫生组织(WHO)对总挥发性有机物(TVOC)的定义为熔点低于室温而沸点在 50~260 ℃的挥发性有机化合物的总称。VOCs 主要成分为芳香烃、卤代烃、脂肪烃等,达 900 种之多,具体分类见表 8-3。《民用建筑工程室内环境污染控制规范》(GB 50325—2010)中规定的室内空气中的总挥发性有机化合物包括苯、甲苯、乙苯、对(间)二甲苯、邻二甲苯、苯乙烯、乙酸丁酯、十一烷等。

表 8-3　室内空气中常见 VOCs 的浓度范围

	VOCs	浓度范围(μg/m³)		VOCs	浓度范围(μg/m³)
芳香烃	甲苯	5~2 300	脂肪烃	庚烷	50~500
	乙苯	5~380		癸烷	10~1 100
	正丙基苯	1~6		十一烷	5~950
	1,2,4-三甲基苯	10~400		十二烷	10~220
	联苯	0.1~5		2-甲基戊烷	10~200
	间/对-二甲苯	25~300		2-甲基己烷	5~278
萜烃	α-萜烯	1~605		己烷	100~269
	萜烯	20~50		甲基环戊烷	0.1~139
卤代烃	三氯氟甲烷	1~230		辛烷	50~550
	二氯甲烷	20~5 000		壬烷	10~400
	氯仿	10~50	醇	甲醇	0~280
	四氯乙烷	1~617		乙醇	0~15
	四氯化碳	200~1 100		2-丙醇	0~10
	氯苯	1~500	酯	2-丙酯	5~50
	1,1,1-三氯乙烷	10~8 300		2-丁酯	10~600

(一)挥发性有机物的性质

VOCs 是强挥发、有特殊刺激性气味、有毒的有机气体。其主要成分有烃类、卤代烃、氧烃和氮烃等,是空气中三种有机污染物(多环芳烃、挥发性有机物和醛类化合物)中影响较为严重的一种。

(二)挥发性有机物的来源

室外空气中 VOCs 来源于石油化工等工业排放、燃料燃烧及汽车尾气的排放。室内 VOCs 不仅受室外空气污染的影响,还主要与复杂的室内装修材料、室内污染源排放、人为活动等密切相关,主要来自于建筑材料、清洁剂、涂料、胶黏剂、化妆品和洗涤剂等。表 8-4所示为 VOCs 主要来源。英国材料、建筑物研究所测定了 100 户住宅在 28 d 中室内 VOCs 的浓度水平,研究结果证实室内 VOCs 浓度高于室外,室内 VOCs 的浓度为室外的

2.4 倍。室内 VOCs 的均值为 121.8 μg/m^3。

表 8-4　VOCs 主要来源

来源		排放说明
室外	室外、汽车污染	室外污染空气扩散到室内
室内	取暖、烹饪	燃烧煤、天然气、液化石油气产物、烹饪油烟
	吸烟	吸烟烟雾
	装修材料、家具	涂料、人造板、壁纸、木材防腐剂、地毯
	生活用品	家用电器、日用化学剂(清洁、消毒、杀虫)、打印机等、干燥剂、胶水、织物、化妆品

(三)挥发性有机物的危害

VOCs 对人体健康影响主要是刺激眼睛和呼吸道,使皮肤过敏,引起头痛、咽痛与乏力等症状。VOCs 的毒性、刺激性、致癌性和特殊的气味性会影响皮肤和黏膜,对人体产生急性损害。目前认为,VOCs 能引起机体免疫水平失调,影响中枢神经系统功能,出现头晕、头痛、嗜睡、无力、胸闷等症状;还可能影响消化系统,出现食欲不振、恶心等,严重时可损伤肝脏和造血系统,出现变态反应等。VOCs 中的苯、氯乙烯、多环芳烃等为致癌物。有些 VOCs 对臭氧层有破坏作用,如氯氟烃(CFCs)和氢氯氟烃(HCFCs)。

(四)挥发性有机物的限量阈值及测定方法

国家标准《室内空气质量标准》(GB/T 18883—2002)规定,室内空气中 TVOC 的限值为 0.6 mg/m^3。《民用建筑工程室内环境污染控制规范》(GB 50325—2010)规定Ⅰ类民用建筑工程 TVOC 浓度限值为 0.45 mg/m^3;Ⅱ类民用建筑工程 TVOC 浓度限值为 0.5 mg/m^3。

常用的 TVOC 测定方法是固体吸附剂管采样,然后加热解吸,用毛细管气相色谱法测定。

习题与练习题

一、选择题

1.下列装饰装修材料中不属于室内环境污染物苯的主要来源的是(　　)。

A.木器涂料　　B.天然砂　　C.胶黏剂　　D.有机稀释剂

2.下列哪项物质不属于室内空气中挥发性有机化合物(VOCs)中所包含的物质。(　　)

A.苯　　B.甲苯　　C.十一烷　　D.甲基苯

3.《室内空气质量标准》(GB/T 18883—2002)中,放射性参数氡的标准值为(　　)。

A.400 Bq/m^3　　B.400 cfu/m^3　　C.250 Bq/m^3　　D.250 cfu/m^3

4.《室内空气质量标准》(GB/T 18883—2002)中,细菌总数的标准值为(　　)。

A.2 500 Bq/m^3　　B.2 500 cfu/m^3　　C.250 Bq/m^3　　D.250 cfu/m^3

二、判断题

1.室内空气中污染物包括物理、化学和生物污染物三大类。　(　　)

2.GB/T 18883—2002 中规定室内空气中甲醛的标准值是 0.1 mg/m³。　(　　)

3.氨气主要来源于混凝土的外加剂。　(　　)

三、问答题

1.室内空气污染物主要有哪些?

2.室内空气污染的主要特点是什么?

3.室内空气中甲醛的主要来源是什么?对人体有哪些危害?

第九章　室内空气中有害物的测定

第一节　室内空气监测采样

一、室内空气样品的采集

样品采集的正确与否，直接关系到测定结果的可靠性，如果采样方法不正确或不规范，即使操作者再细心，实验室分析再精确，实验室的质量保证和质量控制再严格，也不会得出准确的测定结果。

根据被测污染物在空气中存在的状态和浓度水平及所用的分析方法，按气态、颗粒态和两种状态共存的污染物，分别利用不同采样方法进行采样（详见第五章）。

二、室内空气监测方案设计

（一）采样点位的设置

采样点的布置同样会影响室内污染物检测的准确性，如果采样点布置不科学，所得的监测数据并不能科学地反映室内空气质量。

1.布点原则

采样点的选择应遵循下列原则：

（1）代表性。应根据检测目的与对象来决定，以不同的目的来选择各自典型的代表，如可按居住类型分类、燃料结构分类、净化措施分类。

（2）可比性。为便于对检测结果进行比较，各采样点的条件应尽可能选择相类似的；所用的采样器及采样方法，应做具体规定，采样点一旦选定后，一般不要轻易改动。

（3）可行性。由于采样的器材较多，需占用一定的场地，故选点时，应尽量选可供利用的地方，以及低噪声、有足够电源的小型采样器材。

2.布点方法

应根据检测目的与对象进行布点，布点的数量视人力、物力和财力情况，量力而行。

1）采样点的数量

《室内空气质量标准》（GB/T 18883—2002）规定，室内空气监测点的数量根据监测对象的面积大小和现场情况来决定，要能正确反映室内空气污染水平。一般而言，居室面积小于 50 m^2的房间设 1~3 个点，50~100 m^2设 3~5 个点，100 m^2以上至少设 5 个点。采用对角线上或梅花式均匀分布。两点之间相距 5 m 左右。为避免室壁的吸附作用或逸出干扰，采样点离墙应不少于 0.5 m。

《民用建筑工程室内环境污染控制规范》（GB 50325—2010）则规定，民用建筑工程验收时，室内环境污染物浓度检测点数应按表 9-1 设置。

表 9-1　室内环境污染物浓度检测点数设置

房间使用面积(m^2)	检测点数(个)
<50	1
≥50,<100	2
≥100,<500	不少于 3
≥500,<1 000	不少于 5
≥1 000	≥1 000 m^2的部分,每增加 1 000 m^2增设 1, 增加面积不足 1 000 m^2时按增加 1 000 m^2计算

2)采样点的分布

除特殊目的外,一般采样点分布应均匀,并离开门窗一定的距离,避开正风口,以免局部微小气候造成影响(见图 9-1)。在做污染源逸散水平监测时,可以污染源为中心在与之不同的距离(2 cm、5 cm、10 cm)处设定。

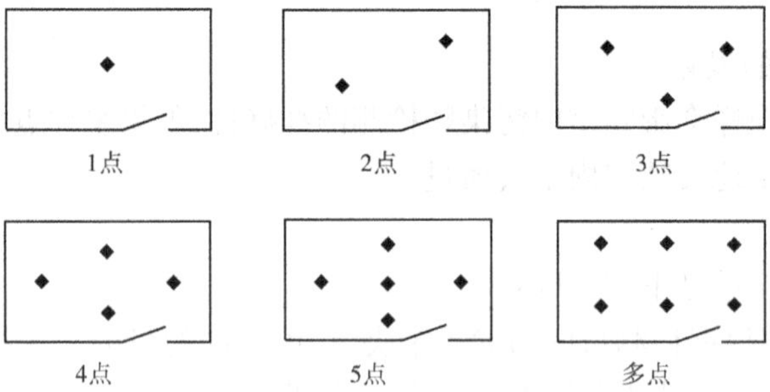

图 9-1　室内空气采样布点方法

3)采样点的高度

采样点的高度与人的呼吸带高度相一致,相对高度 0.5~1.5 m。

4)室外对照采样点的设置

在进行室内污染监测的同时,为了掌握室内外污染的关系,或以室外的污染浓度为对照,应在同一区域的室外设置 1~2 个对照点;也可用原来的室外固定大气监测点做对比,这时室内采样点的分布,应在固定监测点的半径 500 m 范围内才较合适。

(二)采样时间和采样频率的确定

采样时间指每次采样从开始到结束经历的时间,也称采样时段。采样频率指在一定时间范围内的采样次数。一般根据检测目的、污染物分布特征及人力、物力等因素决定。例如,评价室内空气质量对人体健康影响时,在人们正常活动情况下采样,至少监测一日,每日早晨和傍晚各采样一次。每次平行采样,平行样品的相对偏差不超过 20%;而对建筑物的室内空气质量进行评价时,应选择在无人活动时进行采样,至少监测一日,每日早晨和傍晚各采样一次。每次平行采样,平行样品的相对偏差不超过20%。

采样时间短,试样缺乏代表性,检测结果不能反映污染物浓度随时间变化,仅适用于事故性污染、初步调查等情况的应急检测。为增加采样时间,一是增加采样频率,即每隔一定时间采样测定1次,取多个试样结果的平均值为代表值。二是使用自动采样仪器进行连续自动采样,若再配用污染组分连续或间歇自动检测仪器,其检测结果能很好地反映染污物浓度的变化,得到任何一段时间的代表值。

(1)监测年平均浓度时,至少采样3个月;监测日平均浓度时,至少采样18 h,监测8 h平均浓度至少采样6 h;监测1 h平均浓度至少采样45 min;采样时间应涵盖通风最差的时间段。

(2)长期累计浓度的监测,多用于对人体健康影响的研究,一般采样需24 h以上,甚至连续几天进行累计性的采样,以得出一定时间内的平均浓度。由于是累计式的采样,故样品分析方法的灵敏度要求较低,缺点是对样品和监测仪器的稳定性要求较高。另外,样品的本底与空白的变异,对结果的评价会带来一定的困难,更不能反映浓度的波动情况和日变化曲线。

(3)短期浓度的监测,主要用于公共场所及室内污染的研究,可采用短时间采样方法、间歇式或抽样检验的方法、采样时间为几分钟至1 h。可反映瞬时或短时间内室内污染物的浓度变化,按小时浓度变化绘制浓度的日变化曲线,本法对仪器及测定方法的灵敏度要求较高,并受日变化及局部污染变化的影响。

(三)采样条件

(1)采样应在密封条件下进行,门窗必须关闭。

(2)采样期间空气调节系统(包括吊扇、窗户上的换气扇)应停止运行。

(3)如果是早晨采样,应要求居住者前一天晚上关闭门窗,直至采样结束后再打开。

(4)若采样前12 h或采样期间出现大风,则应停止采样。

(四)采样方式

1.筛选法采样

采样前关闭门窗12 h,采样时关闭门窗,至少采样45 min。

2.累积法采样

当筛选法采样达不到室内空气质量标准中室内空气监测技术导则规定的要求时,必须采用累积法(按年平均、日平均、8 h平均法)的要求采样。

(五)采样记录

采样记录与实验室分析测定记录同等重要。在实际工作中,不重视采样记录,往往会导致由于采样记录不完整而使一大堆监测数据无法统计而报废。因此,必须给予高度重视。采样记录是要对现场情况、各种污染物及采样表格中采样日期、时间、地点、数量、布点方式、大气压力、气温、相对温度、风速及采样者签字等做出详细记录,随样品一同报到实验室。现场采样和分析记录表见表9-2。

表 9-2 现场采样和分析记录表

采样地点： 日期： 气温： 气压： 相对湿度： 风速：

项目	点位	编号	采样时间	采样流量(L/min)	浓度(mg/m^3)	仪器名称及编号

现场情况及布点示意图：

备注	

采样及现场监测人员： 质控人员： 运送人员： 接收人员：

(六)采样效率及评价

采样效率是指在规定的采样条件(如采样流量、气体浓度、采样时间等)下所采集到的量占总量的百分数。采样效率评价方法一般与污染物在大气中存在状态有很大关系，不同的存在状态有不同的评价方法(详见第五章)。

三、室内空气质量监测项目与分析方法

(一)监测项目

1.监测项目的确定原则

(1)选择室内空气质量标准中要求控制的监测项目。

(2)选择室内装饰装修材料有害物质限量标准中要求控制的监测项目。

(3)选择人们日常活动可能产生的污染物。

(4)选择室内装饰装修可能产生的污染物。

(5)所选监测项目应有国家或行业标准分析方法、行业推荐的分析方法。

2.监测项目

鼓励使用气相色谱/质谱法对室内环境空气的定性监测。表 9-3 为《室内环境空气质量监测技术规范》(HJ/T 167—2004)规定的监测项目。

(1)新装饰、装修过的室内环境应测定甲醛、苯、甲苯、二甲苯、总挥发性有机物(TVOC)等。

(2)人群比较密集的室内环境应测菌落总数、新风量及二氧化碳。

表 9-3　室内环境空气质量监测项目

应测项目	其他项目
温度、大气压、空气流速、相对湿度、新风量、二氧化硫、二氧化氮、一氧化碳、二氧化碳、氨、臭氧、甲醛、苯、甲苯、二甲苯、总挥发性有机物(TVOC)、苯并[a]芘、可吸入颗粒物、氡(^{222}Rn)、菌落总数等	甲苯二异氰酸酯(TDI)、苯乙烯、丁基羟基甲苯、4-苯基环己烯、2-乙基己醇等

(3)使用臭氧消毒、净化设备及复印机等可能产生臭氧的室内应测臭氧。

(4)住宅一层、地下室、其他地下设施及采用花岗岩、彩釉地砖等天然放射性含量较高材料新装修的室内都应监测氡(^{222}Rn)。

(5)北方冬季施工的建筑物应测定氨。

(二)分析方法

1.选择分析方法的原则

(1)首先选用评价标准[如《室内空气质量标准》(GB/T 18883—2002)]中指定的分析方法。

(2)在没有指定方法时,应选择国家标准分析方法、行业标准方法,也可采用行业推荐方法。

(3)在某些项目的监测中,可采用 ISO、美国 EPA 和日本 JIS 方法体系等其他等效分析方法,或由权威的技术机构制定的方法,但应经过验证合格,其检出限、准确度和精密度应能达到质控要求。

2.监测分析方法

《室内空气质量标准》(GB/T 18883—2002)中要求的各项参数的监测分析方法见第二章。

第二节　室内空气污染物的测定

由于室内环境空气中污染物质多种多样,《室内空气质量标准》(GB/T 18883—2002)中规定了 19 项监测项目、《民用建筑工程室内环境污染控制规范》(GB 50325—2010)规定了 7 项指标(详见本书第二章)。结合实际中室内空气污染的特征,下面分别介绍室内主要污染物及其有最新国家标准规定的部分室内环境空气中主要污染物的测定方法。

实训一　甲醛测定 AHMT 分光光度法

AHMT 分光光度法可测定居住区大气中甲醛的浓度,也适用于公共场所空气中甲醛浓度的测定。该方法在室温下就能显色,且 SO_3^{2-}、NO_2^-共存时不干扰测定,已作为国家标准《公共场所卫生检验方法 第 2 部分:化学污染物》(GB/T 18204.2—2014)推荐的测定室内空气中甲醛浓度的方法。该方法的测定范围为 2 mL 样品溶液中含 0.2~3.2 μg 甲醛污染物。若采样流量为 1 L/min,采样体积为 20 L,则测定浓度范围为 0.01~0.16 mg/m^3。

(一)测定原理

空气中甲醛被吸收液吸收,在碱性条件下与 4-氨基-3-联氨-5-巯基-1,2,4-三氮杂茂(AHMT)发生缩合反应,经高碘酸钾氧化成 6-巯基-5-三氮杂茂[4,3-b]-S-四氮杂苯(Ⅲ)紫红色化合物,其色泽深浅与甲醛含量成正比,通过比色定量测定甲醛含量。

(二)仪器与用具

(1)气泡吸收管:有 5 mL 和 10 mL 刻度线。

(2)空气采样器:流量范围 0~2 L/min。

(3)具塞比色管:10 mL。

(4)分光光度计:具有 550 nm 波长,并配有 10 mm 光程的比色皿。

(5)橡胶管:采样用,聚四氟乙烯管,内径 6 mm,前端带有玻璃纤维滤料。

(6)容量瓶、移液管、滴定管、棕色瓶、试剂瓶及其他常用实验室工具。

(三)试剂

(1)吸收液:称取 1 g 三乙醇胺,0.25 g 偏重亚硫酸钠和 0.25 g 乙二胺四乙酸二钠(EDTA)溶于水中并稀释至 1 000 mL。

(2)氢氧化钾溶液(5 mol/L、0.2 mol/L):称取 28 g 氢氧化钾溶于适量蒸馏水中,稍冷后,加蒸馏水至 100 mL,即 5 mol/L。取上述溶液 4 mL 加蒸馏水至 100 mL,即 0.2 mol/L。

(3)1.5%高碘酸钾溶液:称取 1.5 g 高碘酸钾溶于 0.2 mol/L 氢氧化钾溶液中,并稀释至 100 mL,于水浴上加热溶解,备用。

(4)0.5% 4-氨基-3-联氨-5-巯基-1,2,4-三氮杂茂(AHMT)溶液:称取 0.25 g AHMT溶于 0.5 mol/L 盐酸中,并稀释至 50 mL,此试剂置于棕色瓶中,可保存半年。

(5)碘酸钾标准溶液 $\left[c\left(\frac{1}{6}KIO_3\right)=0.1\ mol/L\right]$:准确称量 3.566 7 g 经 105 ℃烘干 2 h 的碘酸钾(优级纯),溶解于水,移入 1 L 容量瓶中,再用水定容至 1 000 mL。

(6)1 mol/L 盐酸溶液:量取 82 mL 浓盐酸加水稀释至 1 000 mL。

(7)5 g/L 淀粉溶液:用 0.5 g 淀粉溶于 100 mL 水中,煮沸 2~3 min,冷却后加 0.1 g 水杨酸保存。

(8)硫代硫酸钠标准溶液[$c(Na_2S_2O_3)=0.1$ mol/L]:称量 25 g 硫代硫酸钠($Na_2S_2O_3\cdot 5H_2O$),溶于 1 000 mL 新煮沸并冷却的水中,此溶液浓度约为 0.1 mol/L。加入 0.2 g 无水碳酸钠,储存于棕色瓶内,放置一周后,再标定其准确浓度。

(9)碘溶液 $\left[c\left(\frac{1}{2}I_2\right)=0.1\ mol/L\right]$:称量 30 g 碘化钾,溶于 25 mL 水中,加入 12.7 g 碘,待碘完全溶解后,用水定容至 1 000 mL,移入棕色瓶,于暗处储存。

(10)0.5 mol/L 硫酸溶液:取 28 mL 浓硫酸缓慢加入水中,冷却后,稀释至 1 000 mL。

(11)1 mol/L 氢氧化钠溶液:称量 40 g 氢氧化钠,溶于水中,稀释至 1 000 mL。

(12)甲醛标准贮备液:取 36%~38%甲醛溶液 2.8 mL 于 1 L 容量瓶中,加 0.5 mL 硫酸并用水稀释至刻度,摇匀。

(13)甲醛标准溶液:取上述甲醛标准贮备液,用吸收液稀释成1 mL含2 μg的甲醛溶液。临用时,将甲醛标准贮备液用水稀释成1 mL含10 μg甲醛,立即再取此溶液20 mL,加入100 mL容量瓶中,加入10 mL吸收原液,用水定容至100 mL,此液1 mL含2 μg甲醛,放置30 min后,用于配制标准色列管。此标准溶液可稳定24 h。

(四)测定分析过程

1.采样

(1)采样前用皂膜流量计校准空气采样器流量。

(2)吸取5 mL吸收液于棕色气泡吸收管中,用橡胶管把吸收管的玻璃球端支管与空气采样器的入口相连接。

(3)气密性检验:打开采样器电源用手指堵住吸收管进气端,观察乳胶管和流量计浮子,如管子有发瘪的迹象,流量计浮子回零,说明气密性检验合格。

(4)以1 L/min的流量采样20 min以上(约20 L)。采集好的样品于室温避光贮存,2 d内分析完毕。同时测量温度、压力和采样起止时间,计算采样标准体积。

(5)带与采样用同一批吸收液至现场,与采样后样品溶液一起带到实验室分析。

2.标定

1)硫代硫酸钠标准溶液(8)标定

标定方法同“第七章 实训一”。

2)甲醛标准贮备液(12)标定

甲醛标准贮备液的准确浓度用碘量法标定。

精确量取20 mL待标定的甲醛标准贮备液,置于250 mL碘量瓶中。加入20 mL 0.1 mol/L碘溶液和15 mL 1 mol/L NaOH溶液,放置15 min,加入20 mL 0.5 mol/L H_2SO_4溶液,再放置15 min,用0.1 mol/L硫代硫酸钠溶液滴定,至溶液呈现淡黄色时,加入1 mL 0.5%淀粉溶液,继续滴定至刚使蓝色消失为终点,记录所用硫代硫酸钠的体积(V_2)。同时用水做试剂空白滴定,记录空白滴定所用硫代硫酸钠标准溶液的体积(V_1)。

甲醛溶液的浓度用下式计算:

$$c = \frac{(V_1 - V_2)M \times 15}{20} \tag{9-1}$$

式中　c——甲醛标准贮备液中甲醛浓度,mol/L;

V_1——滴定空白时消耗硫代硫酸钠标准溶液的体积,mL;

V_2——滴定甲醛溶液时所用硫代硫酸钠溶液的体积,mL;

M——硫代硫酸钠标准溶液的物质的量浓度,mol/L;

15——甲醛的换算值,g/moL;

20——所取甲醛标准贮备液的体积,mL。

平行滴定两次,所用硫代硫酸钠溶液相差不能超过0.05 mL,否则应重新标定。

上述标准溶液稀释10倍作为贮备液,此溶液置于室温下可使用1个月。

3.标准曲线的绘制

取7支10 mL具塞比色管按表9-4配制标准系列。

表 9-4　甲醛标准色列

管号	0	1	2	3	4	5	6
标准溶液(mL)	0	0.1	0.2	0.4	0.8	1.2	1.6
吸收溶液(mL)	2.0	1.9	1.8	1.6	1.2	0.8	0.4
甲醛含量(μg)	0	0.2	0.4	0.8	1.6	2.4	3.2

各管加入 1 mL 5 mol/L 氢氧化钾溶液,1 mL 0.5% AHMT 溶液,盖上管塞,轻轻颠倒混匀 3 次,放置 20 min。加入 0.3 mL 1.5%高碘酸钾溶液,充分振摇,放置 5 min。用 10 mm 比色皿,在波长 550 nm 下,以水做参比,测定各管吸光度。以甲醛含量为横坐标、吸光度为纵坐标绘制标准曲线,并计算回归线的斜率,以斜率的倒数作为样品测定计算因子 B_s(μg /吸光度)。

4.样品的测定

采样后,补充吸收液到采样前的体积。准确吸取 2 mL 样品溶液于 10 mL 比色管中,按制作标准曲线的操作步骤测定吸光度。

5.空白试验

在每批样品测定的同时,用 2 mL 未采样的吸收液,按相同步骤做试剂空白值测定。

(五)计算结果与表示

(1)将采样体积按下式换算成标准状况下采样体积:

$$V_0 = V \times \frac{T_0}{273 + t} \times \frac{P}{P_0} \tag{9-2}$$

式中 V_0——换算成标准状况下的采样体积,L;

V——采样体积,L;

T_0——标准状况的绝对温度,273 K;

t——采样时的现场温度,℃;

P_0——标准状况下的大气压力,101.3 kPa;

p——采样时采样点的大气压力,kPa。

(2)空气中甲醛浓度按下式计算:

$$c = \frac{(A - A_0)\ B_s}{V_0} \times \frac{V_1}{V_2} \tag{9-3}$$

式中 c——空气中甲醛浓度,mg/m³;

A——样品溶液的吸光度;

A_0——试剂空白溶液的吸光度;

B_s——用标准溶液绘制标准曲线得到的计算因子,μg/吸光度;

V_0——标准状况下的采样体积,L;

V_1——采样时吸收液体积,mL;

V_2——分析时取样品体积,mL。

（六）注意事项

日光照射能使甲醛氧化，在采样时，要尽量选用棕色吸收管，在样品运输和存放过程中，都应该采取避光措施。

（七）思考题

（1）室内环境空气中甲醛采样和工业产生废气中甲醛的采样方法有何区别？

（2）当污染较重时，应如何选择采样用吸收器？

（3）若采用 25 mL 比色管，应如何测定分析？

实训二　甲醛测定 酚试剂分光光度法

该方法为《公共场所卫生检验方法 第 2 部分：化学污染物》（GB/T 18204.2—2014）推荐的测定室内甲醛的方法，也是《民用建筑工程室内环境污染控制规范》（GB 50325—2010）中推荐的测定方法，当发生争议时，以此方法为准。

用 5 mL 样品溶液，测量范围为 0.1～1.5 μg；当采样体积为 10 L 时，可测浓度范围 0.01～0.15 mg/m^3。方法检出限为 0.056 μg。该方法在常温下显色，且灵敏度比 AHMT 分光光度法好。

（一）测定原理

空气中的甲醛被酚试剂吸收，反应生成嗪，嗪在酸性溶液中被高铁离子氧化形成蓝绿色化合物。根据颜色深浅，比色定量。

（二）仪器与用具

（1）大型气泡吸收管：有 10 mL 刻度线。出气口内径为 1 mm，出气口至管底距离小于或等于 5 mm。

（2）恒流采样器：流量范围 0～1 L/min，流量稳定。使用时，用皂膜流量计校准采样系列在采样前和采样后的流量，流量误差应小于 5%。

（3）具塞比色管：10 mL。

（4）分光光度计：在 630 nm 测定吸光度。

（三）试剂

（1）吸收原液：称量 0.10 g 酚试剂［$C_6H_4SN(CH_3)C=NNH_2 \cdot HCl$，简称 MBTH］溶于水中，稀释至 100 mL 即为吸收原液，贮存于棕色瓶中，在冰箱内可以稳定 3 d。

（2）吸收液：量取吸收原液 5.0 mL，加 95 mL 水，即为吸收液。

（3）1%硫酸铁铵溶液：称量 1.0 g 硫酸铁铵［$NH_4Fe(SO_4)_2 \cdot 12H_2O$］，用 0.1 mol/L 盐酸溶液溶解，并稀释至 100 mL。

（4）0.100 0 mol/L 碘溶液：称量 40 g 碘化钾，溶于 25 mL 水中，加入 12.7 g 碘。待碘完全溶解后，用水定容至 1 000 mL。移入棕色瓶中，暗处贮存。

（5）1 mol/L 氢氧化钠溶液：称量 40 g 氢氧化钠，溶于水中，并稀释至 1 000 mL。

（6）0.5 mol/L 硫酸溶液：取 28 mL 浓硫酸缓慢加入水中，冷却后，稀释至 1 000 mL。

（7）硫代硫酸钠标准溶液［$c(Na_2S_2O_3)=0.100\,0$ mol/L］：可购买标准试剂配制。

（8）0.5%淀粉溶液：将 0.5 g 可溶性淀粉，用少量水调成糊状后，再加入 100 mL 沸水，并煮沸 2～3 min 至溶液透明。冷却后，加入 0.1 g 水杨酸或 0.4 g 氯化锌保存。

(9)甲醛标准贮备液(待标定):取36%~38%甲醛溶液2.8 mL,放入1 000 mL容量瓶中,加水稀释至刻度。此溶液含甲醛约1 mg/mL。

如取上述溶液稀释10倍作为贮备液,置于室温下可使用1个月,临用时标定。

(10)甲醛标准使用溶液:用水将甲醛标准贮备液(9)稀释成10 μg/mL甲醛溶液,立即再取此溶液10.00 mL,加入100 mL容量瓶中,加入5 mL吸收原液,用水定容至100 mL,此液1.00 mL含1.00 μg甲醛,放置30 min后,用于配制标准色列。此标准溶液可稳定24 h。

(四)测定分析过程

1.采样

用一个内装5.0 mL吸收液的大型气泡吸收管,以0.5 L/min流量,采气10 L(20 min),并记录采样点的温度和大气压力。采样后样品在室温下24 h内分析。

2.甲醛标准贮备液的标定

标定方法同"实训一 甲醛测定 乙酰丙酮分光光度法"。

3.标准曲线的绘制

取9支10 mL具塞比色管,按表9-5配制标准色列。然后向各管中加1%硫酸铁铵溶液0.40 mL,摇匀。在室温下显色20 min。在波长630 nm处,用1 cm比色皿,以水为参比,测定吸光度。以甲醛含量为横坐标、吸光度为纵坐标,绘制标准曲线,并计算标准曲线斜率,以斜率倒数作为样品测定的计算因子B_g(μg/吸光度)。

表9-5 甲醛标准色列

管号	0	1	2	3	4	5	6	7	8
标准溶液(mL)	0	0.10	0.20	0.40	0.60	0.80	1.00	1.50	2.00
吸收液(mL)	5.00	4.90	4.80	4.60	4.40	4.20	4.00	3.50	3.00
甲醛含量(μg)	0	0.10	0.20	0.40	0.60	0.80	1.00	1.50	2.00

4.样品测定

采样后,将样品溶液移入比色皿中,用少量吸收液洗涤吸收管,洗涤液并入比色管,使总体积为5.0 mL,室温下放置80 min,其后操作同标准曲线的绘制测定吸光度(A)。

5.空白测定

在每批样品测定的同时,用5 mL未采样的吸收液做试剂空白,测定试剂空白的吸光度(A_0)。

(五)结果计算与表示

(1)将采样体积按下式换算成标准状况下采样体积V_0:

$$V_0 = V \times \frac{273}{273 + t} \times \frac{P}{101.325} \tag{9-4}$$

式中 V——采样体积,L;

t——采样时采样点的现场温度,℃;

P——采样时采样点的大气压力，kPa。

(2)空气中甲醛的质量浓度ρ(mg/m^3)按下式计算：

$$\rho = \frac{(A - A_0) \times B_g}{V_0} \tag{9-5}$$

式中　A——样品溶液的吸光度；

A_0——空白溶液的吸光度；

B_g——用标准溶液绘制标准曲线得到的计算因子，μg/吸光度；

V_0——换算成标准状况下的采样体积，L。

(六)注意事项

(1)绘制标准曲线时与样品测定时温差应不超过2 ℃。

(2)测定甲醛时，在摇动下逐滴加入氢氧化钠溶液，至颜色明显减退，再摇片刻，待退成淡黄色，放置后应褪至无色。若碱量加入过多，则5 mL(1+5)盐酸溶液不足以使溶液酸化。

(3)当与二氧化硫共存时，会使结果偏低，二氧化硫产生的干扰，可以在采样时，使气体先通过装有硫酸锰滤纸❶的过滤器，即可排除干扰。

(七)思考题

(1)区别酚试剂分光光度法和AHMT分光光度法测定甲醛的测定要点。

(2)该法测定甲醛时，干扰因素是什么？如何消除干扰的影响？

实训三　氨的测定 靛酚蓝分光光度法

该方法既适用于公共场所空气中氨浓度的测定，也适用于居住区空气和室内空气中氨浓度的测定。方法操作便捷、对人员毒害性小，是测定空气中氨浓度的仲裁方法。

测定范围：10 mL样品溶液中含0.5~10 mg氨。按本法规定的条件采样10 min，样品可测浓度范围为0.1~2 mg/m^3。

检测下限：0.5 mg/10 mL，当采样体积为5 L时，最低检出浓度为0.01 mg/m^3。

(一)测定原理

空气中氨吸收在稀硫酸中，在亚硝基铁氰化钠及次氯酸钠存在下，与水杨酸生成蓝绿色的靛酚蓝染料，根据着色深浅，比色定量。

(二)仪器与用具

(1)大型气泡吸收管：有10 mL刻度线，出气口内径为1 mm，与管底距离应为3~5 mm。

(2)空气采样器：流量范围0~2 L/min，流量稳定。使用前后，用皂膜流量计校准采样系统的流量，误差应小于±5%。

---

❶ 硫酸锰滤纸的制备：取10 mL浓度为100 mg/mL的硫酸锰水溶液，滴加到250 cm^{2}玻璃纤维滤纸上，风干后切成碎片，装入1.5 mm×150 mm的U形玻璃管中。此法制成的硫酸锰滤纸，吸收二氧化硫的效能受大气湿度影响很大，当相对湿度大于88%、采气速度为1 L/min、二氧化硫浓度为1 mg/m^{3}时，能消除95%以上的二氧化硫，此滤纸可维持50 h有效。当相对湿度为15%~35%时，吸收二氧化硫的效能逐渐降低。相对湿度很低时，应换用新制的硫酸锰滤纸。

(3)具塞比色管:10 mL。

(4)分光光度计:可测波长为 697.5 nm,狭缝小于 20 nm。

(三)试剂

分析时使用符合国家标准或专业标准的分析纯试剂和按下述方法制备的无氨蒸馏水。

(1)无氨蒸馏水:于普通蒸馏水中,加少量的高锰酸钾至浅紫红色,再加少量氢氧化钠至呈碱性。蒸馏,取其中间蒸馏部分的水,加少量硫酸溶液呈微酸性,再蒸馏一次即可。

(2)吸收液[$c(H_2SO_4)=0.005$ mol/L]:量取 2.8 mL 浓硫酸加入水中,并稀释至 1 L。临用时再稀释 10 倍。

(3)50 g/L 水杨酸[$C_6H_4(OH)COOH$]溶液:称取 10.0 g 水杨酸和 10.0 g 柠檬酸钠($Na_3C_6O_7 \cdot 2H_2O$),加水约 50 mL,再加 55 mL 氢氧化钠溶液[$c(NaOH)=2$ mol/L],用水稀释至 200 mL。此试剂稍有黄色,室温下可稳定一个月。

(4)10 g/L 亚硝基铁氰化钠溶液:称取 1.0 g 亚硝基铁氰化钠[$Na_2Fe(CN)_5 \cdot NO \cdot 2H_2O$],溶于 100 mL 水中。贮于冰箱中可稳定 1 个月。

(5)次氯酸钠溶液[$c(NaClO)=0.05$ mol/L](待标定):取 1 mL 次氯酸钠试剂原液,用碘量法标定其浓度。然后用氢氧化钠溶液[$c(NaOH)=2$ mol/L]稀释成 0.05 mol/L 的溶液。贮于冰箱中可保存 2 个月。

(6)氨标准贮备液:称取 0.314 2 g 经 105 ℃干燥 1 h 的氯化铵(NH_4Cl),用少量水溶解,移入 100 mL 容量瓶中,用吸收液稀释至刻度,此溶液 1.00 mL 含 1.00 mg 氨。

(7)氨标准工作液:临用时,将标准贮备液用吸收液稀释成 1.00 mL 含 1.00 μg 氨。

(四)测定分析过程

1.采样

用一个内装 10 mL 吸收液的大型气泡吸收管,以 0.5 L/min 流量,采气 5 L,及时记录采样点的温度及大气压力。采样后,样品在室温下保存,于 24 h 内分析。

2.次氯酸钠溶液标定

称取 2 g 碘化钾(KI)于 250 mL 碘量瓶中,加水 50 mL 溶解,加 1.00 mL 次氯酸钠(NaClO)试剂,再加 0.5 mL 盐酸溶液[50%(V/V)],摇匀,暗处放置 3 min。用硫代硫酸钠标准溶液[$c(1/2Na_2S_2O_3)$]。滴定析出的碘,至溶液呈黄色时,加 1 mL 新配置的淀粉指示剂(5 g/L),继续滴定至蓝色刚刚褪去,即为终点,记录所用硫代硫酸钠溶液体积,按式(9-6)计算次氯酸钠溶液的浓度。

$$c(NaClO)=\frac{c(1/2Na_2S_2O_3)\times V}{1.00\times 2} \tag{9-6}$$

式中 $c(NaClO)$——次氯酸钠试剂的浓度,mol/L;

$c(1/2Na_2S_2O_3)$——硫代硫酸钠标准溶液的浓度,mol/L;

V——硫代硫酸钠标准使用液,mL。

3.标准曲线的绘制

取 10 mL 具塞比色管 7 支,按表 9-6 制备标准系列管。

表 9-6　氨标准系列

管号	0	1	2	3	4	5	6
标准工作溶液(mL)	0	0.50	1.00	3.00	5.00	7.00	10.00
吸收液(mL)	10.00	9.50	9.00	7.00	5.00	3.00	0
氨含量(μg)	0	0.50	1.00	3.00	5.00	7.00	10.00

在各管中加入 0.50 mL 水杨酸溶液,再加入 0.10 mL 亚硝基铁氰化钠溶液和 0.10 mL 次氯酸钠溶液,混匀,室温下放置 1 h。用 1 cm 比色皿,于波长 697.5 nm 处,以水做参比,测定各管溶液的吸光度。以氨含量(μg)为横坐标、吸光度为纵坐标,绘制标准曲线,并计算标准曲线的斜率、截距及回归方程:

$$Y = bX + a \tag{9-7}$$

式中　Y——标准溶液的吸光度;

X——氨含量,μg;

a——回归方程的截距;

b——回归方程的斜率。

标准曲线的斜率应为(0.081±0.003)吸光度/mg 氨,以斜率的倒数作为样品测定计算因子 B_s(μg/吸光度)。

4.样品测定及空白测定

将样品溶液转入具塞比色管中,用少量的水洗吸收管,合并,使总体积为 10 mL。再按制备标准曲线的操作步骤测定样品的吸光度。在每批样品测定的同时,用 10 mL 未采样的吸收液做试剂空白测定。如果样品溶液吸光度超越标准曲线范围,则取部分样品溶液,用吸收液稀释后再显色分析。计算样品浓度时,要考虑样品溶液的稀释倍数。

(五)结果计算与表示

空气中氨的质量浓度(mg/m³)按下式计算:

$$\rho = \frac{(A - A_0) \times B_s}{V_0} \tag{9-8}$$

式中　A——样品溶液的吸光度;

A_0——空白溶液的吸光度;

B_s——计算因子,μg/吸光度;

V_0——标准状况下的采样体积,L。

(六)注意事项

(1)为了使显色反应比较完全,需加入稍微过量的显色剂。

(2)该方法测定空气中氨的浓度时,Ca^{2+}、Mg^{2+}、Fe^{3+}、Mn^{2+}、Al^{3+}等多种阳离子有干扰,可被柠檬酸络合消除;另外,2 μg 以上的苯氨有干扰;H_2S 允许量为 30 μg。

(七)思考题

(1)若酸度过大,则会产生什么影响?

(2)试分析显色时间对吸光度的影响。

实验四　氨的测定 纳氏试剂分光光度法

该方法主要是用来测定工业废气及空气中氨的纳氏试剂分光光度法。方法既适用于环境空气中氨的测定，也适用于制药、化工、炼焦等工业行业废气中氨的测定。方法检出限为 0.5 μg/10 mL 吸收液。

当吸收液体积为 50 mL，采气 10 L 时，氨的检出限为 0.25 mg/m^3，测定下限为 1.0 mg/m^3，测定上限为 20 mg/m^3。

当吸收液体积为 10 mL，采气 45 L 时，氨的检出限为 0.01 mg/m^3，测定下限为 0.04 mg/m^3，测定上限为 0.88 mg/m^3。

（一）测定原理

用稀硫酸溶液吸收空气中的氨，在碱性条件下，生成的铵离子与纳氏试剂反应生成黄棕色络合物，该络合物的吸光度与氨的含量成正比，在 420 nm 波长处测量吸光度，根据吸光度计算空气中氨的含量。

（二）仪器与用具

（1）气体采样装置：流量范围为 0.1～1.0 L/min。使用前后，用皂膜流量计校准采样系统的流量，误差应小于±5%。

（2）玻板吸收管或大气冲击式吸收管：125 mL、50 mL 或 10 mL。

（3）具塞比色管：10 mL。

（4）分光光度计：配 10 mm 光程比色皿。

（5）玻璃容器：经检定的容量瓶、移液管。

（6）聚四氟乙烯管或玻璃管：内径 6～7 mm。

（7）干燥管或缓冲管：内装变色硅胶或玻璃棉。

（三）试剂

分析时只使用符合国家标准或专业标准的分析纯试剂和按下述方法制备的水。

（1）水：无氨，按下述方法之一制备。

①离子交换法。将蒸馏水通过一个强酸性阳离子交换树脂（氢型）柱，流出液收集在磨口玻璃瓶中。每升流出液中加入 10 g 同类树脂，以利保存。

②蒸馏法。在 1 000 mL 蒸馏水中加入 0.1 mL 硫酸（2），在全玻璃蒸馏器中重蒸馏。弃去前 50 mL 流出液，然后将约 800 mL 流出液收集在磨口玻璃瓶中。每升收集的流出液中加入 10 g 强酸性阳离子交换树脂（氢型），以利保存。

③纯水器法。用市售纯水器临用前制备。

（2）硫酸，$\rho(H_2SO_4) = 1.84$ g/mL。

（3）盐酸，$\rho(HCl) = 1.18$ g/mL。

（4）硫酸吸收液，$c(1/2H_2SO_4) = 0.01$ mol/L。

量取 2.8 mL 硫酸（2）加入水中，并稀释至 1 L，得 0.1 mol/L 贮备液。临用时再用水稀释 10 倍。

(5)纳氏试剂❶。

称取 12 g 氢氧化钠($NaOH$)溶于 60 mL 水中,冷却;

称取 1.7 g 二氯化汞($HgCl_2$)溶解在 30 mL 水中;

称取 3.5 g 碘化钾(KI)于 10 mL 水中,在搅拌下将上述二氯化汞溶液慢慢加入碘化钾溶液中,直至形成的红色沉淀不再溶解;

在搅拌下,将冷却至室温的氢氧化钠溶液缓慢地加入到上述二氯化汞和碘化钾的混合液中,再加入剩余的二氯化汞溶液,混匀后于暗处静置 24 h,使红色浑浊物下沉,倾出上清液,储于棕色瓶中或用 $5^{\#}$ 玻璃砂芯漏斗过滤,用橡皮塞塞紧,2~5 ℃可保存 1 个月。

(6)酒石酸钾钠溶液,$\rho=500$ g/L。

称取 50 g 酒石酸钾钠($KNaC_4H_6O_6 \cdot 4H_2O$)溶于 100 mL 水中,加热煮沸以驱除氨,冷却后定容至 100 mL。

(7)盐酸溶液,$c(HCl)=0.1$ mol/L。

取 8.5 mL 盐酸(3),加入一定量的水中,定容至 1 000 mL。

(8)氨标准贮备液,$\rho(NH_3)=1\ 000$ μg/mL。

称取 0.785 5 g 氯化铵(NH_4Cl,优级纯,在 100~105 ℃干燥 2 h)溶解于水,移入 250 mL 容量瓶中,用水稀释到标线。

(9)氨标准使用溶液,$\rho(NH_3)=20$ μg/mL。

吸取 5.00 mL 氨标准贮备液(8)于 250 mL 容量瓶中,稀释至刻度,摇匀。临用前配制。

(四)测定分析过程

1.采样

用一个内装 10 mL 吸收液的大型气泡吸收管,以 0.5~1 L/min 的流量采集,采气至少 45 min。记录采样点的温度及大气压力。

采样时应带采样全程空白吸收管。

2.样品保存

采样后应尽快分析,以防止吸收空气中的氨。若不能立即分析,2~5 ℃可保存 7 d。

3.标准曲线的绘制

取 10 mL 具塞比色管 7 支,按表 9-7 制备标准系列管。

表 9-7　氨标准系列

管号	0	1	2	3	4	5	6
标准溶液(mL)	0	0.10	0.30	0.50	1.00	1.50	2.00
水(mL)	10.00	9.90	9.70	9.50	9.00	8.50	8.00
氨含量(μg)	0	2	6	10	20	30	40

按表 9-7 准确移取相应体积的氨标准使用溶液(9),加水至 10 mL,在各管中分别加

❶ 纳氏试剂毒性较大,取用时必须十分小心,接触到皮肤时,应立即用水冲洗;含纳氏试剂的废液应集中处理。

入 0.50 mL 酒石酸钾钠溶液(6),摇匀,再加入 0.50 mL 纳氏试剂(5),摇匀。放置 10 min 后,在波长 420 nm 下,用 10 mm 比色皿,以水做参比,测定吸光度。以氨含量(μg)为横坐标,扣除试剂空白的吸光度为纵坐标绘制校准曲线。

4.样品测定

取一定量样品溶液(吸取量视样品浓度而定)于 10 mL 比色管中,用硫酸吸收液(4)稀释至 10 mL。加入 0.50 mL 酒石酸钾钠溶液(6),摇匀,再加入 0.50 mL 纳氏试剂(5),摇匀,放置 10 min 后,在波长 420 nm,用 10 mm 比色皿,以水做参比,测定吸光度。

5.空白测定

吸收液空白:以与样品同批配制的吸收液代替样品,按照与样品测定同样的方法测定吸光度。

采样全程空白:即在采样管中加入与样品同批配制的相应体积的吸收液,带到采样现场,未经采样的吸收液,按照与样品测定同样的方法测定吸光度。

(五)结果计算与表示

(1)所采气样标准状态下的体积 V_{nd} 按式(9-9)计算:

$$V_{nd} = \frac{V \times P \times 273}{101.325 \times (273 + t)} \tag{9-9}$$

式中　V——采样体积,L;

P——采样时大气压,kPa;

t——采样温度,℃。

(2)环境空气中氨的含量由式(9-10)计算:

$$\rho(NH_3) = \frac{(A - A_0 - a) \times V_s}{b \times V_{nd} \times V_0} \tag{9-10}$$

式中　$\rho(NH_3)$——氨含量,mg/m^3;

A——样品溶液的吸光度;

A_0——与样品同批配制的吸收液空白的吸光度;

a——校准曲线截距;

b——校准曲线斜率;

V_s——样品吸收液总体积,mL;

V_0——分析时所取吸收液体积,mL;

V_{nd}——所采气样标准状态下的体积(101.325 kPa,273 K),L。

(六)注意事项

(1)无氨水的检查。

以水代替样品按照样品测定方法测定吸光度,空白吸光度值应不超过 0.030(10 mm 比色皿),否则检查水和试剂的纯度。

(2)采样全程空白。

用于检查样品采集、运输、贮存过程中样品是否被污染。如果采样全程空白明显高于同批配制的吸收液空白,则同批次采集的样品作废。

(3)纳氏试剂的配制。

为了保证纳氏试剂有良好的显色能力，配制时务必控制 $HgCl_2$ 的加入量，至微量 HgI_2 红色沉淀不再溶解。配制 100 mL 纳氏试剂所需 $HgCl_2$ 与 KI 的用量之比约为 2.3∶5。在配制时为了加快反应速度、节省配制时间，可低温加热进行，防止 HgI_2 红色沉淀的提前出现。

（4）酒石酸钾钠的配制。

酒石酸钾钠试剂铵盐含量较高时，仅加热煮沸或加纳氏试剂沉淀不能完全除去氨。此时采用加入少量氢氧化钠溶液，煮沸蒸发掉溶液体积的 20%～30%，冷却后用无氨水稀释至原体积。

（5）采样泵的正确使用。

开启采样泵前，确认采样系统的连接正确，采样泵的进气口端通过干燥管或缓冲管与采样管的出气口相连，如果接反会导致酸性吸收液倒吸，污染和损坏仪器。万一出现倒吸的情况，应及时将流量计拆下来，用酒精清洗、干燥，并重新安装，经流量校准合格后方可继续使用。

（6）防止采样管被污染。

为避免采样管中的吸收液被污染，运输和贮存过程中勿将采样管倾斜或倒置，并及时更换采样管的密封接头。

（七）思考题

（1）若测定工业废气中氨的含量，与环境空气中氨含量测定有何区别？

（2）试分析靛酚蓝分光光度法与纳氏试剂分光光度法的优缺点。

实训五　氡的测定 活性炭盒法

活性炭盒法是目前测量室内环境空气中氡最常用的被动式累计测量装置。能测量出采样期间内平均氡浓度，采样周期为 2～7 d，探测下限可达到 6 Bq/m^3。

（一）测定原理

空气扩散进入炭床内，其中的氡被活性炭吸附，同时衰变，新生的子体便沉积在活性炭内。用 γ 能谱仪测量活性炭盒的氡子体特征 γ 射线峰或峰群强度，根据特征峰的面积计算出氡浓度；也可用液体闪烁仪测量，将吸附在活性炭上的氡解吸到闪烁液中，然后用闪烁计数器进行 α/β 测量。γ 能谱仪和液体闪烁仪与普通放射性测量实验室相同。

（二）仪器和设备

（1）活性炭盒采样器：采样器为塑料或金属制成的直径为 6.0～10.0 cm、高 3.0～5.0 cm 的圆柱形小盒，内装 25～100 g 活性炭，盒的敞开面用滤膜封住，固定活性炭并且允许氡进入采样器。活性炭盒结构示意图如图 9-2 所示。

（2）活性炭：椰壳活性炭制成粒度为 8～16 目或 10～24 目，比表面积为 1 300～1 400 m^2/g 的颗粒。

（3）烘箱。

（4）天平：测量精度为 0.000 1 g，最大量程 200 g。

（5）滤膜：合成纤维滤膜。

（6）测量仪器：γ 能谱仪[HPGe，Ge(Li)，NaI(Tl)探测器(晶体直径 75 mm×75 mm)均可]、液体闪烁能谱仪或热释光仪。

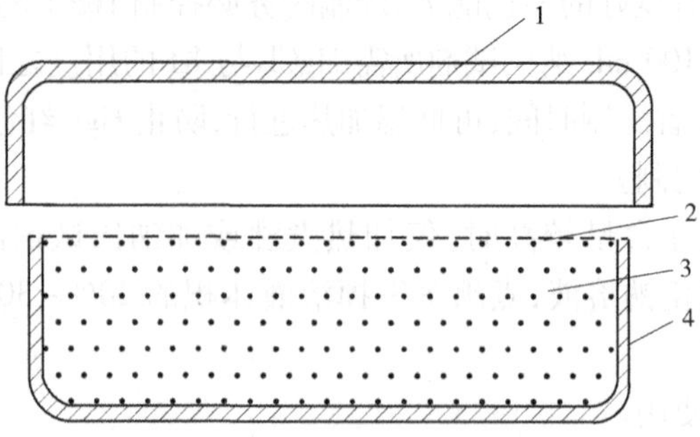

1—密封盖；2—滤膜；3—活性炭；4—炭盒

图 9-2　活性炭盒结构示意图

(三)采样和测量步骤

1.样品盒的制备

(1)将选定的活性炭放入烘箱内，120 ℃下烘烤 5~6 h，放入磨口玻璃瓶中备用。

(2)装样：称取一定量烘烤后的活性炭装入采样盒中，覆盖好滤膜。

(3)称量样品盒的总质量。

(4)将样品盒密封与外面空气隔绝。

2.现场采样

(1)在采样点打开采样盒的密封包装，放置在距地面 50 cm 以上的桌子或架子上，敞开面朝上，其上面 20 cm 内不得有其他物体，放置 3~7 d。

(2)采样终止时将活性炭盒再密封好，应记录采样时间，送回实验室待测。

3.样品测定

采样终止后 3 h 可以测量，测量几何条件与使用刻度测定时要一致。

(1)称量，以计算水分吸收量。

(2)将活性炭盒在 γ 能谱仪上计数，测量氡子体的 γ 射线特征峰面积。

(四)结果计算与表示

室内环境空气中氡的浓度为

$$c_{Rn}=\frac{an_r}{K_w t_1^{-b} e^{-\lambda_R t_2}} \tag{9-11}$$

式中　c_{Rn}——采样期间内平均氡浓度，Bq/m^3；

a——采样 1 h 的响应系数，$(Bq/m^3)/cpm$；

n_r——特征峰对应的净计数率，cpm；

K_w——吸收水分校正系数；

t_1——采样时间，h；

b——累积指数，可取 0.48；

λ_R——氡衰变常数，$7.55\times10^{-3}\ h^{-1}$；

t_2——采样时间终点至测量开始的时间间隔，h。

(五)注意事项

(1)要在选定的场所内平行放置 2 个采样器，平行采样，数量不低于放置总数的

10%，对平行采样器进行同样的处理分析。由平行样得到的变异系数应小于20%；否则，应找出处理程序中的差错。

（2）制备样品时，取出一部分探测器做空白样品，其数量不低于使用总数的5%。空白探测器除不暴露于采样点外，与现场探测器进行同样处理。空白样品的结果即为该探测器的本底值。

（3）至少要在3个湿度下（30%、50%、80%）刻度其响应系数 a。

（六）思考题

（1）样品制备时，若活性炭盒密封不严，会对结果产生什么影响？

（2）测定室内氡浓度时，对采样条件有什么要求？

实训六　氡的测定 闪烁室（瓶）法

（一）测定原理

利用压差将空气引入闪烁瓶（室）中，氡和衰变子体发射的α粒子使闪烁瓶壁上的ZnS（Ag）晶体产生闪光，由光电倍增管把这种光信号转变为电脉冲，经电子学测量单元通过脉冲放大、甄别后被定标计数线路记录下来，贮存于连续探测器的记忆装置中。在确定时间内脉冲数与所收集空气中氡的浓度是函数相关的，根据刻度源测得的净计数率—氡浓度刻度曲线，可由所测样品的脉冲计数率得到待测空气中的氡浓度。

（二）仪器和设备

典型的测量装置由探头、高压电源和电子学分析记录单元组成。

（1）探头由闪烁瓶、光电倍增管和前置放大单元组成。

闪烁瓶：氡探测器和采样容器，由不锈钢、铜或有机玻璃等低本底材料制成，外形为圆柱形或钟形，内壁均匀涂以ZnS（Ag）涂层，上部有密封的通气阀门（见图9-3）。

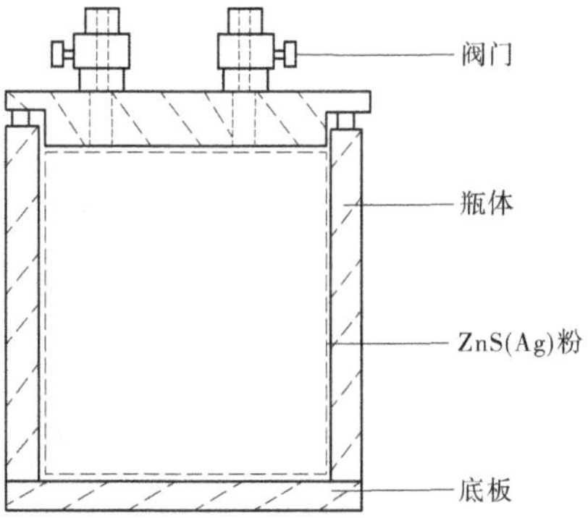

图9-3　闪烁瓶结构示意图

探测器：由光电倍增管和前置放大器组成。光电倍增管必须选择低噪声、高放大倍数的光电倍增管，工作电压低于1 000 V；前置单元电路应是深反馈放大器，输出脉冲幅度为0.1～10 V。

探头外壳必须具有良好的光密性，材料用铜或铝制成，内表面应氧化涂黑处理，外壳尺寸应符合闪烁瓶的放置。

（2）高压电源：输出电压应在 0～3 000 V 范围连续可调，波纹电压不大于 0.1%，电流应不小于 100 mA。

（3）记录和数据处理系统：由定标器和打印机组成，也可接多道脉冲幅度分析器和 X—Y 绘图仪。

（三）采样和测量步骤

1.刻度曲线绘制

按规定程序清洗整个刻度系统。密封装有标准镭源溶液扩散瓶的两端，累计氡浓度达到刻度范围内所需刻度点的标准氡浓度值。刻度点要覆盖整个刻度范围，一个区间（量级宽）至少 3 个以上刻度点。

把处于真空状态的闪烁瓶与系统相连接，按照规定程序打开阀门，用无氡气体把扩散瓶内累积的已知浓度的氡气体赶入闪烁瓶内。在确定的测量条件下，避光 3 h，进行计数测量。

由一组不同标准氡浓度值及其对应的计数值拟合得到刻度曲线，即净计数率—氡浓度关系曲线。典型装置刻度曲线在双对数坐标纸上是一条直线，公式如下：

$$\log Y = a\log X + b \tag{9-12}$$

式中　Y——空气中的氡浓度，$\mathrm{Bq/m^3}$；

X——测定的净计数率，cpm；

a,b——刻度系数，取决于整个测量装置的性能。

2.采样点的确定

选择能代表待测空间的最佳采样点。记录好采样器的编号、采样时间、采样点的设置。

3.稳定性和本底测量

在确定的测量条件下，进行本底稳定性测量和本底测量，得出本底分布图和本底值。

4.采样

将预先抽成真空的闪烁瓶带到待测点，然后打开阀门约 10 s 后，关闭阀门，带回实验室待测。记录采样时间、气压、温度、湿度等。

5.样品测量

将已采样的闪烁瓶避光保存 3 h，在规定的测量条件下进行计数测量。根据测量精度的要求，选择适当的测量时间。

测量后必须及时用无氡气的气体清洗闪烁瓶，以保持本底状态。

（四）结果计算与表示

由净计数率，使用图表或式（9-13）确定室内空气中氡的浓度：

$$Y = e^{b}X^{a} \tag{9-13}$$

（五）注意事项

（1）测量时若处于高温、高尘环境下，需经预处理去湿、去尘。

（2）闪烁瓶的通气阀门应经过真空系统检验，采样期间需保证闪烁瓶漏气小于 5%。

（3）由于闪烁瓶法是瞬时被动测定的方法，而空气中氡浓度分布是不均匀的，因此采样点要代表待测空间的最佳取样点，否则会造成结果失真。

(4)各种不同类型的闪烁瓶和测量装置必须使用不同的刻度曲线。

(六)思考题

(1)活性炭盒法与闪烁瓶法测室内空气中的氡浓度有何区别。

(2)测量结束后,如何清洗闪烁瓶?

实训七　苯系物的测定 固体吸附/热脱附-气相色谱法

该方法适用于环境空气及室内空气中苯、甲苯、乙苯、邻二甲苯、间二甲苯、对二甲苯、异丙苯和苯乙烯的测定,也适用于常温下低浓度废气中苯系物的测定。当采样体积为1 L时,苯、甲苯、乙苯、邻二甲苯、间二甲苯、对二甲苯、异丙苯和苯乙烯的方法检出限和测定下限见表9-8。

表9-8　方法检出限和测定下限　(单位:mg/m^3)

组分	毛细管柱气相色谱		填充柱气相色谱法	
	方法检出限	测定下限	方法检出限	测定下限
苯	5.0×10^{-4}	2.0×10^{-3}	5.0×10^{-4}	2.0×10^{-3}
甲苯	5.0×10^{-4}	2.0×10^{-3}	1.0×10^{-3}	4.0×10^{-3}
乙苯	5.0×10^{-4}	2.0×10^{-3}	1.0×10^{-3}	4.0×10^{-3}
对二甲苯	5.0×10^{-4}	2.0×10^{-3}	1.0×10^{-3}	4.0×10^{-3}
间二甲苯	5.0×10^{-4}	2.0×10^{-3}	1.0×10^{-3}	4.0×10^{-3}
邻二甲苯	5.0×10^{-4}	2.0×10^{-3}	1.0×10^{-3}	4.0×10^{-3}
异丙苯	5.0×10^{-4}	2.0×10^{-3}	1.0×10^{-3}	4.0×10^{-3}
苯乙烯	5.0×10^{-4}	2.0×10^{-3}	1.0×10^{-3}	4.0×10^{-3}

(一)测定原理

用填充聚2,6-二苯基对苯醚(Tenax)采样管,在常温条件下,富集环境空气或室内空气中的苯系物,采样管连入热脱附仪,加热后将吸附成分导入带有氢火焰离子化检测器(FID)的气相色谱仪进行分析。

(二)仪器和设备

(1)气相色谱仪:配有FID检测器。

(2)色谱柱。

填充柱:材质为硬质玻璃或不锈钢,长2 m,内径3~4 mm,内填充涂附2.5%邻苯二甲酸二壬酯(DNP)和2.5%有机皂土-34(bentane)的Chromsorb G·DMCS(80~100目)。

毛细管柱:固定液为聚乙二醇(PEG-20M),30 m×0.32 mm,膜厚1.00 μm或等效毛细管柱。

(3)热脱附装置。

具有一级脱附或二级脱附功能,购买专业厂家产品或自己制作均可。热脱附单元能连续调温,最高温度能达到300 ℃,当温度达到设定值后,温度可保持恒定。采样管装到热脱附仪上后,采样管两端及整个系统不漏气。与气相色谱仪连接的传输线温度应能保持在 100 ℃以上。

具有冷冻聚焦功能的热脱附仪也适用。

(4)老化装置。

温度在 200~400 ℃可控,同时保持一定的氮气流速。

(5)样品采集装置。

无油采样泵,流量范围 0.01~0.1 L/min 和 0.1~0.5 L/min,流量稳定。

(6)采样管。

采样管的材料为不锈钢或硬质玻璃,内填不少于 200 mg 的 Tenax(60~80 目)吸附剂或其他等效吸附剂,两端用孔隙小于吸附剂粒径的不锈钢网或石英棉固定,防止吸附剂掉落。管内吸附剂的位置至少离管入口端 15 mm,填装吸附剂的长度不能超过加热区的尺寸。采样管可直接购买,也可自己填装。

(7)温度计:精度 0.1 ℃。

(8)气压表:精度 0.01 kPa。

(9)微量进样器:1~5 μL。

(10)一般实验室常用仪器和设备。

(三)试剂和材料

除非另有说明,分析时均使用符合国家标准的分析纯化学试剂。

(1)甲醇:色谱纯。

(2)标准贮备液:取适量色谱纯的苯、甲苯、乙苯、邻二甲苯、间二甲苯、对二甲苯、异丙苯和苯乙烯配制于一定体积的甲醇(1)中,也可使用有证标准溶液。

(3)载气:氮气,纯度 99.999%,用净化管净化。

(4)燃烧气:氢气,纯度 99.99%。

(5)助燃气:空气,用净化管净化。

(四)测定分析过程

1.采样管的准备

新填装的采样管应用老化装置或具有老化功能的热脱附仪老化,老化流量为 50 mL/min,温度为 350 ℃,时间为 120 min;使用过的采样管应在 350 ℃下老化 30 min 以上。老化后的采样管两端立即用聚四氟乙烯帽密封,放在密封袋或保护管中保存。密封袋或保护管存放于装有活性炭的盒子或干燥器中,4 ℃保存。老化后的采样管应在两周内使用。

2.样品采集

(1)采样前应对采样器进行流量校准。在采样现场,将一只采样管与空气采样装置相连,调整采样装置流量,此采样管仅作为调节流量用,不用做采样分析。

(2)常温下,将老化后的采样管去掉两侧的聚四氟乙烯帽,按照采样管上流量方向与采样器相连,检查采样系统的气密性。以 10~200 mL/min 的流量采集空气 10~20 min。若现场空气中含有较多颗粒物,可在采样管前连接过滤头。同时记录采样器流量、当前温度和气压。20 ℃下,苯系物各组分在填装有 200 mg 的 Tenax-TA 吸附管中的安全采样体积(见表9-9)。

表9-9　苯系物的安全采样体积

组分	安全采样体积(L)	组分	安全采样体积(L)
苯	6.2	二甲苯	300
甲苯	38	异丙苯	480
乙苯	180	苯乙烯	300

(3)采样完毕前,再次记录采样流量,取下采样管,立即用聚四氟乙烯帽密封。

3.样品保存

采样管采样后,立即用聚四氟乙烯帽将采样管两端密封,4 ℃避光密闭保存,30 d内分析。

4.现场空白样品的采集

将老化后的采样管运输到采样现场,取下聚四氟乙烯帽后重新密封,不参与样品采集,并同已采集样品的采样管一同存放。每次采集样品,都应采集至少一个现场空白样品。

5.填充柱制备

称取有机皂土0.525 g和DNP 0.378 g,置入圆底烧瓶中,加入60 mL苯,于90 ℃水浴中回流3 h,再加入Chromsorb G·DMCS载体15 g继续回流2 h后,将固定相转移至培养皿中,在红外灯下边烘烤边摇动至松散状态,再静置烘烤2 h后即可装柱。

将色谱柱的尾端(接检测器一端)用石英棉塞住,接真空泵,柱的另一端通过软管接一漏斗,开动真空泵后,使固定相慢慢通过漏斗装入色谱柱内,边装边轻敲色谱柱使填充均匀,填充完毕后,用石英棉塞住色谱柱另一端。

填充好的色谱柱需在150 ℃下,以20~30 mL/min的流速通载气,连续老化24 h。

6.仪器的选择

(1)当选用的热脱附装置只具有一级脱附功能时,宜选用带有填充柱的气相色谱仪。填充柱气相色谱参考条件如下:

①热脱附仪。

载气流速:50 mL/min;阀温:100 ℃;传输线温度:150 ℃;脱附温度:250 ℃;脱附时间:3 min。

②填充柱气相色谱。

载气流速:50 mL/min;进样口温度:150 ℃;检测器温度:150 ℃;柱温:65 ℃;氢气流量:40 mL/min;空气流量:400 mL/min。

(2)当选用的热脱附装置具有二级脱附功能时,应选用带有毛细管柱的气相色谱仪。

选择毛细管柱时,根据二级脱附聚焦管的推荐热脱附流量选择毛细管柱内径。一般情况下,聚焦管推荐热脱附流量低于2.0 mL/min时,可选用0.25 mm内径的毛细管柱;当聚焦管推荐热脱附流量大于2.0 mL/min时,可选用0.32 mm内径以上的毛细管柱。固定液为聚乙二醇,膜厚大于1.0 μm的毛细管柱对该方法的目标组分有较好的分离。

二级热脱附、毛细管柱气相色谱参考条件如下：

①热脱附仪。

采样管初始温度：40 ℃；聚焦管初始温度：40 ℃；干吹温度：40 ℃；干吹时间：2 min；采样管脱附温度：250 ℃；采样管脱附时间：3 min；采样管脱附流量：30 mL/min；聚焦管脱附温度：250 ℃；聚焦管脱附时间：3 min；传输线温度：150 ℃。

②毛细管柱气相色谱。

柱箱温度：80 ℃恒温；柱流量：3.0 mL/min；进样口温度：150 ℃；检测器温度：250 ℃；尾吹气流量：30 mL/min；氢气流量：40 mL/min；空气流量：400 mL/min。

7.校准曲线绘制

分别取适量的标准贮备液（2），用甲醇（1）稀释并定容至 1.00 mL，配置质量浓度依次为 5 μg/mL、10 μg/mL、20 μg/mL、50 μg/mL 和 100 μg/mL 的校准系列。

将老化后的采样管连接于其他气相色谱仪的填充柱进样口，或类似于气相色谱填充柱进样口功能的自制装置，设定进样口（装置）温度为 50 ℃，用注射器注射 1.0 μL 标准系列溶液，用 100 mL/min 的流量通载气（3）5 min，迅速取下采样管，用聚四氟乙烯帽将采样管两端密封，得到 5 μg、10 μg、20 μg、50 μg 和 100 μg 校准曲线系列采样管。将校准曲线系列采样管按吸附标准溶液时气流相反方向连接入热脱附仪分析，根据目标组分质量和响应值绘制校准曲线。

若热脱附仪带有液体标准物质进样口，可直接注射一定量的标准溶液，用以校准曲线的绘制。填充柱参考色谱图见图 9-4，毛细管柱参考色谱图见图 9-5。

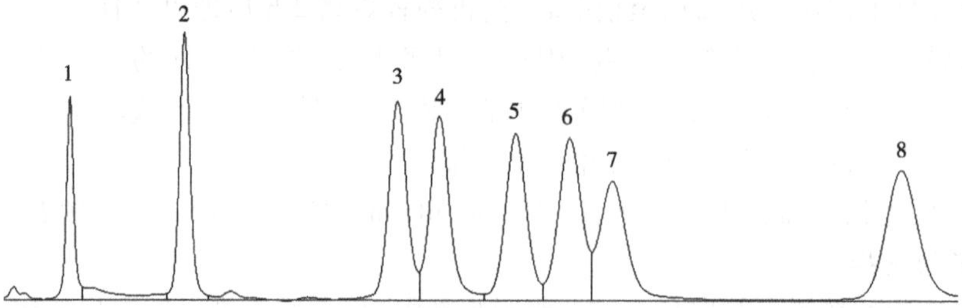

1—苯；2—甲苯；3—乙苯；4—对二甲苯；5—间二甲苯；6—邻二甲苯；7—异丙苯；8—苯乙烯

图 9-4　填充柱参考色谱图

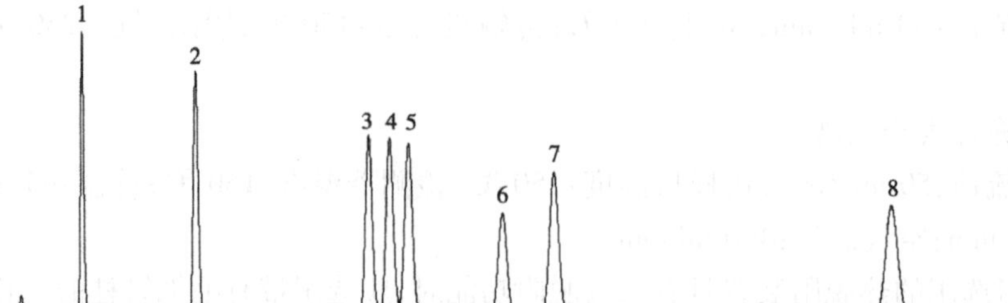

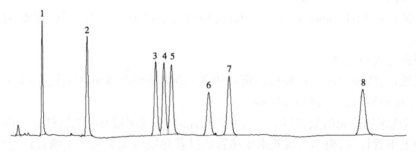

1—苯；2—甲苯；3—乙苯；4—对二甲苯；5—间二甲苯；6—异丙苯；7—邻二甲苯；8—苯乙烯

图 9-5　毛细管柱参考色谱图

8.样品测定

将样品采样管安装在热脱附仪上，样品管内载气流的方向与采样时的方向相反，调整仪器分析条件，目标组分脱附后，经气相色谱仪分离，由 FID 检测。记录色谱峰的保留时间和相应值。

1）定性分析

根据保留时间定性。

2）定量分析

根据校准曲线计算目标组分的含量。

9.空白实验

现场空白管与已采样的样品管同批测定，分析步骤同样品测定步骤。

（五）结果计算与表示

（1）气体中目标化合物浓度按下式计算：

$$\rho = \frac{W - W_0}{V_{nd} \times 1\ 000} \tag{9-14}$$

式中　ρ——气体中被测组分的质量浓度，mg/m^3；

W——热脱附进样，由校准曲线计算的被测组分的质量，ng；

W_0——由校准曲线计算的空白管中被测组分的质量，ng；

V_{nd}——标准状况下（101.325 kPa，273.15 K）的采样体积，L。

（2）结果表示。

当测定结果小于 0.1 mg/m^3时，保留到小数点后四位；大于或等于 0.1 mg/m^3时，保留三位有效数字。

（六）注意事项

（1）采样前应充分老化采样管，以去除 Tenax 采样管的样品残留，残留量应小于校准曲线最低点的 1/4。

（2）在运输和贮存过程中，采样管应密闭保存。

（3）现场空白样品中目标化合物的残留量应小于样品的 1/4，当数据可疑时，应对本批数据进行核实和检查。

（4）采样前后的流量相对偏差应在 10%以内。

（5）每批样品至少采集一组平行样品，平行样品采集流量为样品采集流量的 20%～40%，采样体积相同。平行样品中目标化合物的检出量相对偏差应小于 25%，否则应减小样品采样流量，如减小流量后相对偏差仍大于 25%，应更换采样管或重新填充采样管。

（6）每批样品至少采集一个第二采样管。第二采样管应串联在样品采样管后，其目标化合物检出量应小于样品采样管中目标化合物检出量的 20%，否则应更换采样管或减小采样体积。

（7）每批样品分析时应带一个中间浓度校核点，中间浓度校核点测定值与校准曲线相应点浓度的相对误差应不超过 20%。若超出允许范围，应重新配制中间浓度点标准溶液，若还不能满足要求，应重新绘制校准曲线。

（七）思考题

（1）若采样前吸附管没有老化或老化不充分，会对结果产生什么影响？

（2）当与挥发性有机化合物有相同或几乎相同的保留时间的组分干扰测定时，应如何降低干扰的影响？

实训八　VOCs的测定 吸附管采样-热脱附/气相色谱-质谱法

该方法适用于环境空气中35种挥发性有机物（VOCs）的测定，也适用于其他非极性或弱极性挥发性有机物的测定。当采样体积为2 L时，方法检出限为0.3～1.0 μg/m^3，测定下限均为1.2～4.0 μg/m^3，详见附录五附表7。

（一）测定原理

采用固体吸附剂富集环境空气中挥发性有机物，将吸附管置于热脱附仪中，经气相色谱分离后，用质谱进行检测。通过与待测目标物标准质谱图相比较和保留时间进行定性，外标法或内标法定量。

（二）仪器和设备

（1）气相色谱仪：具毛细管柱分流/不分流进样口，能对载气进行电子压力控制，可程序升温。若配备柱箱冷却装置，可改善极易挥发目标物的出峰峰型，提高灵敏度。

（2）质谱仪：电子轰击（EI）电离源，一秒内能从35 amu扫描至270 amu，具NIST质谱图库、手动/自动调谐、数据采集、定量分析及谱库检索等功能。

（3）毛细管柱：30 m×0.25 mm，1.4 μm膜厚（6%腈丙基苯，94%二甲基聚硅氧烷固定液），也可使用其他等效的毛细管柱。

（4）热脱附装置：应具有二级脱附功能，聚焦管部分应能迅速加热（至少40 ℃/sec）。热脱附装置与气相色谱相连部分和仪器内气体管路均应使用硅烷化不锈钢管，并至少能在50～150 ℃均匀加热。若采用具有冷聚焦功能的热脱附装置，能够减小极易挥发目标物的损失，提高灵敏度。

（5）老化装置：最高温度应达到400 ℃以上，最大载气流量至少能达到100 mL/min，流量可调。

（6）采样器：双通道无油采样泵，双通道能独立调节流量并能在10～500 mL/min内精确保持流量，液量误差应在±5%内。

（7）校准流量计：能在10～500 mL/min内精确测定流量，流量精度2%。宜采用电子质量流量计。

（8）微量注射器：5.0 μL、25.0 μL、50.0 μL、100 μL、250 μL和500 μL。

（9）一般实验室常用仪器和设备。

（三）材料与试剂

（1）甲醇（CH_3OH）：农药残留分析纯级。

（2）标准贮备液：ρ=2 000 mg/L，市售有证标准溶液。

（3）4-溴氟苯（BFB）溶液：ρ=25 mg/L，市售有证标准溶液，或用高浓度标准溶液配制。

（4）吸附剂：Carbopack C（比表面10 m^2/g），40/60目；Carbopack B（比表面积100 m^2/g），

40/60 目;Carboxen 1000(比表面积 800 m^2/g),45/60 目或其他等效吸附剂。

(5)吸附管:不锈钢或玻璃材质,内径 6 mm,内填装 Carbopack C、Carbopack B、Carboxen 1000,长度分别为 13 mm、25 mm、13 mm;或其他具有相同功能的产品。

(6)聚焦管:不锈钢或玻璃材质,内径不大于 0.9 mm,内填装吸附剂种类及长度与吸附管相同;或其他具有相同功能的产品。

(7)吸附管的老化和保存:

新购的吸附管或采集高浓度样品后的吸附管需进行老化。

老化温度 350 ℃,老化流量 40 mL/min,老化时间 10~15 min。

吸附管老化后,立即密封两端或放入专用的套管内,外面包裹一层铝箔纸。包裹好的吸附管置于装有活性炭或活性炭硅胶混合物的干燥器内,并将干燥器放在无有机试剂的冰箱中,4 ℃保存,可保存 7 d。

聚焦管老化和保存方法同吸附管。

(8)载气:氦气,纯度 99.999%。

(四)测定分析过程

1.采样前准备

1)气密性检查

把一根吸附管(与采样所用吸附管同规格,此吸附管只用于气密性检查和预设流量用)连接到采样泵。打开采样泵,堵住吸附管进气端,若流量计流量归零,则采样装置气路连接气密性良好,否则应检查气路气密性。

2)预设采样流量

调节流量到设定值。

若采样体积 2 L,则设定采样流量为 10~200 mL/min;当相对湿度大于 90%时,应减小采样体积,但最少不应小于 300 mL。

2.采样

(1)取下检查好的吸附管,将一根新吸附管连接到采样泵上,按吸附管上标明的气流方向进行采样。在采集样品过程中要注意随时检查调整采样流量,保持流量恒定。

(2)在吸附管后串联一根老化好的吸附管。每批样品应至少采集一根候补吸附管,用于监视采样是否穿透。

(3)采样结束后,记录采样点位、时间、环境温度、大气压、流量和吸附管编号等信息。

注:温度和风速会对样品采集产生影响,采样时,环境温度应小于 40 ℃,风速大于 5.6 m/s 时,采样时吸附管应与风向垂直放置,并在上风向放置掩体。

3.样品运输与保存

样品采集完成后,应迅速取下吸附管,密封吸附管两端或放入专用的套管内,外面包裹一层铝箔纸,运输到实验室进行分析。不能立即分析的样品按吸附管的老化和保存方法存放,7 d 内分析。

4.现场空白样品的采集

将吸附管运输到采样现场,打开密封帽或从专用套管中取出,立即密封吸附管两端或放入专用的套管内,外面包裹一层铝箔纸。同已采集样品的吸附管一同存放并带回实验室分析。每次采集样品,都应至少带一个现场空白样品。

5.仪器分析前准备

1)仪器参考条件

(1)热脱附仪参考条件。

传输线温度:130 ℃;吸附管初始温度:35 ℃;聚焦管初始温度:35 ℃;吸附管脱附温度:325 ℃;吸附管脱附时间:3 min;聚焦管脱附温度:325 ℃;聚焦管脱附时间:5 min;一级脱附流量:40 mL/min;聚焦管老化温度:350 ℃;干吹流量:40 mL/min;干吹时间:2 min。

(2)气相色谱仪参考条件。

进样口温度:200 ℃;载气:氮气;分流比:5∶1;柱流量(恒流模式):1.2 mL/min;升温程序:初始温度 30 ℃,保持 3.2 min,以 11 ℃/min 升温到 200 ℃保持 3 min。

为消除水分的干扰和检测器的过载,可根据情况设定分流比。某线热脱附仪具有样品分流功能,可按厂商建议或具体情况进行设定。

(3)质谱参考条件。

扫描方式:全扫描;扫描范围:35~270 amu;离子化能量:70 eV;接口温度:280 ℃。其余参数参照仪器使用说明书进行设定。

为提高灵敏度,也可选用离子扫描方式进行分析。

2)仪器性能检查

用微量注射器移取 1.0 μL BFB 溶液(3),直接注入气相色谱仪进行分析,用四级杆质谱得到的 BFB 关键离子丰度应符合表 9-10 中规定的标准,否则需对质谱仪的参数进行调整或者考虑清洗离子源。

表 9-10　BFB 关键离子丰度标准

质量	离子丰度标准	质量	离子丰度标准
50	质量 95 的 8%~40%	174	大于质量 95 的 50%
75	质量 95 的 30%~80%	175	质量 174 的 5%~9%
95	基峰,100%相对丰度	176	质量 174 的 93%~101%
96	质量 95 的 5%~9%	177	质量 176 的 5%~9%
173	小于质量 174 的 2%	—	—

6.校准曲线的绘制

用微量注射器分别移取 25.0 μL、50.0 μL、125 μL、250 μL 和 500 μL 的标准贮备液(2)至 10 mL 容量瓶中,用甲醇(1)定容,配制目标物浓度分别为 5.0 mg/L、10.0 mg/L、25. 0 mg/L、50.0 mg/L 和 100 mg/L 的标准系列。用微量注射器移取 1.0 μL 标准系列溶液注入热脱附仪中,按照仪器参考条件,依次从低浓度到高浓度进行测定,绘制校准曲线。

若所用热脱附仪没有“液体进样制备标准系列”的功能，可用如下方式制备：把老化好的吸附管连接于气相色谱仪填充柱进样口上，设定进样口温度为 50 ℃，用微量注射器移取 1.0 μL 标准系列溶液注射到气相色谱仪进样口，用 100 mL/min 的流量通载气 5 min，迅速取下吸附管，制备成目标物含量分别为 5.0 ng、10.0 ng、25.0 ng、50.0 ng 和 100 ng 的标准系列管。

另外，可直接购买商品化的标准样品管制备校准曲线。

1）用最小二乘法绘制校准曲线

以目标物质量（ng）为横坐标，对应的响应值为纵坐标，绘制校准曲线。校准曲线的相关系数应大于或等于 0.99。

2）用平均相对响应因子绘制校准曲线

标准系列第 i 点中目标物的相对响应因子（RRF）按照式（9-15）进行计算：

$$RRF_i = \frac{A_i \times m_{IS}}{m_i \times A_{IS}} \tag{9-15}$$

式中　RRF_i——标准系列中第 i 点目标物的相对响应因子；

A_i——标准系列中第 i 点目标物定量离子的响应值；

m_i——标准系列中第 i 点目标物的质量，ng；

A_{IS}——内标物定量离子的响应值；

m_{IS}——内标物的质量，ng。

目标物的平均相对响应因子$\overline{RRF}$按照式（9-16）进行计算：

$$\overline{RRF} = \frac{\sum_{i=1}^{n} RRF_i}{n} \tag{9-16}$$

式中　$\overline{RRF}$——目标物的平均相对响应因子；

n——标准系列点数。

RRF 的标准偏差（SD）按照式（9-17）进行计算：

$$SD = \sqrt{\frac{\sum_{i=1}^{n} (RRF_i - \overline{RRF})^2}{n - 1}} \tag{9-17}$$

RRF 的相对偏差（RSD）按照式（9-18）进行计算：

$$RSD = \frac{SD}{\overline{RRF}} \times 100\% \tag{9-18}$$

标准系列目标物相对响应因子（RRF）的相对标准偏差（RSD）应小于或等于 20%。

注：当用内标法定量时，应在标准系列管及样品管中添加内标，推荐内标物为氟苯、氯苯-d5 和 1,4-二氯苯-d4，内标浓度为 25 mg/L，添加量为 1.0 μL。

若标准系列中某个目标物相对响应因子（RRF）的相对偏差（RSD）大于 20%，则此目标物需用最小二乘法校准曲线进行校准。

标准色谱图目标物参考色谱图见图 9-6。

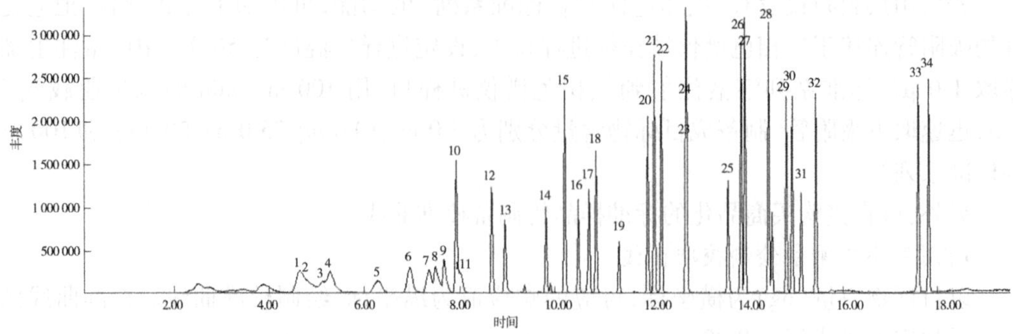

1—1,1-二氯乙烯;2—1,1,2-三氯-1,2,2-三氟乙烷;3—氟丙烯;4—二氯甲烷;5—1,1-二氯乙烷;6—反式-1,2-二氯乙烯;7—三氯甲烷;8—1,2-二氯乙烷;9—1,1,1-三氯乙烷;10—四氯甲烷;11—苯;12—三氯乙烯;13—1,2-二氯丙烷;14—反式-1,3-二氯丙烯;15—甲苯;16—顺式-1,3-二氯丙烯;17—1,1,2-三氯乙烷;18—四氯乙烯;19—1,2-二溴乙烷;20—氯苯;21—乙苯;22—间-对二甲苯;23—邻-二甲苯;24—苯乙烯;25—1,1,2,2-四氯乙烷;26—4-乙基甲苯;27—1,3,5-三甲基苯;28—1,2,4-三甲基苯;29—1,3-二氯苯;30—1,4-二氯苯;31—苄基氯;32—1,2-二氯苯;33—1,2,4-三氯苯;34—六氯丁二烯

图 9-6　标准色谱图目标物参考色谱图

7.样品的测定

将采完样的吸附管迅速放入热脱附仪中,按照仪器参考条件(1)进行热脱附,载气流经吸附管的方向应与采样时气体进入吸附管的方向相反。样品中目标物随脱附气进入色谱柱进行测定。分析完成后,取下吸附管进行老化和保存,若样品浓度较低,吸附管可不必老化。

8.空白实验

按与样品测定相同步骤分析现场空白样品。

(五)结果计算与表示

1.定性分析

以保留时间和质谱图比较进行定性。

2.定量分析

根据目标物第一特征离子的响应值进行计算。当样品中目标物的第一特征离子有干扰时,可以使用第二特征离子(见附录五附表 8)定量。

1)吸附管中目标物质量的计算

(1)外标法。

当采用最小二乘法绘制校准曲线时,样品中目标物质量 m(ng)通过相应的校准曲线计算。

(2)内标法。

当采用平均相对响应因子进行校准时,样品中目标物的质量 m(ng)按照式(9-19)进行计算。

$$m = \frac{A_x \times m_{\mathrm{IS}}}{A_{\mathrm{IS}} \times \overline{RRF}} \tag{9-19}$$

式中　m——试料中目标物的质量,ng;

A_x——目标物定量离子的响应值;

A_{IS}——与目标物相对应内标定量离子的响应值;

m_{IS}——内标物的质量,ng;

$\overline{RRF}$——目标物的平均相对响应因子。

2)环境空气中待测目标物的质量浓度,按式(9-20)进行计算:

$$\rho = \frac{m}{V_{nd}} \tag{9-20}$$

式中　ρ——环境空气中目标物的质量浓度,$\mu g/m^3$;

m——样品中目标物的质量,ng;

V_{nd}——标准状态下(101.325 kPa,273.15 K)的采样体积,L。

3.结果表示

当测定结果小于 100 $\mu g/m^3$时,保留到小数点后一位;当测定结果大于或等于 100 $\mu g/m^3$时,保留三位有效数字。

当使用该方法中规定的毛细管柱时,峰序号为 22 的目标物测定结果为间二甲苯和对二甲苯之和。

(六)注意事项

(1)采集样品前,应抽取 20%的吸附管进行空白检验,当采样数量少于 10 个时,应至少抽取 2 根。空白管中相当于 2 L 采样量的目标物浓度应小于检出限,否则应重新老化。

(2)每次分析样品前应用一根空白吸附管代替样品吸附管,用于测定系统空白,系统空白小于检出限后才能分析样品。

(3)每 12 h 应做一个校准曲线中间浓度校核点,中间浓度校核点测定值与校准曲线相应点浓度的相对误差应不超过 30%。

(4)现场空白样品中单个目标物的检出量应小于样品中相应检出量的 10%或与空白吸附管检出量相当。

(5)吸附管中残留的 VOCs 对测定的干扰较大,严格执行老化和保存程序能使此干扰降到最低。

(6)新购吸附管都应标记唯一性代码和表示样品气流方向的箭头,并建立吸附管信息卡片,记录包括吸附管填装或购买日期、最高允许使用温度和使用次数等信息。

(七)思考题

(1)如何进行吸附管的老化和保存?

(2)如何降低干扰因素的影响?

实训九　细菌总数的测定 撞击法

微生物指标是评价室内空气质量的重要标准。空气中微生物质量的好坏往往以菌落总数指标来衡量。国家标准《室内空气质量标准》(GB/T 18883—2002)规定,室内空气中细菌菌落总数的限值为 2 500 cfu/m^3。

根据采样技术不同,目前室内空气中菌落总数的测定方法有两种:一种是撞击法,另一种是自然沉降法。撞击法因能采集悬浮在空气中的微生物颗粒,并不受环境气流影响,采样量准确,灵敏度高,其采集空气样品更合理、稳定、科学,国内已开始推广用此法监测空气中的菌落总数。

(一)测定原理

采用撞击式空气微生物采样器采样,通过抽气动力作用,使空气通过狭缝或小孔而产生高速气流,悬浮在空气中的带菌粒子撞击到营养琼脂平板上,经 37 ℃、48 h 培养后,计算出每立方米空气中所含的细菌菌落数。

(二)仪器和设备

(1)高压蒸汽灭菌器。

(2)干热灭菌器。

(3)恒温培养箱。

(4)冰箱。

(5)平皿(直径 9 cm)。

(6)制备培养基用一般设备:量筒,三角烧瓶,pH 计或精密 pH 试纸等。

(7)撞击式空气微生物采样器。采样器的基本要求:对空气中细菌捕获率达 95%;操作简单,携带方便,性能稳定,便于消毒。

(三)营养琼脂培养基

(1)成分:营养琼脂培养基的成分如表 9-11 所示。

表 9-11　营养琼脂培养基的成分

蛋白质	20 g	琼脂	15~20 g
牛肉浸膏	3 g	蒸馏水	1 000 mL
氯化钠	5 g		

(2)制法:将上述各成分混合,加热溶解,校正 pH 至 7.4,过滤分装,121 ℃,20 min 高压灭菌。营养琼脂平板的制备参照采样器使用说明。

(四)测定分析过程

1.采样

选择有代表性的房间和位置设置采样点。将采样器消毒,以 28.3 L/min 流量采集 5~15 min。采样器使用按仪器使用说明进行。

2.分析

样品采完后,将带菌营养琼脂平板置(36±1)℃恒温箱中,培养 48 h,计数菌落数,并根据采样器的流量和采样时间,换算成每立方米空气中的菌落数,以 cfu/m^3 报告结果。

(五)结果计算与表示

计算公式如下:

$$c = \frac{N}{Q_s t} \times 1\ 000 \tag{9-21}$$

式中　c——空气菌落总数，cfu/m^3；

N——平皿菌落数，cfu；

Q_s——标准状况下的采样流量，L/min；

t——采样时间，min。

测定结果按全部采样点中细菌总数测定值中的最大值给出。

（六）注意事项

（1）制作营养琼脂平板要无菌操作，培养基要严格按规定要求。

（2）采样器要按规定做好消毒处理，并按仪器使用说明进行采样。一般情况下，采样量为 30~150 L，应根据所使用仪器性能和室内空气微生物污染程度，酌情增加或减少空气采样量。

（七）思考题

测定室内空气中细菌总数还有哪些方法？

实训十　新风量的测定 示踪气体法

新风量是指在门窗关闭的状态下，单位时间每人平均占有由室外进入室内的空气量，单位为 m^3/（人·h）。室内新风量的不足是产生“不良建筑物综合症 SBS”的一个重要原因，主要表现为眼、鼻和咽喉部的刺激症状，皮肤和黏膜干燥，红斑，精神疲劳，头痛及高频率上呼吸道感染及咳嗽，嗓子嘶哑、气喘、痒和非特异性过敏反应等。一般来说，新风量越多越有利于人体健康，但新风量超过一定限度时，冷、热负荷过多消耗，带来不利影响。国家标准《室内空气质量标准》（GB/T 18883—2002）规定新风量为 30 m^3/（h·人），即空间为 30 m^3的房间中只有一人时每小时要换气一次。

室内新风量的测定方法有风口风速和风量的测定方法和示踪气体法等。GB/T 18883—2002 推荐用《公共场所室内新风量测定方法》（GB/T 18204.18—2000）中的示踪气体法，而该方法已被《公共场所卫生检验方法 第 1 部分：物理因素》（GB/T 18204.1—2013）替代。

（一）定义

（1）空气交换率：单位时间（h）内由室外进入室内总容量（m^3）与该室内空气总量（m^3）之比。

（2）示踪气体：在研究空气运动中，一种气体能与空气混合，而且本身不发生任何改变，并在很低的浓度时就能被测出的气体总称。

（二）测定原理

示踪气体法即示踪气体浓度衰减法。常用的示踪气体有 CO_2和 SF_6在待测室内通入适量示踪气体，由于室内、外空气交换，示踪气体的浓度呈指数衰减，根据浓度随差时间的变化的值，计算出室内的新风量。

（三）仪器和材料

（1）袖珍或轻便型气体浓度测定仪。

（2）直尺或卷尺、电风扇。

（3）示踪气体：无色、无味、使用浓度无毒、安全、环境本底水平低、易采样、易分析的气体，装于 10 L 气瓶中，气瓶应有安全的阀门。示踪气体环境本底水平及安全性资料见表 9-12。

表 9-12 示踪气体环境本底水平及安全性资料

气体名称	毒性水平	环境本底水平(mg/m^3)
一氧化碳	人吸入 50 mg/m^3，1 h 无异常	0.125~1.25
二氧化碳	作业场所时间加权容许浓度 9 000 mg/m^3	600
六氟化硫	小鼠吸入 48 000 mg/m^3，4 h 无异常	低于检出限
一氧化氮	小鼠 LC_{50} 1 059 mg/m^3	0.4
三氟溴甲烷	作业场所标准 6 100 mg/m^3	低于检出限

(四)测定分析过程

1.测定并计算室内空气总量

(1)用尺测量并计算出室内容积 V_1(m^3)。

(2)用尺测量并计算出室内物品(桌、沙发、柜、床、箱等)总体积 V_2(m^3)。

(3)计算室内空气容积。

$$V = V_1 - V_2 \tag{9-22}$$

式中 V——室内空气体积，m^3；

V_1——室内容积，m^3；

V_2——室内物品总体积，m^3。

2.测定前准备工作

(1)按仪器使用说明校正仪器，校正后待用。

(2)打开电源，确认电池电压正常。

(3)归零调整及感应确认，归零工作需要在清净的环境中调整，调整后即可进行采样测定。

3.采样与测定

(1)如果选择的示踪气体是环境中存在的(如 CO_2)，应首先测量本底浓度。

(2)关闭门窗，在室内通入适量的示踪气体后，将气源移至室外，同时用摇摆扇搅动空气 3~5 min，使示踪气体分布均匀，示踪气体的初始浓度应达到至少经过 30 min，衰减后仍高于仪器最低检出限。

(3)打开测量仪器电源，在室内中心点记录示踪气体浓度。

(4)根据示踪气体浓度衰减情况，测量从开始至 30~60 min 时间段的示踪气体浓度，在此时间段内测量次数不少于 5 次。

(5)调查检测区域内设计人流量和实际最大人流量。

4.计算换气次数

换气次数的计算公式如下：

$$A = \frac{\ln(c_1 - c_0) - \ln(c_t - c_0)}{t} \tag{9-23}$$

式中　A——换气次数，单位时间内由室外进入室内的空气总量与该室内空气总量之比；

c_0——示踪气体的环境本底浓度，mg/m^3；

c_1——测量开始时示踪气体浓度，mg/m^3；

c_t——时间为 t 时示踪气体浓度，mg/m^3；

t——测定时间，h。

（五）结果计算

根据室内空气容积及换气次数，新风量的计算如下：

$$Q = \frac{A \times V}{P} \tag{9-24}$$

式中　Q——新风量，$m^3/(人 \cdot h)$；

A——换气次数；

V——室内空气容积，m^3；

P——取设计人流量与实际最大人流量两个数中的高值，人。

（六）注意事项

本方法的测量范围为非机械通风且换气次数小于 5 次/h 的公共场所（无集中空调系统的场所）。

（七）思考题

具有什么性能的气体可以作为示踪气体？有何作用？

习题与练习题

一、选择题

1.标准状况的温度和压力分别是多少？（　　）

A.0 ℃，101.325 kPa　　B.20 ℃，101.325 kPa

C.25 ℃，101.325 kPa　　D.25 ℃，1 atm

2.民用建筑工程室内环境中甲醛、苯、氨、TVOC 浓度检测时，对采用自然通风的民用建筑工程，应在对外门窗关闭（　　）后进行。

A.1 h　　B.2 h　　C.3 h　　D.4 h

3.室内空气中甲醛采样的方法是（　　）。

A.溶液吸收法　　B.填充剂阻留法　　C.固体吸附法　　D.自然积聚法

4.空气中的甲醛与酚试剂反应生成嗪，嗪在酸性溶液中被高铁离子氧化形成（　　）化合物。

A.蓝绿色　　B.蓝黑色　　C.紫红色　　D.亮黄色

5.用于标定甲醛溶液的方法是（　　）。

A.标准曲线法　　B.工作曲线法　　C.碘量法　　D.恒重法

6.酚试剂分光光度法测定甲醛浓度，吸收原液放冰箱中保存，可稳定（　　）d。

A.2　B.3　C.4　D.5

7.靛酚蓝分光光度法测定氨浓度中要求采气(　　),并记录采样点温度及大气压。

A.3 L　B.5 L　C.7 L　D.10 L

8.靛酚蓝分光光度法测定氨浓度中分光光度计的可测波长为(　　)nm。

A.697.5　B.698.5　C.697.3　D.698.3

9.下列污染物中能采用气相色谱法分析的是(　　)。

A.氨气　B.苯　C.细菌总数　D.氡

10.室内空气中苯系物采样的方法是(　　)。

A.溶液吸收法　B.填充剂阻留法　C.固体吸附法　D.自然积聚法

11.TVOC 检测时未识别峰可以(　　)计。

A.苯　B.甲苯　C.正己烷　D.十六烷

12.下列污染物中能采用撞击法分析的是(　　)。

A.氨气　B.苯　C.细菌总数　D.氡

13.对撞击法测定室内空气中细菌总数的描述,正确的有(　　)。

A.能对居室及办公室微生物质量做出准确的测定和评价

B.撞击法需将采样后带微生物的琼脂在 37 ℃下培养 48 h

C.撞击法所得结果以 cfu/m^2 表示

D.撞击法捕获带菌粒子是通过抽气的动力作用,使悬浮在空气中的带菌粒子直接撞击琼脂培养板

二、判断题

1.室内空气检测应该在关闭门窗的条件下进行。(　　)

2.室内空气采样时空气采样器的高度一般是 1.5~2.0 m。(　　)

3.测定公共场所室内新风量可采用示踪气体法。(　　)

三、填空题

1.氡测定的主要方法有＿＿＿＿＿＿＿＿＿＿＿＿＿＿。

2.在室内苯系物的测定中,气相色谱流出曲线中根据色谱峰的＿＿＿＿＿进行定性测定,根据色谱峰的＿＿＿＿＿＿进行定量测定。

3.推荐性国家标准 GB/T 18883—2002 的名称是＿＿＿＿＿＿＿＿。

4.气相色谱法测定空气中的苯含量时,采用＿＿＿＿＿采样管采样。

5.氡的闪烁瓶测量法,其闪烁瓶内层涂以＿＿＿＿＿粉,氡及其粒子衰变后放射出的 α 粒子入射闪烁瓶后,使之发光。

6.室内空气中氨的检测方法有＿＿＿＿＿＿＿＿。

7.酚试剂分光光度法测定空气中甲醛含量时,采样流量应设置为＿＿＿＿＿＿,采样时间为＿＿＿＿＿。

8.室内空气质量标准规定:甲醛标准值为＿＿＿＿＿。

四、问答题

1.室内空气污染监测采样点如何设计?

2.室内空气监测的监测项目有哪些?如何选择?

3.室内空气监测的依据是什么？各有什么特点?

4.简述乙酰丙酮分光光度法和酚试剂比色法测定室内甲醛的方法原理及特点。

5.说明靛酚蓝分光光度法和纳氏试剂法测定氨的原理。

6.简述闪烁瓶法测定氡的原理。

7.简述固定吸附/热脱附和活性炭吸附/二硫化碳解吸测定苯系物的方法原理及特点。

8.简述撞击法测定室内空气细菌总数的基本原理。

9.简述新风量的测定方法。

第四篇　污染源监测

第十章　污染源废气监测

污染源包括固定污染源和流动污染源。固定污染源指燃煤燃油的锅炉、窖炉及石油化工、冶金、建材等生产过程中产生的废气通过排气筒向空气中排放的污染源。它们排放的废气中既包含固态的烟尘和粉尘,也包含气态和气溶胶态的多种有害物质。流动污染源是指汽车、柴油机车等交通运输工具,其排放废气中也含有烟尘和某些有害物质。两种污染源都是空气污染物的主要来源。

污染源监测的目的是检查污染源排放废气中的有害物质是否符合排放标准的要求;评价净化装置的性能和运行情况及污染防治措施的效果;为空气质量管理与评价提供依据。其具体监测要求如下:

(1)生产设备处于正常运转状态下。

(2)对因生产过程而引起排放情况变化的污染源,应根据其变化的特点和周期进行系统监测。

(3)当测定工业锅炉烟尘浓度时,锅炉应在稳定的负荷下运转,不能低于额定负荷的85%。

(4)对于手烧炉,测定时间不得少于两个加煤周期。

第一节　固定污染源监测

一、监测准备

(一)监测方案的制订

监测方案的内容应包括污染源概况、监测目的、评价标准、监测内容、监测项目、采样位置、采样频次及采样时间、采样方法和分析测定技术、监测报告要求、质量保证措施等。对于工艺过程较为单一,经常性重复的监测任务,监测方案可适当简化。

(二)监测条件的准备

所需仪器设备必须检定合格,测试前还应进行校准和气密性检验等。

(三)对污染源的工况要求

专人负责工况监督、对主要产品产量、主要原材料或燃料消耗量的计量和调查统计,以及与相应设计指标的比对，核算生产设备的实际运行负荷和负荷率。建设项目的生产负荷达到设计能力的75%以上（含75%）。无法达到75%的，必须征得环保部门的同意。

二、采样点位置和数目

固定污染源采样点的位置和数目设置，主要取决于烟道的走向、形状、截面面积大小等，正确选择采样位置，确定适当采样点数目，是决定能否获得有代表性的烟气样品和尽可能节约人力、物力的一项很重要的工作。采样点的位置和数目主要根据烟道断面的形状、尺寸大小和流速分布情况确定。

（一）采样点的位置

采样断面上各点的气流速度和烟尘浓度分布通常是不均匀的，因此要获取具有代表性的样品，必须按照一定原则进行多点采样。采样位置应避开对测试人员操作有危险的场所。采样点位置应尽量设在烟道气流平稳的管段中（垂直管段），避开弯头和断面急剧变化的部位，如变径管、三通管及阀门等易产生涡流的阻力构件。采样断面烟气流速最好在5 m/s以上。此外，还应注意操作地点的方便、安全。高位测定时，应设置带拉杆的工作平台。

（二）采样点的数目

根据断面形状的大小，确定采样点的数目。烟道内同一断面上各点的气流速度和烟尘浓度分布通常是不均匀的，因此必须按照一定原则进行多点采样。

1. 圆形烟道

将烟道分成适当数量等面积同心圆环，各采样点选在各环等面积中心线与呈垂直相交的两条直径线的交点上，其中一条直径线应在预期浓度变化最大的平面内，圆形烟道采样点布设见图10-1。原则上采样点数不超过20个。圆形烟道分环各点距烟道内壁的距离见表10-1。

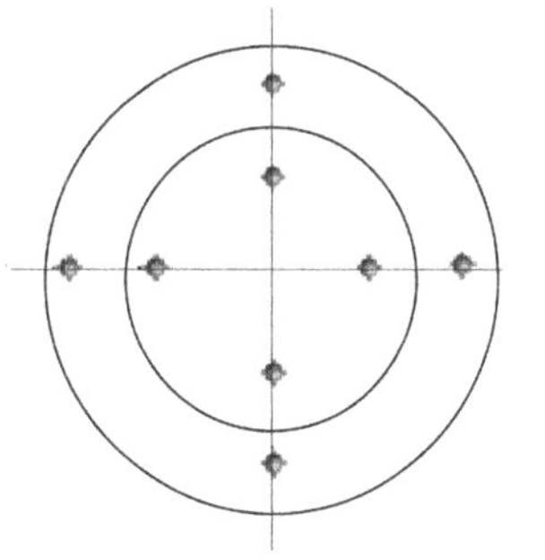

图10-1　圆形烟道采样点布设

表10-1　圆形烟道分环各点距烟道内壁的距离

烟道直径(m)	分环数（个）	各测点距烟道内壁的距离（以烟道直径为单位）									
		1	2	3	4	5	6	7	8	9	10
<0.5	1	0.146	0.853								
0.5~1	2	0.067	0.250	0.750	0.933						
1~2	3	0.044	0.146	0.294	0.706	0.853	0.956				
2~3	4	0.033	0.105	0.195	0.321	0.679	0.805	0.895	0.967		
3~5	5	0.022	0.082	0.145	0.227	0.344	0.656	0.733	0.855	0.918	0.978

如果采样断面上流速分布较均匀，可设一个采样孔，采样点数减半，当烟道断面直径小于0.3 m，且流速均匀时，可取断面中心作为采样点。

2. 矩形烟道

将烟道断面分成一定数目的等面积矩形小块，各小块中心即为采样点位置，小矩形数目可根据烟道断面面积大小确定，矩形烟道的分块和测点数见表 10-2。

表 10-2　矩形烟道的分块和测点数

烟道断面面积(m^2)	等面积小块长边长度(m)	测点总数
<0.1	<0.32	1
0.1～0.5	<0.35	1～4
0.5～1.0	<0.50	4～6
1.0～4.0	<0.67	6～9
4.0～9.0	<0.75	9～16
>9.0	<1.0	≤20

每个断面上的采样点数目原则上不超过 20 个。当烟道断面面积为 0.1 m^2，流速分布比较均匀时，可取断面中心为采样点，采样孔应设在包括各采样点在内的延长线上，见图 10-2。

3. 拱形烟道

这种烟道的上部为半圆形，下部为矩形，因此可分别按圆形和矩形烟道的布点方法确定采样点的位置和数目，见图 10-3。在满足测压管和采样管可以达到各采样点位置的情况下，要尽可能少开采样孔。采样孔的直径为 50～70 mm。当采集有毒或高温烟气，且采样点处烟气呈正压时，采样孔应设置防喷装置；采样点处烟气呈负压时，应保证采样孔密封。

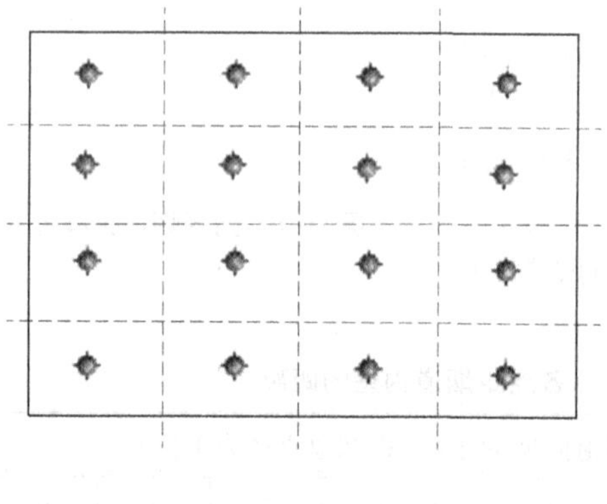

图 10-2　矩形烟道采样点布设

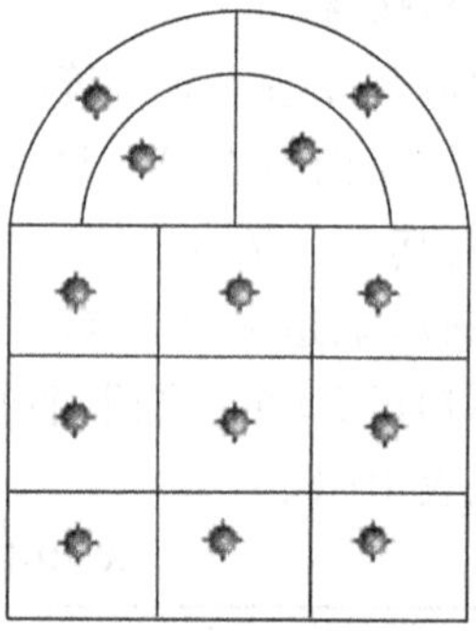

图 10-3　拱形烟道采样点布设

三、烟气基本状态参数的测量

烟道排气的体积、温度、压力是烟气的基本状态参数，也是计算烟气流速、烟尘浓度及有害物质浓度的依据。

烟气的体积可根据采样流量 Q 和采样时间 t 来计算，而采样流量则由测点烟道断面面积 S 和烟气流速 v 计算得到，公式如下：

$$烟气体积\ V = 采样流量\ Q \times 采样时间\ t$$

$$采样流量\ Q = 测点烟道断面面积\ S \times 烟气流速\ v$$

烟气流速是由烟气温度和压力决定的，所以只要计算出烟气温度和压力，就可确定其他参数。

烟道气监测采样系统由采样装置、收集装置、冷凝和干燥装置、流量测量和控制装置、采样动力装置等组成，如图10-4所示。此外还配有测量状态参数的装置，如压力、温度和湿度测量装置。

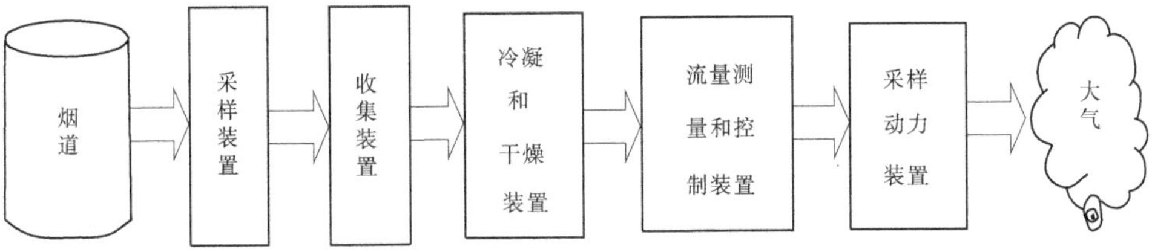

图10-4　烟道气采样系统示意图

（一）压力

烟气压力分为全压（P_t）、静压（P_s）和动压（P_v）。静压是单位体积气体具有的势能，表现为气体在各个方向上作用于器壁的压力；动压是单位体积气体具有的动能，是使气体流动的压力；全压是气体在管道中流动具有的总能量。三者的关系为 $P_t = P_s + P_v$。所以，只要测出三项中的任意两项，即可求出第三项。

1. 测定压力的装置及仪器

烟气压力测定装置包括皮托管和压力计。

1）皮托管

常用的皮托管有两种，即标准皮托管和S形皮托管，它们都可以同时测出全压和静压。

标准皮托管（见图10-5）是一个具有90°弯管的双层同心不锈钢管，有用于测定全压 P_t 和静压 P_s 的接口，测量时进气管口朝向烟气流动方向。标准皮托管具有较高的精度，其校正系数近似为1，但由于测孔小，易被烟尘堵塞，因此只适用于测量含尘量少的烟气压力，或做校正其他皮托管使用。

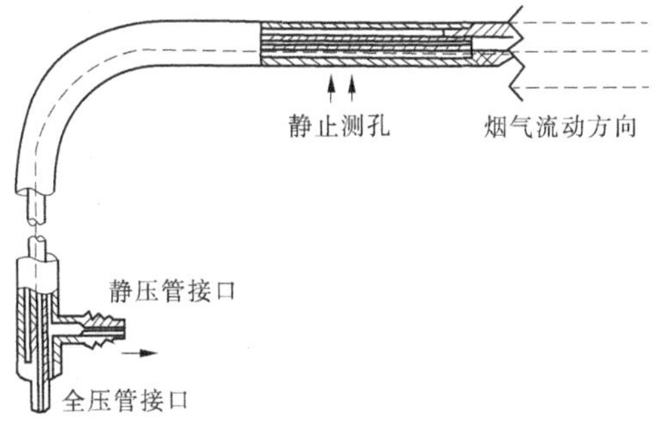

图10-5　标准皮托管

S形皮托管（见图10-6）由两根同样的不锈钢管组成，其测量端有两个大小相等、方向相反的开口，测量时一个管口正对气流承受烟气的全压，另一个背向气流承受气体的静压。由于绕流的影响，背向气流开口所测得静压比实际值更小，所以 S 形皮托管在使用前要用标准皮托管进行校正。因开口较大，适用于测烟尘含量较高的烟气压力。

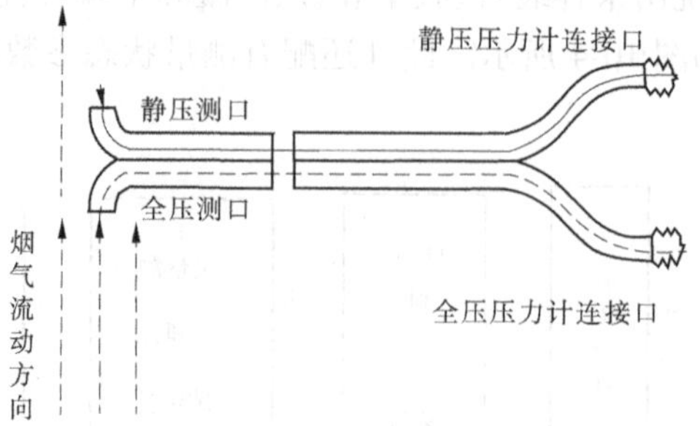

图 10-6　S 形皮托管

2）压力计

压力计有多种形式，常用的压力计有 U 形管压力计和斜管式微压计。U 形管压力计（见图 10-7）是一个内装工作液体（水、酒精或汞）的 U 形玻璃管。使用时将两端或一端与测压管系统连接，可同时测全压和静压，但误差较大，不适宜测量微小压力，其最小分压值不得大于 10 Pa。

斜管式微压计的构造如图 10-8 所示，其一端为面积较大的容器，另一端为截面面积较小的玻璃管，内装工作液体（酒精或汞），用于微小压力的测量，只能测动压，精度不低于 2%。

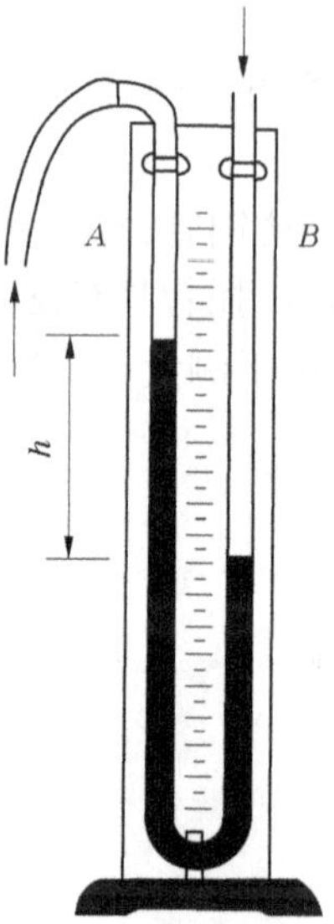

图 10-7　U 形管压力计

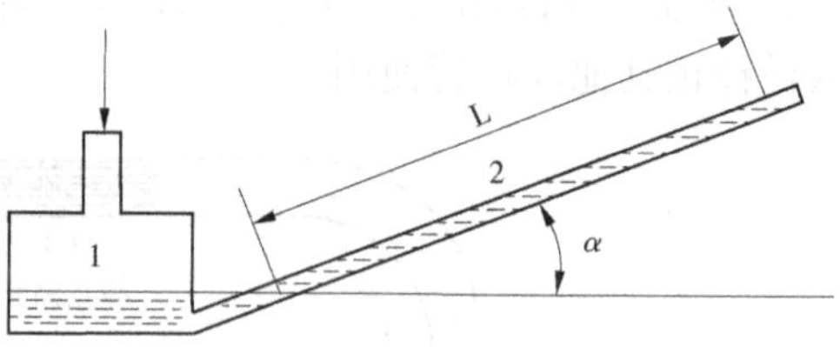

1—容器；2—玻璃管

图 10-8　斜管式微压计示意图

2. 测压方法

先把仪器调整到水平状态，检查液柱内是否有气泡，并将液面调至零点，然后将皮托管与压力计连接，把测压管的测压口伸进烟道内测点上，并对准气流方向，从 U 形管压力计上读出液面差，或从微压计上读出斜管液柱长度，按相应公式计算测得压力。图 10-9

为标准皮托管与 U 形管压力计的测压连接方式。图 10-10 为标准皮托管和 S 形皮托管与微压计相连测量烟气压力的连接方式。

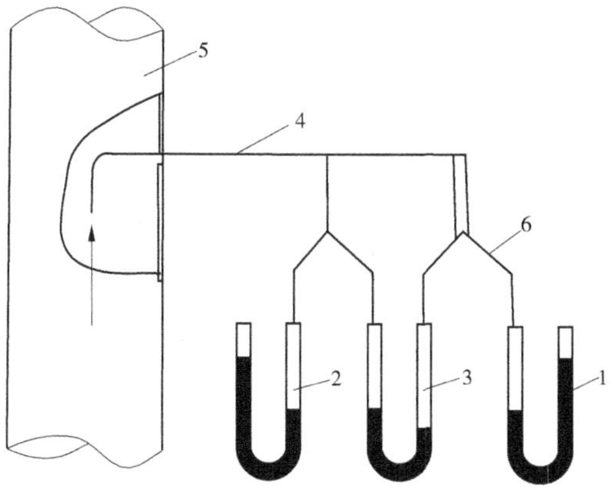

1—测全压;2—测静压;3—测动压;4—皮托管;5—烟道;6—橡皮管

图 10-9　标准皮托管与 U 形管压力计的测压连接方法

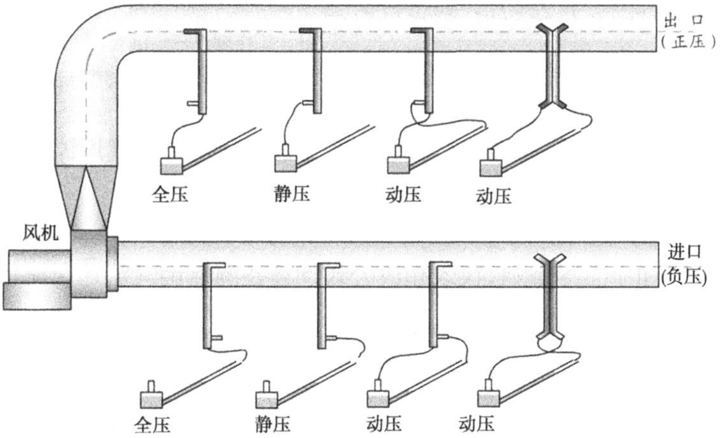

图 10-10　测压连接方式

(1)接 U 形管压力计测得压力用下式计算:

$$P = \rho \cdot g \cdot h \tag{10-1}$$

式中　ρ——工作液体的密度,kg/ m^3;

g——重力加速度, m/s^2;

h——U 形管压力计两液面高度差,m。

(2)接斜臂微压计测得压力用下式计算:

$$P = L \cdot \left(\sin\alpha + \frac{f}{F}\right) \cdot \rho \cdot g \tag{10-2}$$

式中　L——斜管内液柱长度, m;

α——斜臂与水平面夹角,(°);

f——斜管截面面积, mm^2;

F——容器截面面积，mm^2；

其他符号意义同前。

（二）温度的测定

1. 玻璃水银温度计

玻璃水银温度计适用于直径小、温度不高的烟道，测量时，应将温度计水银球部放在靠近烟道中心位置，5 min 后即可读数。注意读数时不要将温度计抽出烟道外。

2. 热电偶测温毫伏计或电阻温度计

热电偶测温毫伏计或电阻温度计适用于直径大、温度高的烟道。测温原理是将两根不同的金属线连成闭合回路，当两接点处于不同温度环境时，便产生热电势，两接点温差越大，热电势越大，如果热电偶一个接点温度保持恒定（称为自由端），则热电偶的热电势大小便完全取决于另一个接点的温度（称为工作端），用毫伏计测出热电偶的热电势，可得知工作端所处的环境温度。测温原理见图 10-11。使用时，将热电偶工作端插入烟道中心位置附近，等指针稳定时，方可读数。热电偶一般适用于固定点测温。

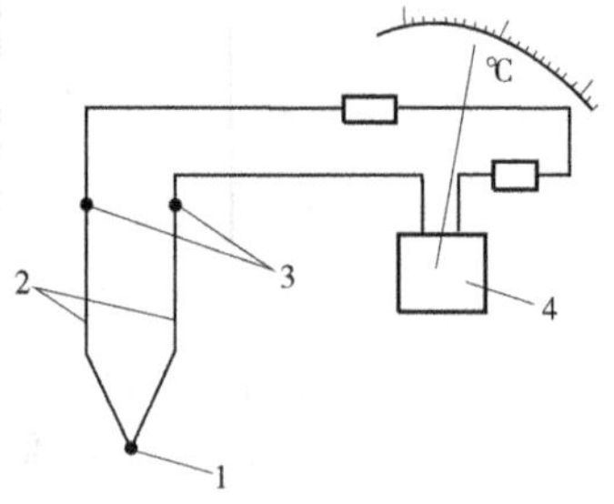

1—工作端；2—热电偶；3—自动端；4—测温毫伏计

图 10-11　热电偶测温原理

根据测温高低，选用不同材料的热电偶。测量 800 ℃以下的烟气用镍铬 - 康铜热电偶；测量 1 300 ℃以下烟气用镍铬 - 镍铝热电偶；测量 1 600 ℃以下的烟气用铂 - 铑热电偶。

（三）流速和流量的计算

把测得的温度和压力等参数，代入相应公式计算各测点烟气流速和流量。

1. 烟气流速计算

在测出烟气的温度、压力等参数后，按下式计算各测点的烟气流速（v_s）：

$$v_s = K_p \cdot \sqrt{\frac{2P_v}{\rho}} \tag{10-3}$$

式中　v_s——烟气流速，m/s；

K_p——皮托管校正系数；

P_v——烟气动压，Pa；

ρ——烟气密度，kg/m^3。

烟道断面上各测点烟气平均流速按下式计算：

$$\overline{v_s} = \frac{v_1 + v_2 + \cdots + v_n}{n} \tag{10-4}$$

2. 烟气流量计算

$$Q_s = 3\,600\,\overline{v_s} \cdot S \tag{10-5}$$

式中　Q_s——烟气流量，m^3/h；

S——测定断面面积，m^2。

标准状态下干烟气流量按下式计算：

$$Q_{sn} = Q_s \cdot (1 - X_w) \cdot \frac{P_a + P_s}{101\ 325} \cdot \frac{273}{273 + t_s} \tag{10-6}$$

式中　Q_{sn}——标准状态下干烟气流量，m^3/h；

P_s——烟气静压，Pa；

P_a——空气压，Pa；

X_w——烟气含湿量体积分数(%)。

四、烟气中主要气体组分的测定

(一)采样

由于气态、蒸气态分子在烟道内分布均匀，采样不需要多点采样，烟道内任何一点的气样都具有代表性。采样时可取靠近烟道中心的一点作为采样点。气采样装置需设置烟尘过滤器(在采样管头部安装阻挡尘粒的滤料)、保温和加热装置(防止烟气中的水分在采样管中冷凝，使待测污染物溶于水中产生误差)、除湿器。为防止腐蚀，采样管多采用不锈钢制作。分析所需气量较少时，也可利用注射器采烟气装置采样，见图 10-12。

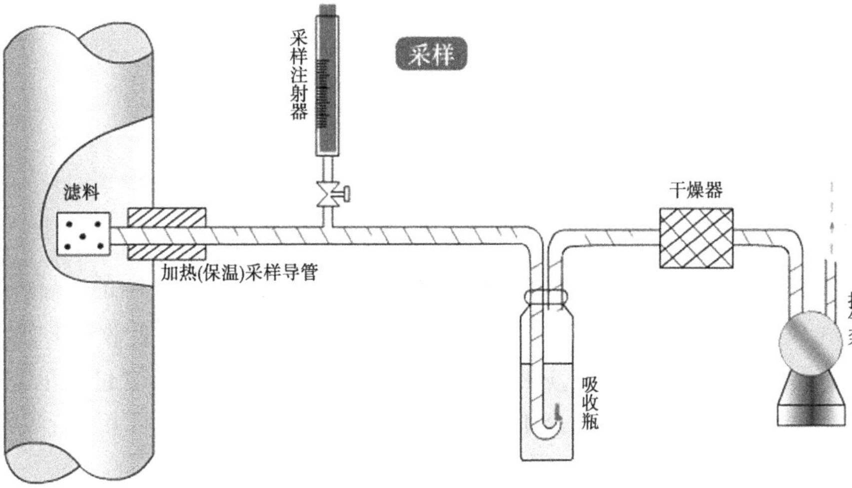

图 10-12　注射器采烟气装置

(二)主要气体组分的测定

烟气中主要气体组分为 N_2、O_2、CO_2和水蒸气等。可采用奥氏气体分析仪吸收法和仪器分析法测定。

1. 原理

采用不同的气体吸收液对烟气中的不同组分进行吸收，根据吸收前后烟气体积的变化，计算待测组分的含量。奥氏气体分析仪见图 10-13，它是一套测量气体被吸收前后体积变化的装置。该装置中有一个量气管和若干个吸收瓶，吸收瓶中分别装有吸收 CO_2的 KOH 溶液，吸收 O_2的焦性没食子酸(邻苯三酚)溶液，吸收 CO 的$[Cu(NH_3)_2]^-$溶液。测定时，按 CO_2、O_2、CO 的顺序分别进行吸收，并由量气管测出气体的总体积和每次吸收前后烟气体积的变化，即可按下式计算出各组分的含量：

$$C_i = \frac{V_1 - V_2}{V} \times 100\% \tag{10-7}$$

式中　V_1、V_2——吸收 i 组分前后的体积；

V——测定气样体积。

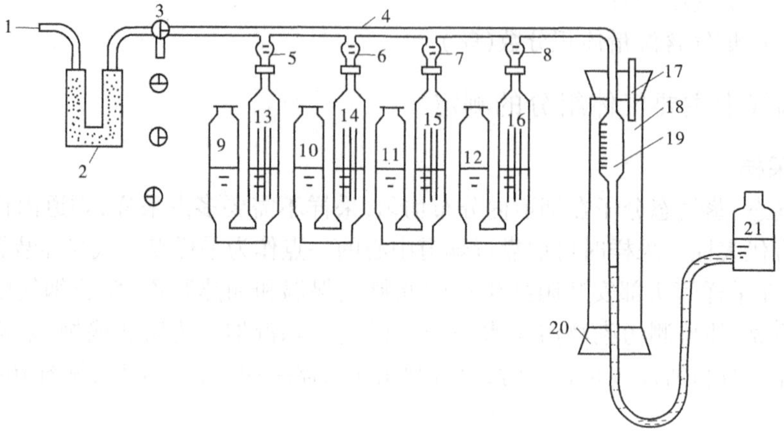

1—进气管；2—干燥器；3—三通旋塞；4—梳形管；5,6,7,8—旋塞；
9,10,11,12—缓冲瓶；13,14,15,16—吸收瓶；17—温度计；
18—水套管；19—量气管；20—胶塞；21—水准瓶

图 10-13　奥氏气体分析仪

2. 注意事项

CO_2、O_2、CO 被吸收测定后，剩余的主要是 N_2，所以还可以计算出 N_2 的含量。

奥氏气体分析仪法也存在干扰，如 KOH 除吸收 CO_2 外，还吸收 SO_2、H_2S 等；$[Cu(NH_3)_2]^-$ 溶液除吸收 CO 外，还吸收乙烯等。但在烟气中，SO_2 等含量远小于烟气的主要组分，因此 SO_2 等的干扰可忽略不计，但在测定时，一定要按上述顺序进行吸收，否则将会产生很大的误差。

3. 氧含量测定

烟气含氧量是烟气主要成分之一，除上述用奥氏气体分析仪测定氧含量外，烟气氧含量分析还有电化学法（如定电位电解法、氧化锆法）、物理分析法（如磁性测氧法等），这里介绍定电位电解法。

被测气体中的氧气，通过传感器半透膜充分扩散进入铅镍合金－空气电池内。经电化学反应产生电能，其电流大小遵循法拉第定律与参加反应的氧原子摩尔数成正比，放电形成的电流经过负载形成电压，测量负载上的电压大小得到氧含量数值。传感器工作时的化学反应如下：

阴极：$O_2 + 2H_2O + 4e \longrightarrow 4OH^-$

阳极：$2Pb + 4OH^- \longrightarrow 2PbO + 2H_2O + 4e$

总反应：$2Pb + O_2 \longrightarrow 2PbO$

定电位电解传感器主要由电解槽、电解液和电极组成。图 10-14 为氧传感器工作原理示意图。

测试时按仪器使用说明书的要求连接气路，并对气路系统进行漏气检查，开启仪器气泵，当仪器自检完毕，表明工作正常后，将采样管置入被测烟道中心或靠近中心处，待 3 min 后读取稳定的氧含量数据。

测试结果应以质量浓度表示。如果仪器显示值以 ppm 表示浓度，则应将其换算为标准状态下的质量浓度：

$$氧(O_2,\ mg/m^3) = 1.67 \times ppm \quad (10\text{-}8)$$

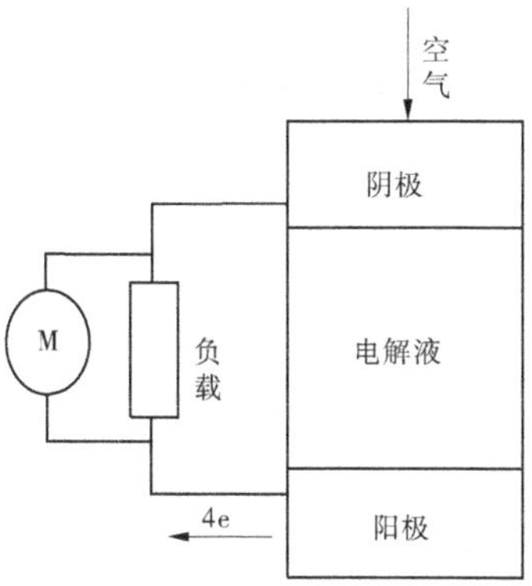

图 10-14　氧传感器工作原理示意图

五、含湿量的测定

烟气中的水蒸气含量较高，变化范围较大，为便于比较，在污染源统一监测分析方法中规定，以除去水蒸气后标准状态下的干烟气为基准表示烟气中有害物质的测定结果。烟气中水蒸气的测定方法有重量法、冷凝法和干湿球法等。

（一）重量法

从烟道采样点抽取一定体积的烟气，使之通过装有吸湿剂的吸湿管，则烟气中的水蒸气被吸湿剂吸收，吸湿管的增重即为所采烟气中的水蒸气重量，然后代入公式计算含湿量。

重量法测定烟气含湿量装置见图 10-15。采气管由硬质玻璃或合金制成；过滤器装载采气管伸入的一端，作用是防止烟尘混入；保温或加热装置是为了防止水蒸气冷凝所造成的误差。吸湿管为 M 形管，由硬质玻璃制成，内装的吸湿剂类型有 $CaCl_2$、CaO、Al_2O_3、P_2O_5、硅胶、过氯酸镁等。选择吸湿剂的原则是吸湿剂只吸收烟气中的水蒸气，而不吸收其他气体，对 O_2、N_2、CO、SO_2、CO_2 为主的烟气采用 $CaCl_2$ 或 P_2O_5 为宜。

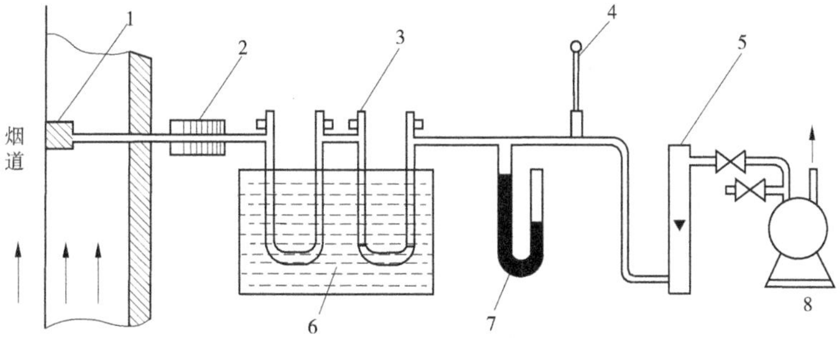

1—过滤器；2—保温或加热器；3—吸湿管；4—温度计；5—流量计；
6—冷却器；7—U 形管压力计；8—抽气泵

图 10-15　重量法测定烟气含湿量装置

测量时，将颗粒状吸湿剂装入 M 形管中（吸湿剂上面要填充少量的玻璃棉，防止吸湿剂溅失），在天平上称其重量，连接好装置，开动抽气泵采样，采样后记录 P、Q 等参数，再称吸湿管的质量。

烟气的含湿量按下式计算：

$$X_w = \frac{1.24G_W}{V_d \times \frac{273}{273 + t_r} \times \frac{P_a + P_r}{101.325} + 1.24G_W} \times 100\% \qquad (10\text{-}9)$$

式中 X_w——烟气中水蒸气的体积百分数(含湿量)；

P_r——流量计前烟气表压，kPa；

P_a——空气压，kPa；

V_d——测量状态下抽取干烟气的体积，L；

t_r——流量计前烟气温度，℃；

G_W——吸湿管采样后增重，g；

1.24——标准状态下 1 g 水蒸气的体积，L/g。

(二)冷凝法

从烟道采样点抽取一定量的气体，通过冷凝器测定烟气通过冷凝器前后所得到的冷凝水的质量；同时测定通过冷凝器后烟气的温度，查出该温度下气体的饱和蒸气压，计算出从冷凝器出口排出烟气中的含水量。冷凝水质量与冷凝器出口排出烟气中的含水量之和即为烟气中水蒸气的含量。

冷凝法测定烟气含湿量装置如图 10-16 所示。

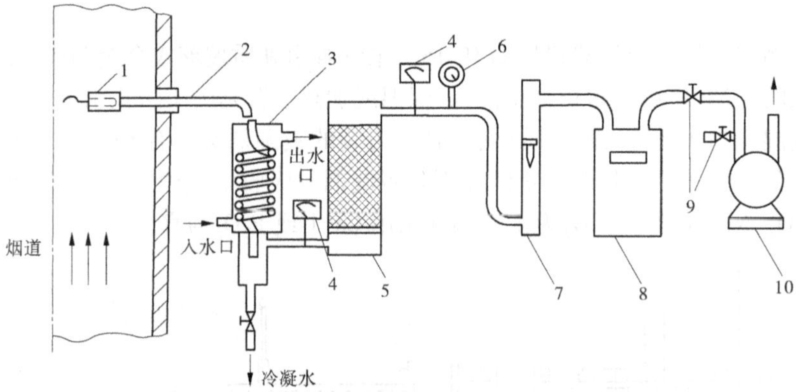

1—滤筒；2—采样管；3—冷凝器；4—温度计；5—干燥器；6—真空压力表；
7—转子流量计；8—累计流量计；9—调节阀；10—抽气泵

图 10-16 冷凝法测定烟气含湿量装置

烟气中的含湿量按下式计算：

$$X_w = \frac{1.24G_w + V_s \cdot \frac{P_z}{P_a + P_r} \cdot \frac{273}{273 + t_r} \cdot \frac{P_a + P_r}{101.325}}{V_s \times \frac{273}{273 + t_r} \times \frac{P_a + P_r}{101.325} + 1.24G_w} \times 100\% \qquad (10\text{-}10)$$

式中 G_w——冷凝器中冷凝水质量，g；

P_z——冷凝器出口烟气中饱和水蒸气压，kPa，可根据冷凝器出口气体温度(t_r)查

"不同温度下水的饱和蒸气压"得知；

V_s——测量状态下抽取烟气的体积，L。

（三）干湿球法

气体在一定流速下经干湿球温度计，根据干湿球温度计读数及有关压力，计算排气中水分含量。

六、烟气中有害组分的测定

（一）采样方法

烟气中气态污染物的含量常常比较高，常用采样方法是化学采样法。其基本原理是通过采样管将样品抽到装有吸收液的吸收瓶或装有固体吸收剂的吸收管、真空瓶、注射器或气袋中，样品溶液或气态样品经化学分析或仪器分析测定污染物含量。

（二）分析测定方法

烟气中有害组分为碳氧化物、氮氧化物、硫氧化物、硫化氢、苯、挥发物、氟化物、汞等。测定方法的选择根据有害组分的含量而定。分析方法也要根据待测物的含量确定。当含量较低时，可选用空气中分子状态污染物质的测定方法；含量较高时，多选用化学分析法，如 SO_2、H_2S 都可用碘量法测定。测定硫酸雾和铬酸雾时，先将其采集在玻璃纤维滤筒上，再用水浸取后测定；测定铅、铍等烟尘时，捕集后用酸浸取出来再进行测定；测定烟气中氟化物总量时，将烟尘和吸收液与酸溶液加热蒸馏分离后测定；测定沥青烟时，用玻璃纤维滤筒和冲击式吸收瓶串联采集气溶胶态和蒸气态沥青烟，用有机溶剂提取后测定。表 10-3 列出《空气和废气监测分析方法》中推荐的部分有害组分的测定方法。

表 10-3　烟气有害组分测定方法

组分	测定方法	测定范围
CO	红外线气体分析法	0 ~ 1 000 ppm
SO_2	甲醛吸收 - 盐酸副玫瑰苯胺分光光度法	2.5 ~ 500 mg/m^3
NO_x	二磺酸酚分光光度法 盐酸萘乙二胺分光光度法	20 ~ 2 000 mg/m^3 2 ~ 500 mg/m^3
氟化物	硝酸钍容量法 离子选择电极法 氟试剂分光光度法	>1% 1 ~ 1 000 mg/m^3 0.01 ~ 50 mg/m^3
挥发酚	4 - 氨基安替比林分光光度法	0.5 ~ 50 mg/m^3
苯（苯系物）	气相色谱法	4 ~ 1 000 mg/m^3
光气	碘量法 紫外分光光度法	50 ~ 2 500 mg/m^3 0.5 ~ 50 mg/m^3
汞	冷原子吸收分光光度法 双硫腙分光光度法	0.01 ~ 30 mg/m^3 0.01 ~ 100 mg/m^3

续表 10-3

组分	测定方法	测定范围
氯	碘量法 甲基橙分光光度法	$>35\ mg/m^3$ $3\sim200\ mg/m^3$
有机硫化物 （硫醇、硫醚）	气相色谱法	硫醇类：$2\sim300\ mg/m^3$ 硫醚类：$1\sim200\ mg/m^3$
沥青烟	紫外分光光度法	$5\sim700\ mg/m^3$
硫酸雾	偶氮胂Ⅲ容量法 铬酸钡分光光度法 离子色谱法	$>60\ mg/m^3$ $5\sim120\ mg/m^3$ $0.3\sim500\ mg/m^3$
铬酸雾	二苯碳酰二肼分光光度法	$2\sim100\ mg/m^3$
铅	原子吸收分光光度法 双硫腙分光光度法 络合滴定法	$0.05\sim50\ mg/m^3$ $0.01\sim25\ mg/m^3$ $>20\ mg/m^3$
铍	羊毛铬花菁 R 分光光度法 铍试剂Ⅲ分光光度法 原子吸收分光光度法（石墨炉法）	$0.01\sim20\ mg/m^3$ $0.01\sim10\ mg/m^3$ $0.003\sim3\ \mu g/m^3$

七、烟尘浓度的测定

烟尘浓度的测定方法有过滤称重法、光电透射法、β 射线吸收法和林格曼黑度法。在此介绍过滤称重法和林格曼黑度法。

（一）过滤称重法

抽取一定体积的烟气，通过已知重量的捕尘装置（如滤筒），根据捕尘装置采样前后的重量差和采样体积计算烟尘的浓度。

1. 烟尘样品采集

烟尘采样管必须能耐高温和耐腐蚀，常见的有玻璃纤维滤筒采样管和刚玉滤筒采样管（见图 10-17），前者适用于 400 ℃以下，后者适用于 850 ℃以下。采样管的头部装有采样嘴，为了不致扰动进气口内外的气流，采样嘴的前端都做成锐角形，夹持在采样管中的滤筒就是采集烟尘的捕集器。

2. 等速采样法

烟道内粉尘分布是不均匀的，为了测出具有代表性的粉尘浓度，监测时必须注意两点：一是多点采样计算平均值确定烟尘浓度；二是必须采用等速采样。控制烟气进入采样嘴的速度与采样点烟气流速相等时进行采样，这种方法称为等速采样法。采样时，将烟尘采样管插入烟道中，使采样嘴置于测点上，正对气流，当采样嘴吸气速度与测点处流速相同时抽取气样，见图 10-18。

等速采样时维持等速的方法很多（见表 10-4），可根据不同测量情况选用其中一种方法。

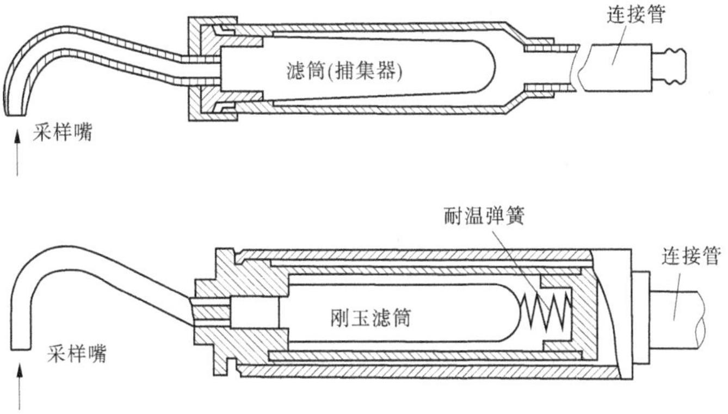

图 10-17　烟尘采样管

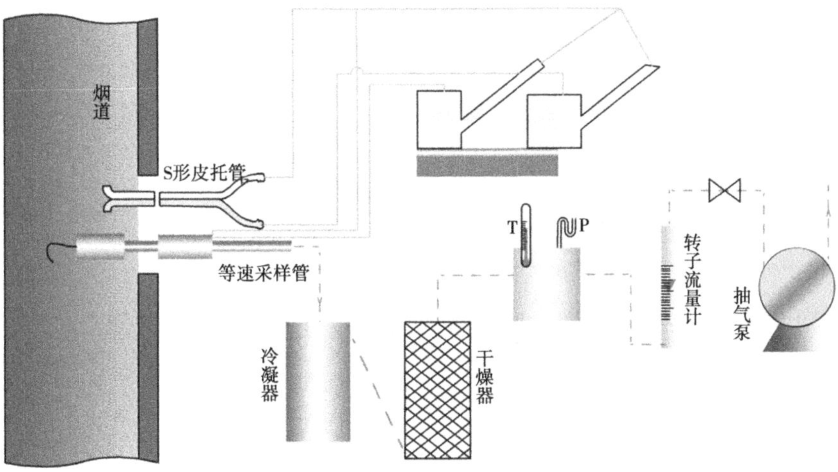

图 10-18　动压平衡型等速采样法采样装置

表 10-4　不同等速采样法的适用条件

采样方法	适用条件
普通型采样管法（预测流速法）	适用于工况比较稳定的污染源采样，尤其是在烟道气流流速低、高温、高湿、高粉尘浓度的情况下，均有较好的适应性
皮托管平行测速采样法	当工况发生变化时，可根据所测得的流速等参数值，及时调节采样流量，保证颗粒物的等速采样条件
动压平衡型等速采样管法	工况发生变化时，它通过双联斜管微压计的指示，可及时调节采样流量，保证等速采样条件
静压平衡型等速采样管法	用于测量低含尘浓度的排放源，操作简单方便

3. 移动采样和定点采样

移动采样是为测定烟道断面上烟气中烟尘的平均浓度，用同一个尘粒捕集器在已确定的各采样点上移动采样，在各点的采样时间相同，这是目前普遍采用的方法。定点采样是为了解烟道内烟尘的分布状况和确定烟尘的平均浓度，分别在断面上每个采样点采样，即每个采样点采集一个样品。

4. 烟尘浓度的计算

(1)计算采样滤筒采样前后重量之差 G(烟尘重量)。

(2)计算出标准状态下的采样体积：在采样装置的流量计前装有冷凝器和干燥器的情况下，干烟气的采样体积按下式计算：

$$V_{nd} = 0.27Q'\sqrt{\frac{P_a + P_r}{m_{sd}(273 + t_r)}} \cdot t \tag{10-11}$$

式中 V_{nd}——标准状态下干烟气体积，L；

Q'——采样流量，L/ min；

m_{sd}——干烟气气体相对分子质量，kg/kmol；

t_r——转子流量计前气体温度，℃；

t——采样时间，min；

P_r——转子流量计前烟气表压，kPa；

P_a——空气压力，kPa。

当干烟气的气体分子量近似于空气时，V_{nd}计算式可简化为：

$$V_{nd} = 0.05Q'\sqrt{\frac{P_a + P_r}{273 + t_r}} \cdot t \tag{10-12}$$

(3)烟尘浓度计算：根据采样类型不同，烟尘浓度计算采用不同的公式。

移动采样时：

$$\rho = \frac{G}{V_{nd}} \times 10^6 \tag{10-13}$$

式中 ρ——烟气中烟尘浓度，mg/m^3；

G——测得烟尘质量，g；

V_{nd}——标准状态下干烟气体积，L。

定点采样时：

$$\bar{\rho} = \frac{\rho_1 v_1 S_1 + \rho_2 v_2 S_2 + \cdots + \rho_n v_n S_n}{v_1 S_1 + v_2 S_2 + \cdots + v_n S_n} \tag{10-14}$$

式中 $\bar{\rho}$——烟气中烟尘平均浓度，mg/m^3；

v_1，v_2，…，v_n——各采样点烟气流速，m/s；

ρ_1，ρ_2，…，ρ_n——各采样点烟气中烟尘浓度，mg/m^3；

S_1，S_2，…，S_n——各采样点所代表的截面面积，m^2。

应当注意的是，尘粒在烟道中的分布是不均匀的，因此在报告烟尘浓度的测定结果时应取测定断面上各点烟尘浓度的平均值。

5. 烟气污染物基准含氧量排放浓度折算方法

对锅炉来说，实测的颗粒物、二氧化硫、氮氧化物、汞及其化合物等的排放浓度，应按式(10-15)折算为基准氧含量排放浓度。各类燃烧设备的基准氧含量按表 10-5 的规定执行。

表 10-5　基准含氧量

锅炉类型	基准含氧量(O_2)(%)
燃煤锅炉	9
燃油、燃气锅炉	3.5

$$\rho = \rho' \times \frac{21 - \varphi(O_2)}{21 - \varphi'(O_2)} \tag{10-15}$$

式中　ρ——空气污染物基准氧含量排放浓度，mg/m^3；

ρ'——实测的空气污染物排放浓度，mg/m^3；

$\varphi'(O_2)$——实测的氧含量；

$\varphi(O_2)$——基准氧含量。

(二)林格曼黑度法

在19世纪末林格曼提出的方法，是将排放源出口烟尘浓度与某一标准浓度进行比较，凭视觉判断烟尘浓度的测定方法。较为普及的标准浓度规格为 Ringelman 烟尘浓度表，该表一般在纵 14 cm、横 21 cm 的白纸上描述一定比例的方格黑线图。白纸上黑条格在整个矩形面积上所占面积的百分数大致为 0%、20%、40%、60%、80%、100%，由此将烟尘浓度相应分为 0 ~ 5 级(见图 10-19)。观测时将 Ringelman 图置于观察者与烟囱之间(见图 10-20)，观察者距烟囱约 40 m，距 Ringelman 图约 15 m，将观测到的烟囱出口处的烟气黑度与Ringelman图比较，可读出烟尘的浓度。烟尘浓度与 Ringelman 图之间的关系见表 10-6。

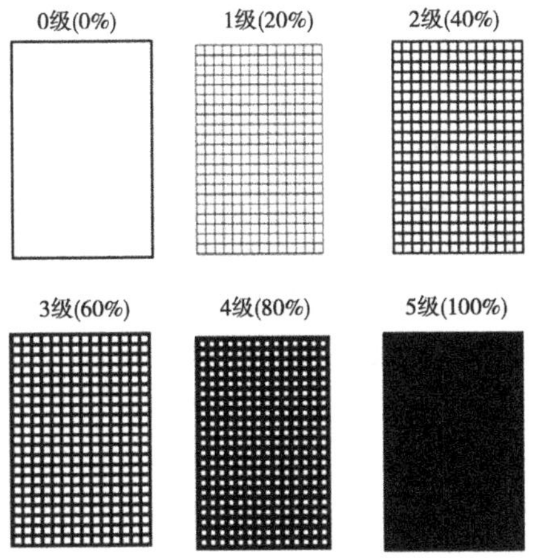

图 10-19　林格曼烟气黑度示意图

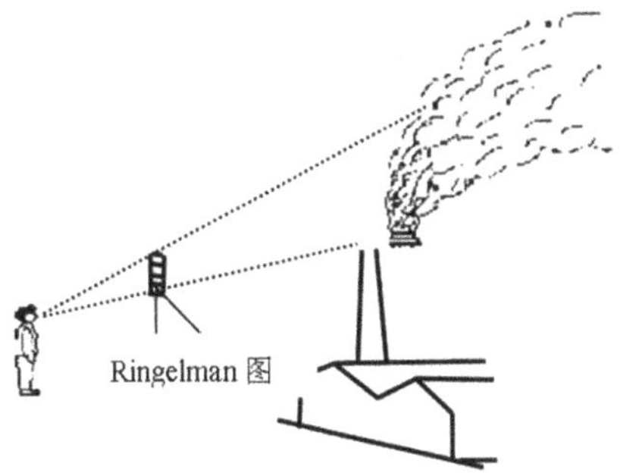

图 10-20　观测烟气示意图

由于烟气的视觉黑度是反射光作用，它不仅取决于烟气本身的黑度，同时与天空的均匀性和亮度、风速、烟囱的直径大小、形状及观察时照射光线的角度有关，而且视觉黑度与尘粒中有害物质的含量之间难于找到精确对应关系，因此这种方法不能取代其他的测定方法，但由于这一方法简单易行、成本低廉，故在许多国家被列为常用的烟尘浓度监测方法之一，我国也将其列为固定污染源烟气监测内容之一。

表 10-6　烟尘浓度与 Ringelman 图之间的关系

黑色条面积占总面积百分数(%)	Ringelman 黑度(级)	烟气外观特点	相当烟气中含尘量(g/m^3)
0	0	全白	0
20	1	微灰	0.25
40	2	灰	0.70
60	3	深灰	1.20
80	4	灰黑	2.30
100	5	全黑	4.0 ~ 5.0

第二节　流动污染源监测

汽车排放是主要的流动污染源，含有 NO_x、碳氢化合物、CO 等有害气体组分，是污染空气环境的主要污染物。

汽车排气中污染物的含量与其行使状态有关，空转、加速、减速、匀速等行使状态下排气中污染物的含量均不相同，应分别测定。《汽油车污染物排放限值及测量方法(双怠速法及简易工况法)》(GB 18285—2018)中规定了双怠速法、稳态工况法、瞬时工况法和简易瞬态工况法排气污染物排放限值及测量方法。标准自 2019 年 5 月 1 日起在全国范围内实施，环保定期检验采用简易工况法(稳态工况、瞬时工况及简易瞬时工况)进行，对无法使用简易工况法的车辆，采用双怠速法进行。下面主要介绍双怠速的测定方法。

一、怠速工况与高怠速工况条件

怠速工况指汽车发动机最低稳定转速工况，即离合器处于接合位置、变速器处于空挡位置(对于自动变速箱的车应处于“停车”或“P”挡位)；油门踏板处于完全松开位置。高怠速工况指满足上述(除最后一项)条件，用油门踏板将发动机转速稳定，控制在高怠速转速下[如轻型汽车的高怠速转速为(2 500 ± 200) r/min，重型汽车的高怠速转速为(1 800 ±200) r/min]，如有特殊规定的，按照制造厂技术文件中对高怠速转速的有关规定。

二、测定方法

(一)测定要求

单一燃料汽车，仅按燃用单一燃料进行排放检测；两用燃料汽车，要求使用两种燃料分别进行排放检测。

有手动选择行驶模式功能的混合动力电动汽车应切换到最大燃料消耗模式进行测试，如无最大燃料消耗模式，则应切换到混合动力模式进行测试，若测试过程中发动机自动熄火自动切换到纯电模式，无须中止测试，可进行至测试结束。

（二）测定方法

发动机从怠速状态加速至70%额定转速或企业规定的暖机转速，运转30 s后降至高怠速状态。将双怠速法排放测试仪取样探头插入排气管中，深度不少于400 mm，并固定在排气管上 。维持15 s后，由具有平均值计算功能的双怠速法排放测试仪读取30 s内的平均值，该值即为高怠速污染物测量结果。对使用闭环控制电子燃油喷射系统和三元催化转化器技术的汽车，还应同时计算过量空气系数（λ）的数值。

发动机从高怠速降至怠速状态15 s后，由具有平均值计算功能的双怠速法排放测试仪读取30 s内的平均值，该值即为怠速污染物测量结果。

在测试过程中，如果任何时刻CO与CO_2的浓度之和小于6.0%，或者发动机熄火，应终止测试，排放测量结果无效，需重新进行测试。

对多排气管车辆，应取各排气管测量结果的算术平均值作为测量结果。

若车辆排气系统设计导致的车辆排气管长度小于测量深度，则应使用排气延长管。

（三）排放限值

双怠速法检验排气污染物排放限值如表10-7所示。

表10-7　双怠速法检验排气污染物排放限值

类别	怠速		高怠速	
	CO（%）	HC（ppm）①	CO（%）	HC（ppm）①
限值 a	0.6	80	0.3	50
限值 b	0.4	40	0.3	30

注：①对以天然气为燃料点燃式发动机汽车，该项目为推荐性要求。

排放检验的同时，应进行过量空气系数（λ）的测定。发动机在高怠速转速工况时，λ应在1.00 ± 0.05之间，或者在制造厂规定的范围内。

（四）执行监控

在用汽车排气污染物检测应符合标准规定的限值a。对于汽车保有量达到500万辆以上，或机动车排放污染物为当地首要空气污染源，或按照法律法规设置低排放控制区的城市，应在充分征求社会各方面意见的基础上，经省级人民政府批准和国务院生态环境主管部门备案后，可提前选用限值b，但应设置足够的实施过渡期。

同一省内原则上应采用同一种检测方法，若采用标准规定的不同方法的检测结果各地应予互认。跨地区检测的，如车辆登记地或检测地中有执行限值b的，则应符合限值b的要求，测量方法允许按照检测地规定的测量方法进行。

县级以上生态环境部门对在用汽车进行的监督抽测，可在机动车集中停放地、维修地和实际道路上进行。采用双怠速法进行监督抽测时，可采用限值的1.1倍进行判定。

实训一　固定污染源 烟气黑度的测定

——林格曼烟气黑度图法

烟气黑度是以人的感官对烟气的反应强弱作为控制指标的。尽管用林格曼烟气黑度，按烟气的视觉黑度进行监测，很难确定烟气的视觉黑度与其中有害物质含量之间的精确对应关系,也不能取代污染物排放量和排放浓度的实际监测,但是测定烟气黑度的方法简便易行、成本低廉,对于燃煤烟气类是一种很适合的监测手段。根据使用的测量装置和仪器不同,所使用的测量方法也不一样,测定烟气黑度的方法有林格曼烟气黑度图法、测烟望远镜法和光电测烟仪法。本实训主要学习林格曼烟气黑度法测定固定污染源排放烟气黑度。

(一)测定原理

煤烟中的烟尘含量与煤烟黑度成正比,把林格曼烟气黑度图放在适当的位置上,由具有资质的观察者目视观察,把林格曼烟气黑度图同烟囱排放的烟气进行黑度比较,确定林格曼烟气黑度级数,测定固定污染源排放烟气的黑度,从而了解排放烟气中的烟尘含量。

(二)监测分析仪器

(1)林格曼烟气黑度图。

(2)烟气黑度图支架。

(3)计时器或秒表,精度 1 s。

(4)风向、风速测定仪。

(三)测定过程

1. 选定观测位置

(1)应在白天进行观测,观察者与烟囱的距离应足以保证对烟气排放情况清晰的观察。把林格曼烟气黑度图平整地固定在支架或平板上,安置在固定支架上,图片面向观察者,尽可能使图位于观察者至烟囱顶部的连线上,并使图与烟气有相似的天空背景。图距观察者应有足够的距离,以使图上的线条看起来融合在一起,从而使每个方块有均匀的黑度,对于绝大多数观察者这一距离约为 15 m。

(2)观察者的视线应尽量与烟羽飘动的方向垂直。观察烟气的仰视角不应太大,一般情况下不宜大于 45°角,尽量避免在过于陡峭的角度下观察。

(3)观察烟气黑度力求在比较均匀的天空光照下进行。如果在太阳光照射下观察,应尽量使照射光线与视线成直角,光线不应来自观察者的前方或后方。雨雪天、雾天及风速大于 4.5 m/s 时不应进行观察。

2. 观测

(1)观察烟气的部位应选择在烟气黑度最大的地方,该部位应没有冷凝水蒸气存在。观察时,将烟囱排出烟气的黑度与林格曼烟气黑度图进行比较,记下烟气的林格曼级数。如烟气黑度处于两个林格曼级之间,可估计一个 0.5 或 0.25 林格曼级数。每分钟观测 4 次,观察者不宜一直盯着烟气观测,而应看几秒钟然后停几秒钟,每次观测(包括观看和间歇时间)约 15 s,连续观测烟气黑度的时间不少于 30 min。

(2)观察混有冷凝水汽的烟气,当烟囱出口处的烟气中有可见的冷凝水汽存在时,应选择在离开烟囱口一段距离,看不到水汽的部位观察。

(3)观察含有水蒸气的烟气,当烟气中的水蒸气在离开烟囱出口的一段距离后,冷凝并且变为可见,这时应选择在烟囱口附近水蒸气尚未形成可见的冷凝水汽的部位观察。

(4)观察烟气宜在比较均匀的天空照明下进行,如在阴天的情况下观测,由于天空背景较暗,读数时应根据经验取稍偏低的级数(减去 0.25 级或 0.5 级)。

3. 记录

1) 现场情况记录

观察者应按现场观测数据记录表格的要求，填写观测日期、被测单位、设备名称、净化设施等内容，并将烟囱距观测点的距离、烟囱位于观测点的方向、风向和风速、天气状况及烟羽背景的情况逐一填入表内。

2) 现场观测记录

烟气黑度的观测值，按数据处理(2)中的规定，每次观测 15 s 记录一个读数，填入观测记录表格，见表 10-8。每个读数都应反映 15 s 内黑度的平均值。连续观测烟气黑度 30 min，进行 120 次观测，记录 120 个读数[1]。

表 10-8　烟气黑度观测记录表

<table>
<tr><td>被测单位</td><td colspan="4"></td><td>观测日期</td><td></td></tr>
<tr><td>设备名称</td><td colspan="4"></td><td>净化设施</td><td></td></tr>
<tr><td>分
秒</td><td>0</td><td>15</td><td>30</td><td>45</td><td colspan="2" rowspan="7">观测点位置与观测条件
烟囱距离________ m；烟囱所在方向________；
烟囱高度________ m；烟囱出口形状________；
风向________；风速________ m/s；
天气状况：□晴朗 □少云 □多云 □阴天
烟羽背景：□无云 □薄云 □白云 □灰云
备注：</td></tr>
<tr><td>0</td><td></td><td></td><td></td><td></td></tr>
<tr><td>1</td><td></td><td></td><td></td><td></td></tr>
<tr><td>2</td><td></td><td></td><td></td><td></td></tr>
<tr><td>3</td><td></td><td></td><td></td><td></td></tr>
<tr><td>4</td><td></td><td></td><td></td><td></td></tr>
<tr><td>5</td><td></td><td></td><td></td><td></td></tr>
<tr><td>6</td><td></td><td></td><td></td><td></td><td colspan="2" rowspan="10">观测值累计次数及时间
观测开始时间：________时________分；
观测结束时间：________时________分；
5 级：________次，累计时间________ min；
≥4 级：________次，累计时间________ min；
≥3 级：________次，累计时间________ min；
≥2 级：________次，累计时间________ min；
≥1 级：________次，累计时间________ min；
< 1 级：________次，累计时间________ min。</td></tr>
<tr><td>7</td><td></td><td></td><td></td><td></td></tr>
<tr><td>8</td><td></td><td></td><td></td><td></td></tr>
<tr><td>9</td><td></td><td></td><td></td><td></td></tr>
<tr><td>10</td><td></td><td></td><td></td><td></td></tr>
<tr><td>11</td><td></td><td></td><td></td><td></td></tr>
<tr><td>12</td><td></td><td></td><td></td><td></td></tr>
<tr><td>13</td><td></td><td></td><td></td><td></td></tr>
<tr><td>14</td><td></td><td></td><td></td><td></td></tr>
<tr><td>⋮</td><td></td><td></td><td></td><td></td></tr>
<tr><td colspan="7">烟气黑度（林格曼级数）：</td></tr>
</table>

观测人：　　　　　　　　　　　　　　　　　　校核人：

[1] 对于烟气排放十分稳定的污染源，可酌情减少观测频次，每分钟观测 2 次，每 30 s 记录一个读数，连续观测 30 min，进行 60 次观测，记录 60 个读数。

（四）数据处理

（1）按林格曼黑度级数将观测值分级，分别统计每一黑度级数出现的累计次数和时间。

（2）除在观测过程中出现 5 级林格曼黑度时，烟气黑度按 5 级计，不必继续观测外，其他情况都必须连续观测 30 min。分别统计每一黑度级数出现的累计时间，烟气黑度按 30 min 内出现累计时间超过 2 min 的最大林格曼黑度级数计。

（3）按表 10-9 所示顺序和原则确定烟气黑度级数。

表 10-9　林格曼黑度级数确定原则

林格曼黑度级数	确定原则
5 级	30 min 内出现 5 级林格曼黑度时
4 级	30 min 内出现 4 级及以上林格曼黑度的累计时间超过 2 min
3 级	30 min 内出现 3 级及以上林格曼黑度的累计时间超过 2 min
2 级	30 min 内出现 2 级及以上林格曼黑度的累计时间超过 2 min
1 级	30 min 内出现 1 级及以上林格曼黑度的累计时间超过 2 min
<1 级	30 min 内出现小于 1 级林格曼黑度的累计时间超过 28 min

（五）注意事项

（1）应使用符合规范要求的林格曼烟气黑度图，并注意保持图面的整洁。在使用过程中，林格曼烟气黑度图如果被污损或褪色，应及时更换新的图片。

（2）凭视觉所鉴定的烟气黑度是反射光的作用。所观测到的烟气黑度读数，不仅取决于烟气本身的黑度，同时与天空的均匀性和亮度、风速、烟囱的大小结构（出口断面的直径和形状）及观测时照射光线和角度有关。在现场观测时，对这些因素应充分注意。

（3）一般用林格曼烟气黑度图鉴定黑色烟气效果较好，对于含有较多的水汽或其他结晶物质的白色烟气，效果较差。

（4）林格曼 0 级的白色图片可以提供一个有关照明的指标，用于发现图上的任何遮阴、照明不均匀。它还可以帮助发现图上的污点。

（5）在观测过程中，要认真做好观测记录，按要求填写记录表，计算观测结果。

（6）除排放标准另有规定或有特殊要求的监测外，一般污染源烟气黑度观测应在生产设备和环保设施正常稳定运行的工况下进行。

（六）思考题

影响烟气黑度级数的主要因素有哪些？

实训二　固定污染源废气 低浓度颗粒物的测定

——重量法

该方法适用于各类燃煤、燃油、燃气锅炉、工业窑炉、固定式燃气轮机及其他固定污染源废气中颗粒物的测定，是测定固定污染源废气中低浓度颗粒物的重量法，适用于浓度不超过 50 mg/m^3，若测定结果大于 50 mg/m^3，则表述为“ >50 mg/m^3”。当采样体积为 1 m^3 时，方法检出限为 1.0 mg/m^3。

（一）测定原理

采用烟道内过滤的方法，使用包含过滤介质的低浓度采样头，将颗粒物采样管由采样孔插入烟道中，利用等速采样原理抽取一定量的含颗粒物的废气，根据采样头上所捕集到的颗粒物量和同时抽取的废气体积，计算出废气中颗粒物浓度。

（二）试剂和材料

（1）丙酮。

干残留量 10 mg/L，$\rho(CH_3COCH_3)=0.788$ g/mL。

（2）滤膜。

滤膜直径为（47 ±0.25）mm，应满足如下要求：

①最大期望流速下，对于直径为 0.3 μm 的标准粒子，滤膜的捕集效率应大于 99.5%；对于直径为 0.6 μm 的标准粒子，滤膜的捕集效率应大于 99.9%。

②选择石英材质或聚四氟乙烯材质滤膜，滤膜材质不应吸收或与废气中的气态化合物发生化学反应，在最大的采样温度下应保持热稳定，并避免质量损失。

（三）仪器和设备

1. 废气水分含量的测定装置

水分含量的测定有重量法、冷凝法和干湿球法，还有仪器法。本次实训选择用重量法测定装置，详见图 10-15。

2. 废气温度、压力、流速的测定装置

废气温度测定装置可选用水银温度计或热电偶温度计。废气压力测定装置见图 10-10，流速计算见式（10-3）、式（10-4）。

3. 废气颗粒物的采样装置

颗粒物采样装置由组合式采样管、冷却和干燥系统、抽气泵单元和气体计量系统及连接管线组成。常见的采样管及采样头结构如下。

1）采样管

采样管由耐腐蚀、耐热材料制造。有足够的强度和长度，并有刻度标志，以便在合适的点位上采样。组合式采样管示例图见图 10-21。采样头由采样头固定装置上部装入使用采样头压盖旋紧固定，当烟温超过 260 ℃时，应采用金属密封垫圈。为保证在湿度较高、烟温较低的情况下正常采样，应选择具备加热采样头固定装置功能的采样管。为避免静电对采样器的影响，采样器应配有接地线。采样管部件孔径的任何变化均应平滑过渡，避免突变。

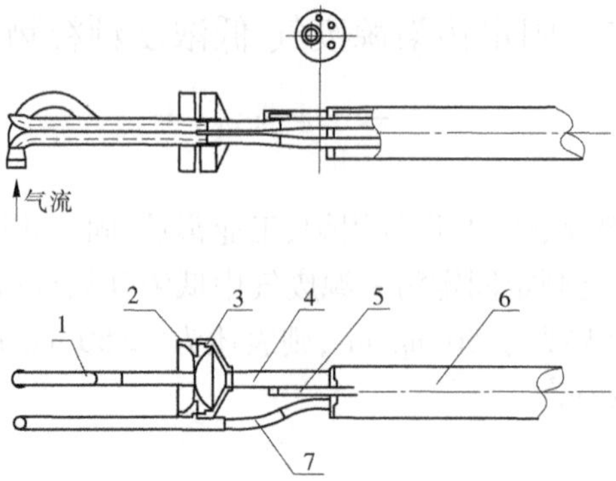

1—采样头;2—采样头压盖;3—密封类垫圈;4—抽气管;
5—测温元件;6—保护套管;7—S 形皮托管

图 10-21　组合式采样管示例图

2)采样头

低浓度采样头,由前弯管(含采样嘴)、滤膜、不锈钢托网、密封铝圈组成。前弯管应由钛或不锈钢等高强度材质制成,采样嘴的弯管半径大于或等于内径 1.5 倍。前弯管、滤膜及不锈钢托网通过密封铝圈装配在一起。采样头上应有唯一编号,以保证采样的记录,采样头的前弯管表面应平滑,连接点应尽可能少,内表面应方便清洁。每个采样头在运输和存储过程中应单独存储,避免污染。

采样头在装配好后,整体应密封良好。采样头结构图见图 10-22。

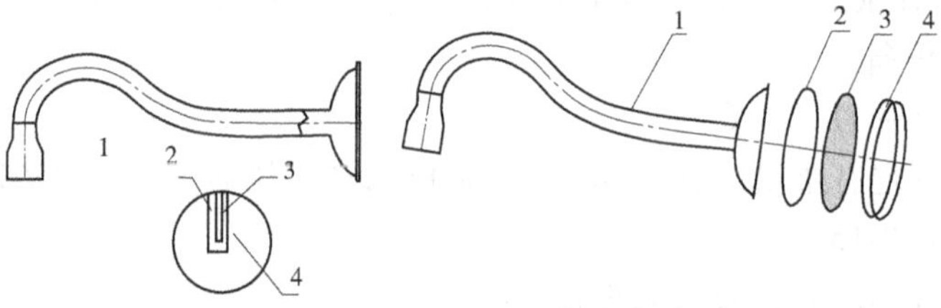

1—前弯管;2—滤膜(ϕ47 mm);3—不锈钢托网(ϕ47 mm);4—密封铝圈

图 10-22　采样头结构图

3)采样嘴

采样嘴入口角度应不大于 45°,入口边缘厚度应不大于 0.2 mm,入口直径应至少包括 4.0 mm、5.0 mm、6.0 mm、8.0 mm、10.0 mm、12.0 mm 几种,偏差应不大于 ±0.1 mm。采样嘴应满足以下要求:

(1)采样嘴应选择耐腐蚀、耐高温、不易变形的材质。

(2)采样嘴的设计应避免造成采样嘴附近气流的湍动。

(3)采样嘴应有恒定的内径,采样嘴最小长度应为采样嘴内径,或至少为 10 mm(取两者较大的尺寸)。

(4)距离采样嘴顶端 50 mm 以内,采样设备部件外径的任何变化均应以锥形平滑过渡。

(5)采样嘴上游不得有任何零部件。

(6)采样嘴下游或一侧允许有其他零部件,但应避免零部件对采样口的气流产生扰动。

(7)采样嘴堵套宜采用聚四氟乙烯等无静电吸附、耐腐蚀、易清洗的材质。

4. 分析称重设备

(1)烘箱、马弗炉。精度 ±5 ℃。

(2)恒温恒湿设备。温度控制范围 15 ~ 30 ℃,控温精度 ±1 ℃,相对湿度控制范围(50% ±5%)RH。

(3)电子天平。分辨率为 0.01 mg,天平量程应与被称重部件的质量相符。

(4)温度计。测量范围(-30 ~ 35)℃,精度 ±5 ℃。

(5)湿度计。测量范围(10% ~100%)RH,精度 ±5% RH。

(四)测定过程

1. 采样前准备

1)现场准备

采样前,应根据采样平面的基本情况和监测要求,确定现场的测量系列、采样时间和采样嘴直径。

确定现场工况、采样点位和采样孔、采样平台、工作电源、照明及安全设施符合监测要求。

2)采样设备的清洗与平衡

在去离子水介质中用超声波清洗前弯管、密封铝圈和不锈钢托网,清洗 5 min 后再用去离子水冲洗干净,以去除各部件上可能吸附的颗粒物。

将上述部件放置在烘箱内烘烤,烘烤温度 105 ~ 110 ℃,烘干至少 1 h。

石英材质滤膜应烘焙 1 h,烘焙温度为 180 ℃或大于烟温 20 ℃(取两者较高的温度)。

冷却后,将滤膜和不锈钢托网用密封铝圈同前弯管封装在一起,放入恒温恒湿设备平衡至少 24 h。

3)采样头准备

根据需要采集的样品数量准备采样头。

选定处理平衡后的采样头,在恒温恒湿设备内用天平称重,每个样品称量 2 次,每次称量间隔应大于 1 h,2 次称量结果间最大偏差应在 0.20 mg 以内。记录称量结果,以 2 次称量的平均值作为称量结果。当同一采样头 2 次称量中的质量差大于 0.20 mg 时,可将相应采样头再平衡至少 24 h 后称量;如果第二次平衡后称量的质量同上次称量的质量差仍大于 0.20 mg,可将相应采样头再平衡至少 24 h 后称量;如果第三次平衡后称量的质量同上次称量的质量差仍大于 0.20 mg,在确认平衡称量仪器和操作正确后,此采样头作废。

称量好的采样头、采样嘴用聚四氟乙烯材质堵套塞好后装进防静电密封袋或密封盒内,放入样品箱。

4)其他准备

(1)按照流量准确度的要求对颗粒物采样装置瞬时流量准确度、累计流量准确度进行校准。对于组合式采样管皮托管系数,应保证每半年校准一次,当皮托管外形发生明显变化时,应及时检查校准或更换。

(2)准备监测所需采样仪器、安全设备及记录表格等。

(3)根据现场实际测量的烟道尺寸选择采样平面,确定采样点数目。

(4)记录现场基本情况,并清理采样孔处的积灰。

(5)将采样头装入组合式采样管,固定,记录采样头编号。

(6)检查系统是否漏气,如发现漏气,应再分段检查,堵漏,直至合格。

2. 样品采集

(1)采样系统连接:用橡胶管将组合采样管的皮托管与主机的相应接嘴连接,将组合采样管的烟尘取样管与洗涤瓶和干燥瓶连接,再与主机的相应接嘴连接。

(2)仪器接通电源,自检完毕后,输入日期、时间、大气压、管道尺寸等参数。仪器计算出采样点数目和位置,将各采样点的位置在采样管上做好标记。

(3)打开烟道的采样孔,清除孔中的积灰。

(4)仪器压力测量进行零点校准后,将组合采样管插入烟道中,测量各采样点的温度、动压、静压、全压及流速。

(5)含湿量测定装置按图10-15连接好,记录相关数据。

(6)记下滤筒的编号,将已恒重的滤筒装入采样管内,旋紧压盖,注意采样嘴与皮托管全压测孔方向一致。

(7)设定每点的采样时间,输入滤筒编号,将组合采样管插入烟道中,密封采样孔。

(8)使采样嘴及皮托管全压测孔正对气流,位于第一个采样点。启动抽气泵,开始采样。第一点采样时间结束,仪器自动发出信号,立即将采样管移至第二采样点继续进行采样。依次类推,顺序在各点采样。采样过程中,采样器自动调节流量保持等速采样。

(9)采完最后一个点后,将采样管后的胶管迅速堵住,同时停机,并将采样嘴背对气流,从烟道中小心地取出采样管,注意不要倒置。用镊子将滤筒取出,放入专用的容器中保存。

(10)用仪器保存或打印出采样数据。

(11)每次至少采三个样,取平均得出烟尘浓度。

也可以按照相应仪器操作方法使用微电脑平行自动采样,采样过程中采样嘴的吸气速度与测点处的气流速度应基本相等,相对误差小于10%。当烟气中水分影响采样正常进行时,应开启采样管上采样头固定装置的加热功能。加热应保证采样顺利进行,温度不应超过110 ℃。

结束采样后,取下采样头,用聚四氟乙烯材质堵套塞好采样嘴,将采样头放入防静电的盒或密封袋内,再放入样品箱。

3. 采集全程序空白

采样过程中,采样嘴应背对废气气流方向,采样管在烟道中放置时间和移动方式与实际采样相同。全程序空白应在每次测量系列过程中进行一次,并保证至少一天一次。为防止在采集全程序空白过程中空气或废气进入采样系统,必须断开采样管与采样器主机的连接,密封采样管末端接口。

4. 同步双样

每个样品均应采集同步双样。当同步双样位于不同采样孔时,两个样品的测量点应位于同一采样平面内,各对应测定点的流速应基本相同。同步双样对应的各测定点、测量步骤和测量时间应相同,如果其中一个样品停止采样,另一路也必须停止采样,直到查清停止采样的原因。

5. 样品的保存

采样后的采样头运回实验室,样品应妥善保存,避免污染。

6. 测定分析

1)废气水分、温度、压力、流速的测定分析

采用重量法测定废气中水分,按式(10-9)计算烟气含湿量。

按规定获取烟气温度、压力及流速的参数。

2)废气中颗粒物的测定

(1)对采样后的采样头用蘸有丙酮的石英棉对采样头外表面进行擦拭清洗,清洗过程应在通风橱中进行。清洗后,在烘箱内烘烤采样头,烘烤温度为 105 ~ 110 ℃,时间 1 h。待采样头干燥冷却后放入恒温恒湿设备平衡至少 24 h。应保证采样前后的恒温恒湿设备平衡条件不变。

(2)处理平衡后的采样头,在恒温恒湿设备内用天平称重,称重步骤和要求同“采样头准备”。采样前后采样头重量之差,即为所取的颗粒物量 m。

应对称重后的采样头进行检查,检查是否存在滤膜破损或其他异常情况,若存在异常情况,则样品无效。

(五)结果计算与表示

(1)颗粒物浓度按下式计算:

$$C_{nd} = \frac{m}{V_{nd}} \times 10^6 \tag{10-16}$$

式中　C_{nd}——颗粒物浓度, mg/m^3;

m——样品所得颗粒物量,g;

V_{nd}——标准状态下干采气体积,L。

计算结果保留小数点后一位。

(2)同步双样浓度按下式计算:

$$C_{nd} = \frac{m_1 + m_2}{V_{nd1} + V_{nd2}} \times 10^6 \tag{10-17}$$

式中　C_{nd}——颗粒物浓度, mg/m^3;

m_1,m_2——同步双样分别所得颗粒物量,g;

V_{nd1},V_{nd2}——同步双样分别对应的标准状态下干采气体积,L。

(3)同步双样采样浓度相对偏差按式(10-18)计算:

$$\text{相对偏差}(\%) = 100\% \times \frac{|C_{nd1} + C_{nd2}|}{C_{nd1} + C_{nd2}} \tag{10-18}$$

式中　C_{nd1}，C_{nd2}——同步双样分别对应的颗粒物浓度，mg/m^3。

(4)同步双样采样浓度允许的最大相对偏差。

当 $C_{nd} > 10\ mg/m^3$ 时，最大相对偏差为10%；

当 $1 < C_{nd} \leqslant 10\ mg/m^3$ 时，最大相对偏差应在10%～25%按浓度线性计算得出，即

$$\text{最大相对偏差}(\%) = 25 - \frac{5}{3}(C_{nd} - 1) \tag{10-19}$$

当 $C_{nd} = 1\ mg/m^3$ 时，最大相对偏差应为25%。

(六)注意事项

(1)仪器与设备均应符合要求，按规定进行校准。

(2)采样前后平衡及称量时，应保证环境温度和湿度条件一致。应避免静电对称量造成的影响。

(3)保证同一称量部件在采样前后称量为同一天平，并避免称量前后人员不同引起的误差。

(4)采样前后，放置、安装、取出、标记、转移采样部件时应戴无粉尘、抗静电的一次性手套。

(5)采样过程中，采样断面最大流速和最小流速比不应大于3∶1。

(6)现场应及时清理采样管，减少样品沾污。

(7)任何低于全程序空白增重的样品均无效。全程序空白增重除以对应测量系列的平均体积不应超过排放限值的10%。

(8)在现场条件允许的前提下，尽可能选取入口直径大的采样嘴。

(9)样品采集时应保证每个样品的增重不小于1 mg，或采样体积不小于1 m^3。

(10)颗粒物浓度低于方法检出限时，对应的全程序空白增重应不高于0.5 mg，失重应不多于0.5 mg。

(11)测定同步双样时，同步双样的相对偏差应不大于允许的最大相对偏差。

(七)思考题

影响烟尘浓度测定结果的主要因素有哪些？

习题与练习题

一、填空题

1. 污染源包括__________和__________。

2. 烟道气监测采样系统由__________、__________、__________、__________、__________和__________等组成。

3. 烟道气测定时，采样点的位置和数目主要根据烟道断面__________、__________、__________确定。

4. 烟气压力分为__________、__________和__________。

5. 定电位电解传感器主要由____________、____________和组成。
6. 常用的测压管分别是____________和____________。
7. 定点采样指________________________。
8. 移动采样指________________________。

二、判断题

1. 测定烟尘浓度时必须等速采样,而测定烟气浓度时不需等速采样。（　）
2. 全压、动压和静压都是正值。（　）
3. 烟尘浓度在水平烟道和垂直烟道中的分布都是相同的。（　）
4. S 形皮托管适用于烟尘浓度较大的情况采样。（　）
5. 当烟道断面流速和固态污染物浓度分布不均匀时,通常采用多点采样法。（　）
6. 烟尘采样时,应在排气筒水平烟道上优先选择采样点,因为比较方便。（　）

三、简答题

1. 污染源监测的目的和要求?
2. 烟气中的有害组分主要有哪些？其对应的监测方法是什么?
3. 分别简述圆形烟道、矩形烟道和拱形烟道的布点方法。
4. 简述林格曼黑度法测定烟尘浓度的方法原理。
5. 什么是等速采样？测定烟尘浓度时为什么要采用等速采样法?
6. 烟道气监测的基本参数有哪些？测定基本参数的目的是什么?
7. 简述 S 形皮托管和标准皮托管的特点。通常使用什么类型的皮托管?
8. 奥氏气体分析仪可分析烟气中的哪些成分？流动污染源监测的项目有哪些?

第五篇　自动监测技术

第十一章　环境空气自动监测

第一节　概　述

环境空气质量自动监测系统是区域性空气质量的实时监测网络，是一套全自动无人值守的监测系统。环境空气质量自动监测，即在监测点位采用连续自动监测仪器对环境空气质量进行连续的样品采集、处理、分析的过程。我国目前面向社会发布的城市环境空气质量指数 AQI，就是在环境空气质量自动监测的基础上进行的。

2013 年，环境保护部颁发了一系列关于自动监测的规范和标准，主要有《环境空气颗粒物（PM_{10}和 $PM_{2.5}$）连续自动监测系统技术要求及检测方法》（HJ 653—2013）、《环境空气气态污染物（SO_2、NO_2、O_3、CO）连续自动监测系统技术要求及检测方法》（HJ 654—2013）、《环境空气颗粒物（PM_{10}和 $PM_{2.5}$）采样器技术要求及检测方法》（HJ 93—2013）、《环境空气颗粒物（PM_{10}和 $PM_{2.5}$）连续自动监测系统安装和验收技术规范》（HJ 655—2013）、《环境空气气态污染物（SO_2、NO_2、O_3、CO）连续自动监测系统安装和验收技术规范》（HJ 193—2013）。2018 年生态环境部颁发了《环境空气气态污染物（SO_2、NO_2、O_3、CO）连续自动监测系统运行和质控技术规范》（HJ 818—2018）部分代替 HJ/T 193—2005 和《环境空气颗粒物（PM_{10}和 $PM_{2.5}$）连续自动监测系统运行和质控技术规范》（HJ 817—2018）部分代替 HJ/T 193—2005。

一、环境空气质量自动监测系统

（一）自动监测系统的组成

环境空气质量自动监测系统由监测子站、中心计算机室、质量保证实验室和系统支持实验室等四部分组成（见图 11-1）。

监测子站的主要任务：对环境空气质量和气象状况进行连续自动监测；采集、处理和存储监测数据；按中心计算机指令定时或随时向中心计算机传输监测数据和设备工作状态信息。

中心计算机室的主要任务：通过有线或无线通信设备收集各子站的监测数据和设备工作状态信息，并对所收取的监测数据进行判别、检查和存储；对采集的监测数据进行统

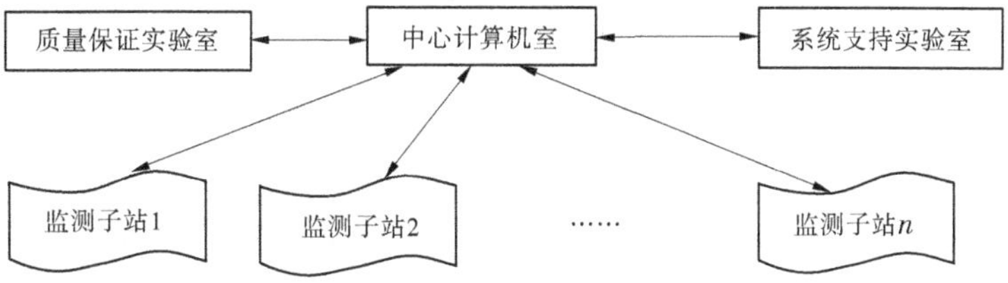

图 11-1　环境空气质量自动监测系统基本构成框图

计处理、分析；对监测子站的监测仪器进行远程诊断和校准。

质量保证实验室的主要任务：对系统所用监测设备进行标定、校准和审核；对检修后的仪器设备进行校准和主要技术指标的运行考核；制订和落实系统有关监测质量控制的措施。

系统支持实验室的主要任务：根据仪器设备的运行要求，对系统仪器设备进行日常保养、维护；及时对发生故障的仪器设备进行检修、更换。

（二）采样装置

（1）在使用多台点式监测仪器的监测子站中，除 PM_{10} 和 $PM_{2.5}$ 监测仪器单独采样外，气态污染物（SO_2、NO_2、CO、O_3）监测用多台仪器可共用一套多支路集中采样装置进行样品采集。多支路集中采样装置有两种形式，见图 11-2、图 11-3。

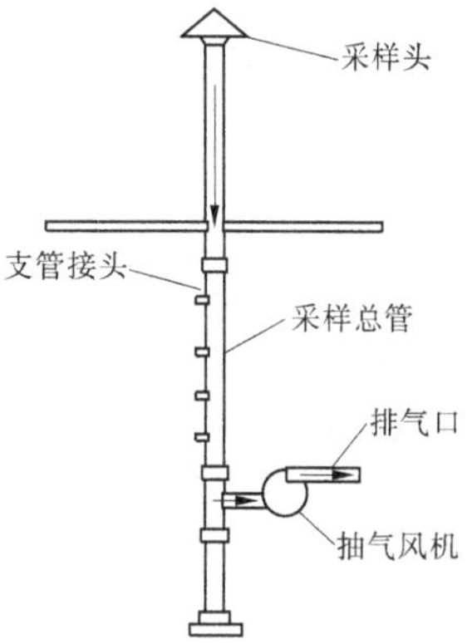

图 11-2　多支路集中采样装置结构示意图(1)

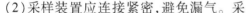

（2）采样装置应连接紧密，避免漏气。采样装置总管入口应防止雨水和粗大的颗粒物落入，同时应避免鸟类、小动物和大型昆虫进入。采样头的设计应保证采样气流不受风向影响，稳定进入总管。

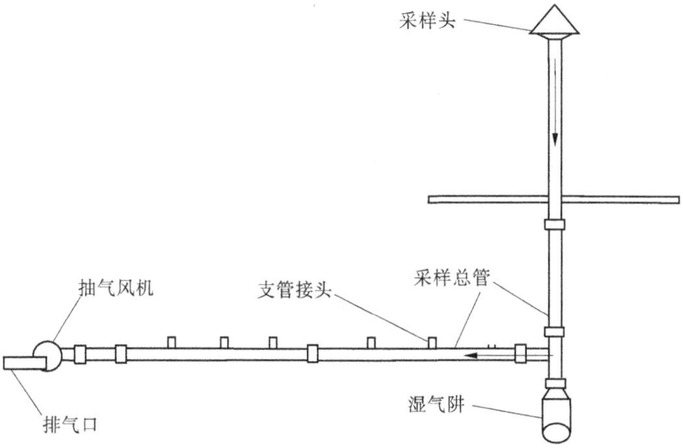

图 11-3　多支路集中采样装置结构示意图(2)

（3）采样装置的制作材料，应选用不与被监测污染物发生化学反应和不释放有干扰物质的材料。一般以聚四氟乙烯或硼硅酸盐玻璃等作为制作材料;对于只用于监测 SO_2 和 NO_2 的采样总管,也可选用不锈钢材料。

监测仪器与支管接头连接的管线也应选用不与被监测污染物发生化学反应和不释放有干扰物质的材料。

(4)采样总管内径选择在 1.5 ~ 15 cm,总管内的气流应保持层流状态,采样气体在总管内的滞留时间应小于 20 s,同时所采集气体样品的压力应接近大气压。支管接头应设置于采样总管的层流区域内,各支管接头之间间隔距离大于 8 cm。

(5)为了防止因室内外空气温度的差异而致使采样总管内壁结露对监测物质吸附,采样总管应加装保温套或加热器,加热温度一般控制在 30 ~ 50 ℃。

(6)监测仪器与支管接头连接的管线长度不能超过 3 m,同时应避免空调机的出风直接吹向采样总管和与仪器连接的支管线路。

(7)监测分析仪器与支管接头连接的管线应安装孔径小于或等于 5 μm 的聚四氟乙烯滤膜。

(8)监测仪器与支管接头连接的管线,连接总管时应伸向总管接近中心的位置。

(9)在不使用采样总管时,可直接用管线采样,但是采样管线应选用不与被监测污染物发生化学反应和不释放有干扰物质的材料,采样气体滞留在采样管线内的时间应小于 20 s。

(10)在监测子站中,虽然 PM_{10} 和 $PM_{2.5}$ 单独采样,但为防止颗粒物沉积于采样管管壁,采样管应垂直,并尽量缩短采样管长度;为防止采样管内冷凝结露,可采取加温措施,加热温度一般控制在 30 ~ 50 ℃。

二、监测点位

(一)监测点位置要求

(1)监测点位置的确定应首先进行周密的调查研究,采用间断性的监测,对本地区空气污染状况有粗略的概念后再选择监测点的位置,点位应符合相关技术规范要求。监测点的位置一经确定后应能长期使用,不宜轻易变动,以保证监测资料的连续性和可比性。

(2)在监测点周围,不能有高大建筑物、树木或其他障碍物阻碍环境空气流通,从监测点采样口到附近最高障碍物之间的水平距离,至少是该障碍物高出采样口垂直距离的 2 倍以上。

(3)监测点周围建设情况相对稳定,在相当长的时间内不能有新的建筑工地出现。

(4)监测点应地处相对安全和防火措施有保障的地方。

(5)监测点附近应无强电磁干扰,周围有稳定可靠的电力供应,通信线路方便安装和检修。

(6)监测点周围应有合适的车辆通道以满足设备运输和安装维护需要。

(7)不同功能监测点的具体位置要求应根据监测目的按照相关技术规范确定。

(二)仪器采样口位置要求

(1)采样口距地面的高度应在 3 ~ 5 m 内。

(2)在采样口周围 270°捕集空间范围内,环境空气流动应不受任何影响。

(3)针对道路交通的污染监控点,其采样口离地面的高度应在 2 ~ 5 m 内。

(4)在保证监测点具有空间代表性的前提下,若所选点位周围半径 300 ~ 500 m 内建筑物平均高度在20 m以上，无法满足(1)和(3)的高度要求，则其采样口高度可以在15～25 m内选取。

(5)采样口离建筑物墙壁、屋顶等支撑物表面的距离应大于1 m，若支撑物表面有实体围栏，采样口应高于实体围栏至少0.5 m。

(6)当设置多个采样口时，为防止其他采样口干扰颗粒物样品的采集，颗粒物采样口与其他采样口之间的水平距离应大于1 m。

(7)进行比对监测时，若参比采样器的流量小于或等于200 L/min，则采样器和监测仪的各个采样口之间的相互直线距离应在1 m左右；若参比采样器的流量大于200 L/min，则其相互直线距离应为2～4 m；使用高真空、大流量采样装置进行比对监测，其相互直线距离应为3～4 m。

三、监测站房及辅助设施

（一）一般要求

(1)新建监测站房房顶应为平面结构，坡角不大于10°，房顶安装护栏，护栏高度不低于1.2 m，并预留采样管安装孔。站房室内使用面积应不小于15 m^2。监测站房应做到专室专用。

(2)监测站房应配备通往房顶的Z字形梯或旋梯，房顶平台应有足够的空间放置参比方法比对监测的采样器，满足比对监测的需求，房顶承重应大于或等于250 kg/m^2。

(3)站房室内地面到天花板高度应不小于2.5 m，且距房顶平台高度不大于5 m。

(4)站房应有防水、防潮、隔热、保温措施，一般站房内地面应离地表或建筑房顶有25 cm以上的距离。

(5)站房应有防雷和防电磁干扰的设施。

(6)站房为无窗或双层密封窗结构，有条件时，门与仪器房之间可设有缓冲间，以保持站房内温湿度恒定，防止将灰尘和泥土带入站房内。

(7)采样装置抽气风机排气口和监测仪器排气口的位置，应设置在靠近站房下部的墙壁上，排气口离站房内地面的距离应在20 cm以上。

(8)在已有建筑物上建立站房时，应首先核实该建筑物的承重能力。

(9)监测站房如采用彩钢夹芯板搭建，应符合相关临时性建(构)筑物设计和建造要求。

(10)监测站房的设置应避免对企业安全生产和环境造成影响。

(11)站房内环境条件：温度：15～35 ℃；相对湿度：≤85%；大气压：80～106 kPa。

注：低温、低压等特殊环境条件下，仪器设备的配置应满足当地环境条件的使用要求。

（二）配电要求

(1)站房供电系统应配有电源过压、过载保护装置，电源电压波动不超过AC(220±22)V，频率波动不超过(50±1)Hz。

(2)站房应采用三相五线供电，入室处装有配电箱，配电箱内连接入室引线应分别装有三个单相15 A空气开关作为三相电源的总开关，分相使用。

(3)站房灯具安装以保证操作人员工作时有足够的亮度为原则，开关位置应方便使用。

(4)站房应依照电工规范中的要求制作保护地线，用于机柜、仪器外壳等的接地保护，接地电阻应小于4 Ω。

(5)站房的线路要求走线美观,布线应加装线槽。

(三)辅助设施要求

(1)站房内安装的冷暖式空调机出风口不能正对仪器和采样管。

(2)站房应配备自动灭火装置。

(3)站房应安装有排风扇,排风扇要求带防尘百叶窗。

(4)站房示意图见图 11-4。

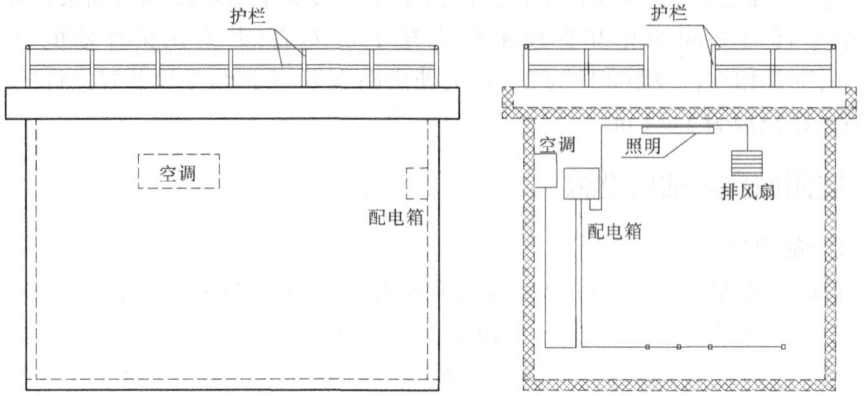

图 11-4　站房示意图

四、仪器设备配置

环境空气质量自动监测子站主要由采样装置、监测分析仪、校准设备、气象仪器、数据传输设备、子站计算机或数据采集仪及站房环境条件保证设施(空调、除湿设备、稳压电源等)等组成。图 11-5 为监测子站仪器设备配置示意图。

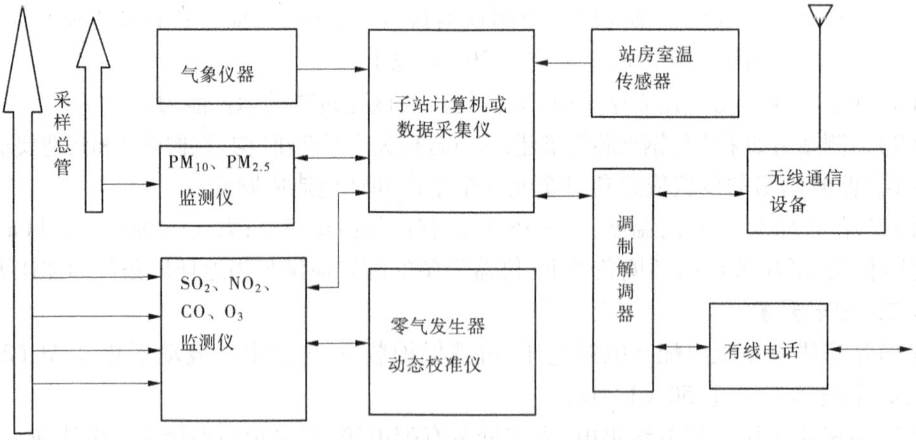

图 11-5　监测子站仪器设备配置示意图

环境空气质量自动监测系统所配置监测仪器的分析方法见表 11-1。

表 11-1　监测仪器推荐选择的分析方法

监测项目	点式监测仪器	开放光程分析仪器
NO_2	化学发光法	差分吸收光谱法
SO_2	紫外荧光法	差分吸收光谱法
O_3	紫外吸收法	差分吸收光谱法
CO	非分散红外吸收法、气体滤波相关红外吸收法	—
PM_{10}、$PM_{2.5}$	微量振荡天平法(TEOM)、β 射线法	—

第二节　环境空气颗粒物连续自动监测

一、仪器设备配置

环境空气颗粒物(PM_{10}和 $PM_{2.5}$)连续自动监测系统由采样头、采样管、采样泵和仪器主机组成,配备温度、湿度、压力检测器,其中 β 射线法颗粒物监测仪器应包括动态加热系统,振荡天平法颗粒物监测仪器应包括滤膜动态测量系统。

二、系统日常运行维护要求

(一)基本要求

环境空气自动监测仪器应全年 365 d(闰年 366 d)连续运行,停运超过 3 d 以上,须报负责该点位管理的主管部门备案,并采取有效措施及时恢复运行。需要主动停运的,须提前报负责该点位管理的主管部门批准。

在日常运行中因仪器故障需要临时使用备用监测仪器开展监测,或因设备报废需要更新监测仪器的,须于仪器更换后 1 周内报负责该点位管理的主管部门备案。

监测仪器主要技术参数(包括斜率/K 值、K_0值、截距、灵敏度等)应与仪器说明书要求和系统安装验收时的设置值保持一致。如确需对主要技术参数进行调整,应开展参数调整试验和仪器性能测试,记录测试结果并编制参数调整测试报告。主要技术参数调整须报负责该点位管理的主管部门批准。

(二)日常维护

1. 监测站房及辅助设备日常巡检

应对子站站房及辅助设备定期每周至少巡检 1 次,巡检工作主要包括以下方面:

(1)检查站房内温度是否保持在(25 ± 5)℃,相对湿度保持在 80% 以下,在冬、夏季节应注意站房内外温差,应及时调整站房温度或对采样管采取适当的温控措施,防止因温差造成采样装置出现冷凝水的现象。

(2)检查站房排风排气装置工作是否正常。

(3)检查采样头、采样管的完好性,及时对缓冲瓶内积水进行清理。

(4)各监测仪器工作参数和运行状态是否正常。振荡天平法仪器还应检查仪器测量噪声、振荡频率等指标是否在说明书规定的范围内。

(5)检查数据采集、传输与网络通信是否正常。

(6)检查各种运输工具、仪器耗材、备件是否完好齐全。

(7)检查空调、电源等辅助设备的运行状况是否正常,检查站房空调机的过滤网是否清洁,必要时进行清洗。

(8)检查各种消防、安全设施是否完好齐全。

(9)对站房周围的杂草和积水应及时清除。

(10)检查避雷设施是否正常,子站房屋是否有漏雨现象,气象杆是否损坏。

(11)记录巡检情况,巡检记录表见附录六。

2. 监测仪器设备日常维护

1)采样系统

每月至少清洁一次采样头,若遇到重污染过程或沙尘天气,还应在污染过程结束后及时清洁采样头;在受到植物飞絮、飞虫影响的季节,应增加采样头的检查和清洁频次。清洁时,应完全拆开采样头和 $PM_{2.5}$ 切割器,用蒸馏水或者无水乙醇清洁,完全晾干或用风机吹干后重新组装,组装时应检查密封圈的密封情况。

每年对采样管路至少进行一次清洁,污染较重地区可增加清洁频次。采样管清洁后必须进行气密性检查,并进行采样流量校准。

2)监测仪器

(1)β 射线法仪器。

①每周按仪器使用说明书检查监测仪器的运行状况和状态参数是否正常。

②每周检查纸带:检查纸带位置是否正常,采样斑点是否圆滑、均匀、完整;检查纸带剩余长度,当长度不足时应提前更换。

③每月清洁一次 β 射线仪器的压头及纸带下的垫块,在污染较重的季节或连续污染天气后应增加清洁频次;应使用棉签棒蘸无水乙醇进行清洁。

④每月检查颗粒物监测仪器的加热装置是否正常工作,加热温度是否正常。

⑤每月对 β 射线仪器的时钟进行检查;如仪器与数据采集仪连接,应同时检查数据采集仪的时钟。

⑥仪器说明书规定的其他维护内容。

⑦每次巡检维护均要有记录,并定期存档。

(2)振荡天平法仪器。

①每周按仪器使用说明书检查监测仪器的运行状况和状态参数是否正常。

②至少每月更换一次采样滤膜,当滤膜使用未到 1 个月而负载达到 80% 时也应更换,在高湿度条件下可适当提前更换;更换滤膜应严格依照操作步骤,轻轻按压,避免损坏锥形振荡器。

③在更换采样滤膜时更换冷凝器中的清洁空气滤膜，每月至少更换一次清洁空气滤膜。

④每半年更换一次主路过滤器滤芯、旁路过滤器滤芯和气水分离器滤芯，污染较重时应及时更换滤芯。

⑤对于加装滤膜动态测量系统的仪器，每年清洁一次基态/参比态气路切换阀；每年更换一次样品气体干燥器；当除湿性能下降，如当样品气体露点温度高于冷凝器设定值，或与冷凝器设定的温差持续小于 2 ℃时，应及时更换样品气体干燥器。

⑥每月对振荡天平法仪器的时钟进行检查；如仪器与数据采集仪连接，应同时检查数据采集仪的时钟。

⑦仪器说明书规定的其他维护内容。

⑧每次巡检维护均要有记录，并定期存档。

三、故障检修

对出现故障的仪器设备应进行针对性的检查和维修。

(1)根据仪器厂商提供的维修手册要求，开展故障判断和检修。

(2)对于在现场能够诊断明确，并且可以通过简单更换备件解决的仪器故障，应及时检修并尽快恢复正常运行。

(3)对于不能在现场完成故障检修的仪器，应送至系统支持实验室进行检查和维修，并及时采用备用仪器开展监测。

(4)每次故障检修完成后，应对仪器进行校准。

(5)每次故障检修完成后，应对检修、校准和测试情况进行记录并存档。

四、数据有效性判断

(1)监测系统正常运行时的所有监测数据均为有效数据，应全部参与统计。

(2)对仪器进行检查、校准、维护保养或仪器出现故障等非正常监测期间的数据为无效数据；仪器启动至仪器预热完成时段内的数据为无效数据。

(3)低浓度环境条件下监测仪器技术性能范围内的零值或负值为有效数据，应采用修正后的值(2 $\mu g/m^3$)参加统计。在仪器故障、运行不稳定或其他监测质量不受控情况下出现的零值或负值为无效数据，不参加统计。

(4)对于缺失和判断为无效的数据均应注明原因，并保留原始记录。

第三节 环境空气气态污染物连续自动监测

一、仪器设备配置

环境空气气态污染物(SO_2、NO_2、O_3、CO)连续自动监测系统分为点式连续监测系统和开放光程连续监测系统。点式连续监测系统由采样装置、校准设备、分析仪器、数据采集和传输设备组成；开放光程连续监测系统由测量光路、校准单元、分析仪器、数据采集和传输设备等组成。质量保证实验室基本仪器设备配置清单见表 11-2。

表 11-2　质量保证实验室基本仪器设备配置清单

编号	仪器名称	技术要求	数量	用途
1	与子站监测项目相同的监测分析仪器	与子站监测分析仪器的技术性能指标相同或优于子站监测分析仪器	1 套	量值传递
2	标准气体	国家有证标准物质或标准样品	1 套	量值传递
3	零气发生器	符合 HJ 654—2013 的相关要求	1 套	量值传递
4	动态气体校准仪	符合 HJ 654—2013 的相关要求	1 套	量值传递
5	臭氧校准仪	配置臭氧发生器、臭氧光度计及反馈装置	2 套	量值传递
6	流量计	0～500 mL/min,1 级	2 套	量值传递
7	流量计	0～5 L/min,1 级	2 套	量值传递
8	流量计	0～20 L/min,1 级	2 套	量值传递
9	标准温度计	1 级,分辨率达到 ±0.1 ℃	1 个	量值传递
10	压力计	1 级	1 块	气路检查
11	有毒气体泄漏报警器	能够对 SO_2、NO_2、O_3、CO 等气体开展监测并报警	1 套	实验室安全防护

二、系统日常运行维护要求

(一)基本要求

同"环境空气颗粒物(PM_{10}和 $PM_{2.5}$)连续自动监测"基本要求。

(二)日常维护

1. 子站日常巡检

与"环境空气颗粒物(PM_{10}和 $PM_{2.5}$)连续自动监测"子站日常巡检基本一致,还应包括以下三个方面:

(1)检查采样支管是否存在冷凝水,如果存在冷凝水应及时进行清洁干燥处理。

(2)检查标气钢瓶阀门是否漏气,检查标气消耗情况。

(3)对采样或监测光束有影响的树枝应及时进行剪除。

2. 监测仪器设备日常维护

应对监测子站的仪器设备进行定期维护,主要内容包括:

(1)每日远程查看仪器工作状态量,发现异常时,应及时对仪器相关部件进行维护或更换。

(2)根据仪器说明书的要求,定期检查、清洗仪器内部的滤光片、限流孔、反应室、气路管路等关键部件。重污染天气后应及时检查和清洗。

(3)按仪器说明书的要求,定期更换监测仪器中的紫外灯、光电倍增管、制冷装置、转换炉、发射光源(氙灯)和抽气泵膜等关键零部件;更换后应对仪器重新进行校准,并进行仪器性能测试,测试合格后,方可投入使用。

(4)仪器配备的干燥剂等应每周进行检查,及时更换。

(5)根据仪器说明书的要求,定期更换和清洁仪器设备中的过滤装置,采样支管与监测仪器连接处的颗粒物过滤膜,一般情况下每2周更换1次,颗粒物浓度较高地区或浓度较高季节,应视颗粒物过滤膜实际污染情况加大更换频次。

(6)采样总管每年至少清洁1次,每次清洁后,应进行检漏测试。

(7)采样支管每半年至少清洁1次,必要时更换。

(8)每月按仪器说明书的要求对采样支管和仪器气路进行气密性检查。

(9)开放光程监测仪器每周至少进行1次系统自动检查、光路检查、氙灯风扇和光强检查,若发现光强明显偏低,应立即查明原因并及时排除故障。发射/接收端的前窗玻璃窗镜至少每个月清洗1次,清洁时应避免损坏镜头表面的镀膜。一般情况下,氙灯每6个月更换1次,最长更换周期不得超过1年。

三、故障检修

对出现故障的仪器设备应进行针对性的检查和维修。其中(4)条与“环境空气颗粒物(PM_{10}和$PM_{2.5}$)连续自动监测”要求的(1)、(2)、(3)、(5)相同,此外,对泵膜、散热风扇、气路接头或接插件等普通易损件维修后,应进行零/跨校准。对机械部件、光学部件、检测部件和信号处理部件等关键部件维修后,应进行校准和仪器性能测试,测试合格后,方可投入使用。

四、数据有效性判断

(1)、(2)、(4)同“环境空气颗粒物(PM_{10}和$PM_{2.5}$)连续自动监测”有效性判断。

(3)对于每天进行自动检查/校准的仪器,发现仪器零点漂移或跨度漂移超出漂移控制限,从发现超出控制限的时刻算起,到仪器恢复至控制限以下时段内的监测数据为无效数据。

(5)对于手工校准的仪器,发现仪器零点漂移或跨度漂移超出漂移控制限,从发现超出控制限时刻的前24 h算起,到仪器恢复至控制限以下时段内的监测数据为无效数据。

(6)在监测仪器零点漂移控制限内的零值或负值,应采用修正后的值参与统计。修正规则为:SO_2修正值为3 $\mu g/m^3$,NO_2修正值为2 $\mu g/m^3$,CO修正值为0.3 mg/m^3,O_3修正值为2 $\mu g/m^3$。在仪器故障、运行不稳定或其他监测质量不受控情况下出现的零值或负值为无效数据,不参与统计。

第四节　空气质量指数

环境空气质量自动监测的数据要开展空气质量指数评价,并通过网络公开发布。在我国先后使用了API(Air Pollution Index,API)和AQI(Air Quality Index,AQI)两个空气质量评价指数,其中API是根据1996年颁布的空气质量“旧标准”《环境空气质量标准》(GB 3095—1996)制定的空气质量评价指数,评价指标有二氧化硫、二氧化氮、可吸入颗粒物(PM_{10})3项污染物。但从2011年末开始,多个城市出现严重雾霾天气,市民的实际感受与API显示出的良好形势反差强烈,呼吁改进空气评价标准的呼声日趋强烈。雾霾

的形成主要与 $PM_{2.5}$(粒径小于或等于 2.5 μm 的颗粒物)有关。此外,反映机动车尾气造成的光化学污染的臭氧指标,也没有纳入到 API 的评价体系中。为此,空气质量“新标准”《环境空气质量标准》(GB 3095—2012)在 2012 年出台,对应的空气质量评价体系也变成了 AQI。“污染指数”变成了“质量指数”,在 API 的基础上增加了细颗粒物($PM_{2.5}$)、臭氧(O_3)、一氧化碳(CO)三种污来物指标,发布频率也从每天一次变成每小时一次。

一、空气质量指数的定义

空气质量指数(AQI)是定量描述空气质量状况的无量纲指数。针对单项污染物还规定了空气质量分指数(IAQI),目前我国计入空气质量指数的项目暂定为二氧化硫、二氧化氮、一氧化碳、臭氧、PM_{10}和 $PM_{2.5}$。

根据《环境空气质量指数(AQI)技术规定(试行)(HJ 633—2012)规定:空气污染指数划分为 0~50、51~100、101~150、151~200、201~300 和 >300 六挡,对应于空气质量的六个级别,指数越大,级别越高,说明污染越严重,对人体健康的影响也越明显。AQI 分级及其相关信息见表 11-3。

表 11-3 AQI 分级及相关信息

空气质量指数	空气质量级别	空气质量状况及表示颜色		对健康的影响	建议采取的措施
0~50	一级	优	绿色	空气质量令人满意,基本无空气污染	各类人群可正常活动
51~100	二级	良	黄色	空气质量可接受,但某些污染物可能对极少数异常敏感人群健康有较弱影响	极少数异常敏感人群应减少户外活动
101~150	三级	轻度污染	橙色	易感人群症状有轻度加剧,健康人群出现刺激症状	儿童、老年人及心脏病、呼吸系统疾病患者应减少长时间、高强度的户外锻炼
151~200	四级	中度污染	红色	进一步加剧易感人群症状,可能对健康人群心脏、呼吸系统有影响	疾病患者避免长时间、高强度的户外锻炼,一般人群适量减少户外运动
201~300	五级	重度污染	紫色	心脏病和肺病患者症状显著加剧,运动耐受力降低,健康人群普遍出现症状	儿童、老年人和心脏病、肺病患者应停留在室内,停止户外运动,一般人群应减少户外运动
>300	六级	严重污染	褐红色	健康人群运动耐受力降低,有明显强烈症状,提前出现某些疾病	儿童、老年人和病人应当留在室内,避免体力消耗,一般人群应避免户外活动

注:依据为《环境空气质量指数(AQI)技术规定(试行)》(HJ 633—2012)。

二、空气质量指数及首要污染物确定

(一)空气质量指数的计算

$$AQI = \max\{IAQI_1, IAQI_2, IAQI_3, \cdots, IAQI_n\} \tag{11-1}$$

式中　$IAQI_x$——空气质量分指数($x=1,2,\cdots,n$);

n——空气污染项目。

(二)空气质量分指数的计算

当某种污染物浓度 $BP_L \leqslant C_P \leqslant BP_H$时,采用内插法即可求得其空气质量分指数,相应公式为

$$IAQI_P = \frac{IAQI_{Hi} - IAQI_{Lo}}{BP_{Hi} - BP_{Lo}}(C_P - BP_{Lo}) + IAQI_{Lo} \tag{11-2}$$

式中　$IAQI_P$——污染物项目 P 的空气质量分指数;

C_P——污染物项目 P 的质量浓度值;

BP_{Hi},BP_{Lo}——表 11-4 中与 C_P最接近的标准浓度限值的高、低位值;

$IAQI_{Hi}$,$IAQI_{Lo}$——表 11-4 中 BP_{Hi}、BP_{Lo}分别对应的空气质量分指数。

表 11-4　空气质量分指数对应的污染物项目浓度限值

空气质量分指数 IAQI	污染物项目浓度限值									
	二氧化硫(SO_2) 24 h 平均 (μg/m³)	二氧化硫(SO_2) 1 h 平均 (μg/m³)①	二氧化氮(NO_2) 24 h 平均 (μg/m³)	二氧化氮(NO_2) 1 h 平均 (μg/m³)①	颗粒物(粒径小于或等于10 μm) 24 h 平均 (μg/m³)	一氧化碳(CO) 24 h 平均 (mg/m³)	一氧化碳(CO) 1 h 平均 (mg/m³)①	臭氧(O_3) 1 h 平均 (μg/m³)	臭氧(O_3) 8 h 滑动平均 (μg/m³)	颗粒物(粒径小于或等于2.5 μm) 24 h 平均 (μg/m³)
0	0	0	0	0	0	0	0	0	0	0
50	50	150	40	100	50	2	5	160	100	35
100	150	500	80	200	150	4	10	200	160	75
150	475	650	180	700	250	14	35	300	215	115
200	800	800	280	1 200	350	24	60	400	265	150
300	1 600	②	565	2 340	420	36	90	800	800	250
400	2 100	②	750	3 090	500	48	120	1 000	③	350
500	2 620	②	940	3 840	600	60	150	1 200	③	500
说明	①表示二氧化硫(SO_2)、二氧化氮(NO_2)和一氧化碳(CO)的 1 h 平均浓度限值仅用于实时报,在日报中需使用相应污染物的 24 h 平均浓度限值。 ②二氧化硫(SO_2)1 h 平均浓度值高于 800 μg/m³的,不再进行其空气质量分指数计算,二氧化硫(SO_2)空气质量分指数按 24 h 平均浓度计算的分指数报告。 ③臭氧(O_3)8 h 平均浓度值高于 800 μg/m³的,不再进行其空气质量分指数计算,臭氧(O_3)空气质量分指数按 1 h 平均浓度计算的分指数报告									

（三）首要污染物的确定

当 IAQI > 50 时，IAQI 最大的污染物为首要污染物；若 IAQI 最大的污染物为两项或以上，则并列为首要污染物。

当 IAQI > 100 时，对应污染物为超标污染物。

习题与练习题

1. 环境空气质量连续自动监测系统由哪些组成部分？
2. 环境空气质量连续自动监测项目有哪些？
3. 对环境空气质量连续自动监测站如何进行日常运行和维护？
4. 如何发布 AQI 信息？
5. 某市 2018 年 7 月 10 日测得空气中污染物浓度如下：$PM_{2.5}$ 120 μg/m^3（24 h 平均）、SO_2 82 μg/m^3、NO_2 65 μg/m^3、CO 1.8 mg/m^3、O_3 180 μg/m^3（除 O_3 为 8 h 滑动平均外，其余均为 24 h 平均）。试计算当天该市的空气质量指数 AQI。

附　录

附录一　孔口流量计流量校准

新购置或维修后的采样器在启用前应进行流量校准；正常使用的采样器每月需进行一次流量校准。采用传统孔口流量计和智能流量校准器的操作步骤分别介绍如下。

一、孔口流量计

（1）从气压计、温度计分别读取环境大气压和环境温度；

（2）将采样器采气流量换算成标准状态下的流量，计算公式如下：

$$Q_n = Q \times \frac{P_1 \times T_n}{P_n \times T_1} \tag{1}$$

式中　Q_n——标准状态下的采样器流量，m^3/min；

Q——采样器采气流量，m^3/min；

P_1——流量校准时环境大气压力，kPa；

T_n——标准状态下的绝对温度，273 K；

T_1——流量校准时环境温度，K；

P_n——标准状态下的大气压力，101.325 kPa。

（3）将计算的标准状态下流量 Q_n 代入下式，求出修正项 y：

$$y = b \times Q_n + \alpha \tag{2}$$

式中：斜率 b 和截距 α 由孔口流量计的标定部门给出。

（4）计算孔口流量计压差值 ΔH（Pa）：

$$\Delta H = \frac{y^2 \times P_n \times T_1}{P_1 \times T_n} \tag{3}$$

（5）打开采样头的采样盖，按正常采样位置，放一张干净的采样滤膜，将大流量孔口流量计的孔口与采样头密封连接。孔口的取压口接好 U 形压差计。

（6）接通电源，开启采样器，待工作正常后，调节采样器流量，使孔口流量计压差值达到计算的 ΔH，并填定记录表格，见附表 1。

附表 1　采样器流量校准记录表

校准日期	采样器编号	采样器采气流量 Q	孔口流量计编号	环境温度 T_1(K)	环境大气压力 P_1(kPa)	孔口流量计压差值 ΔH(Pa)	校准人

注：大流量采样器流量单位为 m^3/min，中小流量采样器流量单位为 L/min。

二、智能流量校准器

（一）工作原理

孔口取压嘴处的压力经硅胶管连至校准器取压嘴，传递给微压差传感器。微压差传感器输出压力电信号，经放大处理后由 A/D 转换器将模拟电压转换为数字信号。经单片机计算处理后，显示流量值。

（二）操作步骤

（1）从气压计、温度计分别读取环境大气压力和环境温度。

（2）将智能孔口流量校准器接好电源，开机后进入设置菜单，输入环境温度和压力值（温度值单位是绝对温度，即温度 = 环境温度 + 273；大气压值单位为 kPa），确认后退出。

（3）选择合适流量范围的工作模式，距仪器开机超过 2 min 后方可进入测量菜单。

（4）打开采样器的采样盖，按正常采样位置，放一张干净的采样滤膜，将智能流量校准器的孔口与采样头密封连接，待液晶屏右上角出现电池符号后，将仪器的取压嘴和孔口取压嘴相连后，按测量键，液晶屏将显示工况瞬时流量和标况瞬时流量。显示 10 次后结束测量模式，仪器显示此段时间内的平均值。

（5）调整采样器流量至设定值。

采用上述两种方法校准流量时，要确保气路密封连接。流量校准后，如发现滤膜上尘的边缘轮廓不清晰或滤膜安装歪斜等情况，表明可能造成漏气，应重新进行校准。校准合格的采样器，即可用于采样，不得再改动调节器状态。

附录二　颗粒物中金属元素的测定

颗粒物中金属元素测定的各元素方法检出限和测定下限，见附表 2、附表 3。

附表 2　（石英滤膜基体）方法检出限和测定下限

元素	测量波长（nm）	微波消解				电热板消解			
		方法检出限		测定下限		方法检出限		测定下限	
		μg/L	μg/m³	μg/L	μg/m³	μg/L	μg/m³	μg/L	μg/m³
铝 Al	396.153	66	0.03	260	0.088	36	0.012	140	0.048
银 Ag	328.068	9	0.003	36	0.012	9	0.003	36	0.012
砷 As	193.696	12	0.004	48	0.016	14	0.005	56	0.019
钡 Ba	233.527	4	0.02	16	0.005	7	0.003	28	0.009
铍 Be	313.107	8	0.003	32	0.011	10	0.004	40	0.013
铋 Bi	223.061	18	0.006	72	0.024	11	0.004	44	0.015
钙 Ca	317.933	200	0.07	400	0.27	59	0.02	240	0.080
镉 Cd	228.802	9	0.003	36	0.012	10	0.004	40	0.013
钴 Co	228.616	7	0.003	28	0.009	13	0.005	52	0.017
铬 Cr	267.716	18	0.006	72	0.024	11	0.004	44	0.015
铜 Cu	327.393	7	0.003	28	0.009	15	0.005	60	0.020
铁 Fe	238.204	71	0.03	280	0.096	83	0.03	330	0.11
钾 K	766.490	38	0.02	150	0.052	36	0.02	140	0.048
镁 Mg	285.213	73	0.03	290	0.096	30	0.01	120	0.040
锰 Mn	257.610	7	0.003	28	0.009	3	0.001	12	0.004
钠 Na	589.592	130	0.05	520	0.17	71	0.03	280	0.096
镍 Ni	231.604	12	0.04	48	0.016	7	0.003	28	0.009
铅 Pb	220.353	14	0.05	56	0.019	8	0.003	32	0.011
锶 Sr	407.771	9	0.003	36	0.012	4	0.002	16	0.005
锡 Sn	189.927	28	0.01	112	0.037	29	0.01	116	0.039
锑 Sb	206.836	12	0.004	48	0.016	8	0.003	32	0.011
钛 Ti	334.940	9	0.003	36	0.012	2	0.001	8	0.003
钒 V	292.464	11	0.004	44	0.015	6	0.002	24	0.008
锌 Zn	206.200	36	0.02	144	0.048	11	0.004	44	0.015

注：按空气采样量为 150 m³（标准状态）进行计算。样品预处理采用硝酸－盐酸混合溶液定容体积为 50.0 mL。

附表3 （石英滤筒基体）方法检出限和测定下限

元素	测量波长(nm)	微波消解				电热板消解			
		方法检出限		测定下限		方法检出限		测定下限	
		μg/L	μg/m³	μg/L	μg/m³	μg/L	μg/m³	μg/L	μg/m³
银 Ag	328.068	7	0.6	28	2	26	2	104	9
砷 As	193.696	22	2	48	7	11	0.9	44	4
钡 Ba	233.527	7	0.6	28	2	3	0.3	12	1
铍 Be	313.107	8	0.7	32	3	23	2	92	8
铋 Bi	223.061	9	0.80	36	3	24	2	96	8
镉 Cd	228.802	10	0.8	40	3	10	0.8	40	3
钴 Co	228.616	10	0.8	40	3	24	2	96	8
铬 Cr	267.716	23	2	92	8	45	4	180	15
铜 Cu	327.393	10	0.8	40	3	11	0.9	44	4
锰 Mn	257.610	11	0.9	44	4	24	2	96	8
镍 Ni	231.604	12	1	48	4	11	0.9	44	4
铅 Pb	220.353	23	2	92	8	14	2	56	5
锶 Sr	407.771	4	0.3	16	1	25	2	100	8
锡 Sn	189.927	24	2	96	8	28	2	112	9
锑 Sb	206.836	9	0.8	36	3	10	0.8	40	3
钛 Ti	334.940	11	0.9	44	4	26	2	104	9
钒 V	292.464	10	0.8	40	3	8	0.7	32	3
锌 Zn	206.200	33	3	132	11	12	1	48	4

注：按污染源废气采样量为0.600 m³（标准状态干烟气）进行计算。样品预处理采用硝酸－盐酸混合溶液定容体积为50.0 mL。

颗粒物中金属元素测定的推荐的各元素测量波长见附表4。

附表4　推荐的各元素测量波长

元素	测量波长(nm)			元素	测量波长(mm)		
	Ⅰ	Ⅱ	Ⅲ		Ⅰ	Ⅱ	Ⅲ
铝 Al	396.153	308.215	394.401	钾 K	766.490	404.721	769.896
银 Ag	328.068	338.289	243.778	镁 Mg	285.213	279.077	280.271
砷 As	193.696	188.979	197.197	锰 Mn	257.610	259.372	260.568
钡 Ba	233.527	455.403	493.408	钠 Na	589.592	330.237	588.995
铍 Be	313.107	313.042	234.861	镍 Ni	231.604	221.648	232.003
铋 Bi	223.061	306.766	222.821	铅 Pb	220.353	217.000	283.306
钙 Ca	317.933	315.887	393.366	锶 Sr	407.771	421.552	460.733
镉 Cd	228.802	214.440	226.502	锡 Sn	189.927	235.485	283.998
钴 Co	228.616	238.892	230.786	锑 Sb	206.836	217.582	231.146
铬 Cr	267.716	205.560	283.563	钛 Ti	334.940	336.121	337.279
铜 Cu	327.393	324.752	224.700	钒 V	292.464	310.230	290.880
铁 Fe	238.204	239.562	259.939	锌 Zn	206.200	213.857	202.548

附录三　转子流量计流量校准

一、皂膜流量计体积刻度校准

皂膜流量计由一根标有体积刻度、下端有支管的玻璃管和橡皮球组成。橡皮球内装皂液，当用手挤压橡皮球时，皂液上升，支管进来的气体吹起皂膜在玻璃管内缓慢上升。用秒表准确记录皂膜通过一定体积时所需时间，以此计算流量。由于皂膜本身重量轻，当其在沿管壁移动时摩擦力极小，并有很好的气密性，再加上体积和时间可以准确测量，所以皂膜流量计是一种测量气体流量较为准确的量具，用其来做其他流量计的校准，是最简单可靠的方法，在很宽的流量范围内，误差皆小于1%。用称量水重的方法测量体积，可以得到很精确的结果。如果做精密测量，还应考虑水蒸气压力的修正。皂膜流量计主要误差来源是时间的测量，因此要求皂膜有足够长的时间通过刻度区。皂膜上升速度不宜超过4 cm/s，气流必须稳定，流经两刻度间的时间最好能到达30 s以上，最低不得少于10 s，小流量管径细些（如内径1 cm、长25 cm），大流量管径粗些（如内径10 cm，长100～150 cm），根据以上基本要求可以设计测定流量每分钟几毫升到几十升的皂膜流量计。

（一）仪器

（1）皂膜流量计：标称容量为250 mL或500 mL。

（2）容量瓶：250 mL或500 mL，体积已校准。

（3）天平：最大称量1 000 g，感量0.05 g。

（4）其他：配套橡胶管、止水夹或活塞、固定支架等。

（二）校正步骤

（1）将皂膜流量计管固定在一个支架上，下端橡胶管接一活塞，注水后排除管内的气泡（见附图1）。

（2）称量一个与皂膜流量计标称容量相同的空容量瓶，称量精确度0.05 g。

（3）将皂膜流量计内装满蒸馏水静置1 h，使水温与室温相一致，控制活塞放水，使弯月面底部恰好与上刻度线相切，记录当时的水温。

（4）将皂膜流量计内两刻度线间的水放入已称重的容量瓶中，盖塞再称重。

（5）重复前3项步骤3次，将结果记录在附表5中。

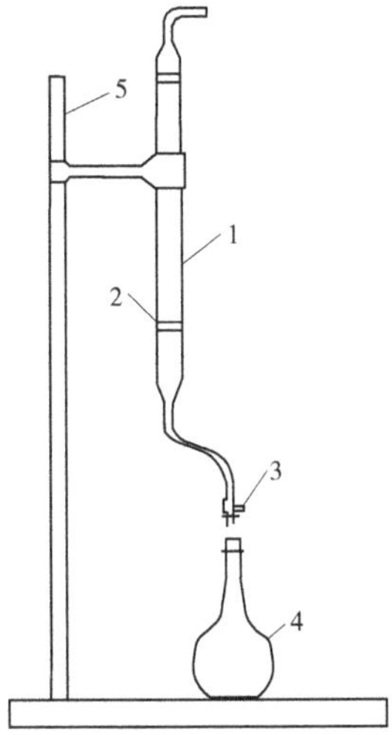

1—皂膜流量计管；2—刻度线；3—活塞；4—容量瓶；5—支架

附图1　皂膜流量计

附表 5　皂膜流量计体积校正记录表

皂膜流量计号______　标称体积______　校正者______　校正日期______

皂膜流量计刻度	水温 t(℃)	容量瓶质量 m_1(g)	容量瓶 + 水质量 m_2(g)	体积 $V_d=\dfrac{m_2-m_1}{D_t}$

注：D_t为在校准温度时水的密度。

二、采样系统中转子流量计的校准

(一)仪器与试剂

(1)秒表：分度值为 0.1 s。

(2)皂膜流量计：250 mL 或 500 mL，体积已校准；皂膜捕集器、吸收管。

(3)带转子流量计的空气采样器：流量范围 0 ~ 2 L/min。

(4)纯水、洗洁精及其他辅助工具。

(二)准备工作

(1)清洗皂膜流量计，使其内壁不挂珠。

(2)配制皂液：用少量洗洁精加纯水混合成稀溶液，能够产生气泡即可。

(三)校准步骤

(1)按照附图 2 连接好采样系统，皂膜流量计连接在装有吸收液的吸收管进气口前面，启动采样器，检查并确保系统不漏气。为避免皂液进入吸收管中，在皂膜流量计及吸收管中间连接一个皂液捕集器。

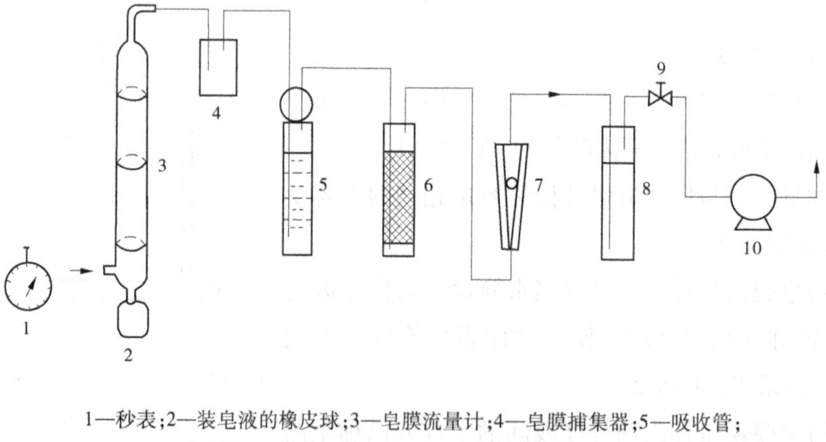

1—秒表；2—装皂液的橡皮球；3—皂膜流量计；4—皂膜捕集器；5—吸收管；
6—干燥器；7—转子流量计；8—缓冲瓶；9—针阀；10—抽气泵

附图 2　用皂膜流量计校准采样系统中的转子流量计

(2)启动空气采样器，调节转子流量计的浮子在满量程的约 20% 位置，记录室温和大气压力。

(3)反复捏皂膜流量计下面的橡皮球，使皂膜流量计进气口与皂液面接触，形成皂膜,气体推动皂膜缓缓上升直至皂膜流量计内壁完全被皂膜润湿。

(4)捏一下皂膜流量计下面的橡皮球,使单个完整的皂膜能通过整个皂膜流量计管而不破裂,用秒表记录通过皂膜流量计上下刻度线的时间。

重复操作3次,计时误差应小于±0.2 s。

(5)重复步骤(2)、(4),校准转子流量计5个刻度点,从低流量到高流量,将结果记录在附表6中。

附表6　采样系统转子流量计的流量校准记录表

采样器型号______　皂膜流量计号______　校准者______　校准日期______　校准地点______

系统流路编号	转子流量计读数(L/min)	皂膜流经体积 V_m(mL)	流经时间 τ_i(s)	平均流经时间 $\bar{\tau}_i$(s)	标准体积 V_s(mL)	标准状态的平均流量 Q_s(mL/min)

校准时大气压力(P_b)____ kPa;室温(t)____℃;绝对温度(T_m)____ K;水的饱和蒸汽压(P_v)____ kPa

$$\bar{\tau}=\frac{1}{3}\sum_{i=1}^{3}\tau_i \quad V_s=V_m\cdot\frac{P_b-P_v}{101.325}\frac{273}{T_m} \quad Q_s=\frac{V_s}{\bar{\tau}}$$

(6)以流量计5个点读数对应校准所得标准状态平均流量,绘制校准曲线,并用曲线尺描出通过各点的一条平滑曲线,使全部数据点都在最佳曲线±5%以内。

当使用时的绝对温度(T'_m)和大气压力(P'_s)与校准时的不同时,应用下式将流量值换算成标准状态的流量(Q'_s)。

$$Q'_s=Q_s\sqrt{\frac{P'_s}{101.325}\frac{273}{T'_m}} \tag{4}$$

附录四　除烃空气制备

国家标准中除烃空气的制备有两种方法:一是通过除烃净化装置制备;二是用高纯氮气和高纯氧气制备。

一、用除烃净化装置制备除烃空气

(一)试剂与材料

(1)钯催化剂:氯化钯($PdCl_2$),AR。

(2)硅胶:AR。

(3)碱石棉:AR。

(4)活性炭。

(5)5A 分子筛:AR。

(6)钯-6201 催化除烃装置,见附图 3。

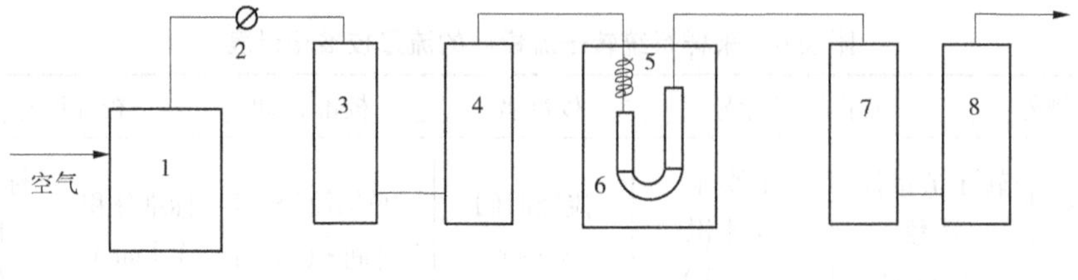

1—无油压缩机;2—稳流阀;3—硅胶及 5A 分子筛;4—活性炭;5—1 m 预热管;
6—高温管式炉(450~500 ℃);7—硅胶及 5A 分子筛;8—烧碱石棉

附图 3 除烃净化空气装置图(钯催化剂)

(二)除烃空气的制备过程

1. 钯-6201 催化剂的制备

取一定量氯化钯($PdCl_2$),在酸性条件下用去离子水将其溶解,溶液用量要能浸没 10 g 6201 担体(60~80 目)为宜。放置 2 h,在轻轻搅拌下将其蒸干,然后装入 U 形管内,置于加热炉中,在 100 ℃通入空气烘干 30 min,再升温至 500 ℃灼烧 4 h,然后将温度降至 400 ℃,用氨气置换 10 min 后,再通入氢气还原 9 h。再用氮气置换 10 min,即得到黑褐色钯-6201 催化剂。

2. 除烃催化管的制备

U 形管为内径 4 mm 的不锈钢管,内装 10 g 催化剂钯-6201,床层高 7~8 cm,在 U 形管前接 1 m 长、内径 4 mm 的不锈钢预热管。

3. 除烃空气的制备与检验

将室内空气或空气钢瓶通过除烃净化空气装置,炉温升至 450~500 ℃,温度恒定 2 h 后,去除烃净化空气至色谱柱测定,总烃含量(含氧峰)≤0.4 mg/m^3(以甲烷计),或去除烃净化空气至 GDX-502 柱色谱测定无峰,即认为除烃完全。

二、用高纯氮气和高纯氧气制备除烃空气

(一)试剂与材料

(1)高纯氮气:纯度≥99.999%。

(2)高纯氧气:纯度≥99.999%。

(3)玻璃针筒:100 mL,若干。

(二)除烃空气的制备过程

取 100 mL 玻璃针筒,放入一片硬质聚四氟乙烯小片,按 4∶1的体积比抽取高纯氮气和高纯氧气于玻璃针筒中,混匀即可。检验方法同上。

附录五　挥发性有机物的测定

当采样体积为 2 L 时,35 种目标物的方法检出限和测定下限,见附表 7。

附表 7　目标物的方法检出限和测定下限

序号	化合物中文名称	检出限(μg/m³)	测定下限(μg/m³)
1	1,1-二氯乙烯	0.3	1.2
2	1,1,2-三氯-1,2,2-三氟乙烷	0.5	2.0
3	氯丙烯	0.3	1.2
4	二氯甲烷	1.0	4.0
5	1,1-二氯乙烷	0.4	1.6
6	顺式-1,2-二氯乙烯	0.5	2.0
7	三氯甲烷	0.4	1.6
8	1,1,1-三氯乙烷	0.4	1.6
9	四氯化碳	0.6	2.4
10	1,2-二氯乙烷	0.8	3.2
11	苯	0.4	1.6
12	三氯乙烯	0.5	2.0
13	1,2-二氯丙烷	0.4	1.6
14	顺式-1,3-二氯丙烯	0.5	2.0
15	甲苯	0.4	1.6
16	反式-1,3-二氯丙烯	0.5	2.0
17	1,1,2-三氯乙烷	0.4	1.6
18	四氯乙烯	0.4	1.6
19	1,2-二溴乙烷	0.4	1.6
20	氯苯	0.3	1.2
21	乙苯	0.3	1.2
22	间,对二甲苯	0.6	2.4
23	邻二甲苯	0.6	2.4
24	苯乙烯	0.6	2.4
25	1,1,2,2-四氯乙烷	0.4	1.6
26	4-乙基甲苯	0.8	3.2
27	1,3,5-三甲基苯	0.7	2.8
28	1,2,4-三甲基苯	0.8	3.2
29	1,3-二氯苯	0.6	2.4
30	1,4-二氯苯	0.7	2.8
31	苄基氯	0.7	2.8
32	1,2-二氯苯	0.7	2.8
33	1,2,4-三氯苯	0.7	2.8
34	六氯丁二烯	0.6	2.4

35 种目标物的出峰顺序、定量离子和辅助离子信息，见附表 8。

附表 8 目标物的测定参考信息

序号	化合物中文名称	CAS No.	定量离子	辅助离子
1	1,1 - 二氯乙烯	75 - 35 - 4	61	96,63
2	1,1,2 - 三氯 - 1,2,2 - 三氟乙烷	76 - 13 - 1	151	101,103
3	氯丙烯	107 - 05 - 1	41	39,76
4	二氯甲烷	75 - 09 - 2	49	84,86
5	1,1 - 二氯乙烷	75 - 34 - 3	63	65
6	顺式 - 1,2 - 二氯乙烯	156 - 59 - 2	61	96,98
7	三氯甲烷	67 - 66 - 3	83	85,47
8	1,1,1 - 三氯乙烷	71 - 55 - 6	97	99,61
9	四氯化碳	56 - 23 - 5	117	119
10	1,2 - 二氯乙烷	107 - 06 - 2	62	64
11	苯	71 - 43 - 2	78	77,50
12	三氟乙烯	79 - 01 - 6	130	132,95
13	1,2 - 二氯丙烷	78 - 87 - 5	63	41,62
14	顺式 - 1,3 - 二氯丙烯	542 - 75 - 6	75	39,77
15	甲苯	108 - 88 - 3	91	92
16	反式 - 1,3 - 二氯丙烯	542 - 75 - 6	75	39,77
17	1,1,2 - 三氯乙烷	79 - 00 - 5	97	83,61
18	四氯乙烯	127 - 18 - 4	166	164,131
19	1,2 - 二溴乙烷	106 - 93 - 4	107	109
20	氯苯	108 - 90 - 7	112	77,114
21	乙苯	100 - 41 - 4	91	106
22	间,对 - 二甲苯	108 - 38 - 3 106 - 42 - 3	91	106
23	邻 - 二甲苯	95 - 47 - 6	91	106
24	苯乙烯	100 - 42 - 5	104	78,103
25	1,1,2,2 - 四氯乙烷	630 - 20 - 6	83	85
26	4 - 乙基甲苯	622 - 96 - 8	105	120
27	1,3,5 - 三甲基苯	108 - 67 - 8	105	120
28	1,2,4 - 三甲基苯	95 - 63 - 6	105	120
29	1,3 - 二氯苯	541 - 73 - 1	146	148,111
30	1,4 - 二氯苯	106 - 46 - 7	146	148,111
31	苄基氯	100 - 44 - 7	91	126
32	1,2 - 二氯苯	95 - 50 - 1	146	148,111
33	1,2,4 - 三氯苯	120 - 82 - 1	180	182,184
34	六氯丁二烯	87 - 68 - 3	225	227,223

附录六　运行和质控记录表

空气监测子站巡检记录表见附表9。

附表9　空气监测子站巡检记录表

城市：　　　　　　　　　　　　　　　空气监测子站名称：

时间：　　　年　　月　　日

序号	巡查内容	正常“√”	异常“√”
	站房外部及周边		
1	点位周围环境变化情况		
2	点位周围安全隐患		
3	点位周围道路、供电线路、通信线路、给排水设施完好或损坏状况		
4	站房外围的防护栏、隔离带有无损坏情况		
5	视频监控系统是否正常		
6	周围树木是否需要修剪		
7	站房防雷接地是否完好		
8	站房屋顶是否完好，有无漏雨		
	站房内部		
1	站房内部的供电、通信是否畅通		
2	站房内部给排水、供暖设施、空调工作状况		
3	各种消防、安全设施是否完好		
4	站房内有无气泵产生的异常声音		
5	站房内有无异常气味		
6	站房温度、湿度是否符合要求		
7	气体采样总管风扇工作是否正常		
8	气体采样总管及支管是否由于室外温差产生冷凝水		
9	站房排风扇是否正常运行		
10	稳压电源参数是否正常		
11	各电源插头、线板工作是否正常		
12	颗粒物采样头是否清洁，雨水瓶是否有积水		
13	仪器气泵工作是否正常		
14	干燥剂是否需更换（蓝色部分剩1/4～1/3时应及时更换）		
15	钢瓶气减压阀压力指示是否正常		
16	颗粒物分析仪纸带位置是否正常（当长度不足时应提前更换）		
17	振荡天平法仪器气水分离器是否有积水，必要时进行清理		

异常情况及处理说明：

巡检人：　　　　　　　　　　　　　　　　　　　复核人：

参考文献

[1] 奚旦立,孙裕生. 环境监测[M]. 4 版. 北京:高等教育出版社,2010.
[2] 李志霞. 环境监测[M]. 大连:大连理工大学出版社,2017.
[3] 王怀宇. 环境监测[M]. 2 版. 北京:高等教育出版社,2014.
[4] 彭娟莹. 空气环境监测[M]. 北京:化学工业出版社,2015.
[5] 张小广. 大气污染治理技术[M]. 武汉:武汉理工大学出版社,2016.
[6] 姚运先,冯雨峰,杨光明. 室内环境监测[M]. 北京:化学工业出版社,2011.
[7] 李新. 室内环境与检测[M]. 北京:化学工业出版社,2006.
[8] 贺小凤. 室内环境检测实训指导[M]. 北京:中国环境科学出版社,2010.
[9] 谢玮平. 环境监测实训指导[M]. 中国环境科学出版社,2008.
[10] 首钢技师学院. 大气和废气监测[M]. 北京:中国劳动社会保障出版社,2016.
[11] 黄浩华. 空气环境监测技术[M]. 北京:化学工业出版社,2014.
[12] 许宁. 大气污染控制工程实验[M]. 北京:化学工业出版社,2018.
[13] 李国刚. 环境空气和废气污染物分析测试方法[M]. 北京:化学工业出版社,2013.
[14] 中国环境监测总站. 环境空气质量监测技术[M]. 北京:中国环境出版社,2013.
[15] 国家环境保护总局《空气和废气监测分析方法》. 空气和废气监测分析方法(第四版增补版)[M]. 北京:中国环境科学出版社,2007.
[16] 王瑞斌,李健军,王玮,等. 国家环境空气背景监测网络设计与监测技术应用[M]. 北京:中国环境出版社,2013.
[17] 中华人民共和国国家质量监督检验检疫总局,卫生部. 室内空气质量标准:GB/T 18883—2002[S]. 北京:中国标准出版社,2002.
[18] 中华人民共和国环境保护部. 环境空气质量手工监测技术规范:HJ 194—2017[S]. 北京:中国环境出版社,2017.
[19] 中华人民共和国环境保护部. 环境空气质量监测点位布设技术规范:HJ 664—2013[S]. 北京:中国环境科学出版社,2013.
[20] 生态环境部. 环境空气颗粒物(PM_{10}和$PM_{2.5}$)连续自动监测系统运行和质控技术规范:HJ 817—2018[S]. 北京: 中国环境出版社,2018.
[21] 生态环境部. 环境空气气态污染物(SO_2、NO_2、O_3、CO)连续自动监测系统运行和质控技术规范:HJ 818—2018[S]. 北京: 中国环境出版社,2018.
[22] 环境保护部. 环境空气 二氧化硫的测定 甲醛吸收－副玫瑰苯胺分光光度法:HJ 482—2009[S]. 北京:中国环境科学出版社,2009.
[23] 环境保护部. 环境空气 二氧化硫的测定 四氯汞盐吸收－副玫瑰苯胺分光光度法:HJ 483—2009[S]. 北京:中国环境科学出版社,2009.
[24] 环境保护部. 环境空气 氮氧化物(一氧化氮和二氧化氮)的测定 盐酸萘乙二胺分光光度法:HJ 479—2009[S]. 北京:中国环境科学出版社,2009.
[25] 国家环境保护总局. 空气质量 一氧化碳的测定 非分散红外法:GB 9801—88[S]. 北京:中国标准出版社,1988.
[26] 环境保护部. 环境空气 臭氧的测定 靛蓝二磺酸钠分光光度法:HJ 504—2009[S]. 北京:中国环境

科学出版社,2009.
[27] 环境保护部.环境空气 臭氧的测定 紫外光度法:HJ 590—2010[S].北京:中国环境科学出版社,2010.
[28] 环境保护部.环境空气 苯系物的测定 活性炭吸附/二硫化碳解吸-气相色谱法:HJ 584—2010[S].北京:中国环境科学出版社,2010.
[29] 生态环境部.环境空气 氟化物的测定 滤膜采样/氟离子选择电极法:HJ 955—2018[S].北京:中国环境出版社,2018.
[30] 环境保护部.环境空气 氟化物的测定-石灰滤纸采样氟离子选择电极法:HJ 481—2009[S].北京:中国环境出版社,2018.
[31] 生态环境部.环境空气 苯并[a]芘的测定 高效液相色谱法:HJ 956—2018[S].北京:中国环境出版社,2018.
[32] 环境保护部.环境空气 总烃、甲烷和非甲烷总烃的测定 直接进样-气相色谱法:HJ 604—2017[S].北京:中国环境出版社,2017.
[33] 环境保护部.环境空气 挥发性有机物的测定 吸附管采样-热脱附/气相色谱-质谱法:HJ 644—2013[S].北京:中国环境出版社,2013.
[34] 生态环境部.环境空气和废气 臭气的测定 三点比较式臭袋法(征求意见稿)[S].北京:中国环境出版社,2018.
[35] 环境保护部.恶臭污染环境监测技术规范:HJ 905—2017[S].北京:中国环境出版社,2017.
[36] 环境保护部.恶臭嗅觉实验室建设技术规范:HJ 865—2017[S].北京:中国环境出版社,2017.
[37] 环境保护部.固定污染源排放 烟气黑度的测定 林格曼烟气黑度图法:HJ/T 398—2007[S].北京:中国环境科学出版社,2007.
[38] 环境保护部.空气和废气 颗粒物中金属元素的测定 电感耦合等离子体发射光谱法:HJ 777—2015[S].北京:中国环境科学出版社,2016.
[39] 环境保护部.固定污染源废气 低浓度颗粒物的测定 重量法:HJ 836—2017[S].北京:中国环境科学出版社.
[40] 中华人民共和国卫生部.公共场所卫生检验方法 第1部分:物理因素:GB/T 18204.1—2013[S].北京:中国标准出版社,2014.
[41] 中华人民共和国卫生部.公共场所卫生检验方法 第2部分:化学污染物:GB/T 18204.2—2014[S].北京:中国标准出版社,2014.